# SOLIDWORKS 参数化建模教程

主　编　罗　蓉　王彩凤　严海军
副主编　赵玉清　裴红蕾　刘　军　蔡云光
参　编　郭维昭　李建霞　李奇敏　缪　丽
　　　　沈明秀　文　颖　张　远

U0191314

机械工业出版社

本书讲解了SOLIDWORKS软件如何应用于设计，并以参数化为主线讲述三维建模的思路，辅以设计表达、模型的可编辑性等内容。本书区别于传统三维软件教材"跟着做"的思路，不是仅仅讲解功能，而是以"为什么这样做"为主导，以适应高校学生的自我学习能力；同时区别于一般的以软件操作为主体的教材，软件中的选项只讲述共性问题，不逐一对每个选项的具体内容进行讲述，可以很好地控制相关内容的篇幅，以便增加参数化、建模思路相关内容的占比。

本书可以作为理工类本科、高职在校学生的学习用书，也可作为SOLIDWORKS爱好者的参考资料。

**图书在版编目（CIP）数据**

SOLIDWORKS参数化建模教程／罗蓉，王彩凤，严海军主编. —北京：机械工业出版社，2021.8（2025.1重印）
ISBN 978-7-111-68573-9

Ⅰ.①S… Ⅱ.①罗… ②王… ③严… Ⅲ.①计算机辅助设计-应用软件-教材 Ⅳ.①TP391.72

中国版本图书馆CIP数据核字（2021）第125624号

机械工业出版社（北京市百万庄大街22号 邮政编码100037）
策划编辑：张雁茹 责任编辑：张雁茹 王海霞
责任校对：张晓蓉 封面设计：马精明
责任印制：郜 敏
北京富资园科技发展有限公司印刷
2025年1月第1版 第5次印刷
184mm×260mm·16.25印张·401千字
标准书号：ISBN 978-7-111-68573-9
定价：49.80元

电话服务 网络服务
客服电话：010-88361066 机 工 官 网：www.cmpbook.com
010-88379833 机 工 官 博：weibo.com/cmp1952
010-68326294 金 书 网：www.golden-book.com
**封底无防伪标均为盗版** 机工教育服务网：www.cmpedu.com

# 序

随着三维软件作为设计工具的普及化，熟练使用三维软件已成为机械类专业学生的一项基本技能。

三维软件经历了数十年的发展，从 20 世纪 60 年代的线框建模、70 年代的曲面造型，到 80 年代的实体造型，再到 80 年代末的参数化建模，逐渐建立了以参数化为基础的三维实体世界。随着相关技术的发展成熟，三维软件已不仅仅是单纯的建模工具，而是涵盖设计、制造、仿真、交流、VR、管理等研发工具集，三维建模是其中最为基础的内容，只有创建了合理、准确的模型，后续的功能才有用武之地。

三维软件种类繁多，而学习时间有限，不可能逐一学习和研究，所以选择一种使用面较广的三维软件可以减少学习成本。从制造业企业应用情况及各类相关比赛的数据来看，SOLIDWORKS 均是使用频率较高的一种三维软件，所以将 SOLIDWORKS 作为学习三维软件的切入点是一个不错的选择，而 SOLIDWORKS 优秀的界面友好性、良好的操作性、强大的功能性，也使得学习变成一种愉悦的体验，而不是枯燥的学习过程，其丰富的扩展功能将为后续的学习提供良好的平台。

本书系统地介绍了 SOLIDWORKS 的参数化建模功能，对草图、零件、装配、工程图、曲面等常用功能均做了详细讲解，对一些软件帮助里比较模糊的概念也做了明晰化解释，同时针对企业的实际工作需求介绍了参数化建模的特点、规范化要求、健壮性要素等与设计效率有关的内容，并简要介绍了设计方面的基本知识，摒弃了仅仅讲功能操作的模式，使读者在学习过程中既能学会软件的操作，也会对设计有一定的基本概念，有利于形成设计不等于建模的理念。

书中的功能性内容均配套有示例、练习题，这些示例接近企业的实际应用场景，可以将知识内容随时通过练习加以巩固；练习题具有一定的深度，学习过程中可以拓展思维，对于愿意深入学习的读者是一个较好的学习与思考的方向。书中提供了大量操作提示和技巧，使得学习过程变得灵动起来，配套的操作视频也可作为自学的参考。可以说，无论用于基础学习还是学习提高，本书均是不错的选择。

衷心地希望本书能为广大读者的三维软件学习提供帮助，更希望其不仅是学习用书，还能成为可以随时查阅相关知识点的工具书。当然金无足赤、书无完书，对于书中的不足之处，希望广大读者能与编者联系反馈，相信在读者的关心与帮助下，本书一定会逐步改进，成为更优秀的教材。

深圳大学教授、博士

# 前　言

SOLIDWORKS 软件是世界上第一款基于 Windows 开发的三维 CAD 系统，从第一个版本的推出到现在一直在优化，凭借其功能强大、易学易用和技术创新三大特点成为最主流的三维机械设计软件之一。

本书除了讲解传统上的三维软件建模操作外，还引入一定的设计内容，将设计与建模有机地融为一体。通过基本建模和高级建模，讲解 SOLIDWORKS 的建模操作基本流程与方法，案例中包含一定的设计理念，使学生在学习三维建模初期就开始慢慢形成设计的概念。通过设计篇和全局篇介绍与三维建模关系密切的内容。由于大部分学生在学习三维软件时并未学习过产品设计相关课程，而三维软件在学校中通常依附于机械制图类课程，所以本书并不会涉及复杂的设计过程，而是力求通过与机械制图课程相关的案例介绍最基本的设计要素，其主要目的是让学生在学习三维软件的过程中了解到，仅仅创建模型对于设计来讲是不够的，设计需要满足产品的功能性、外观性要求，从而有利于学生提高对设计的认识水平，可以将前后的相关课程进行一定程度的对接。

本书力求通过常见的、通用的示例，使学生了解常用的设计流程及设计相关要素，有利于形成一定的思维模式，从而可以在一定程度上摆脱三维软件类课程学完后仅学会了建模，而与后续课程延续性不大的问题。

本书内容主体为 SOLIDWORKS 中的零件、装配体和工程图，力求通过简短的语言与更多的视图相结合来描述操作过程，使思路变得更为直观、通俗易懂，引领学生进一步了解SOLIDWORKS 的模型创建过程及产品设计的基本概念，切实帮助学生提高三维设计能力。书中所有示例模型及教学 PPT 均可在机械工业出版社教育服务网（www.cmpedu.com）注册下载，也可添加微信 13218787308 索取相关资料。

本书由重庆邮电大学罗蓉、严海军负责章节规划及统稿，第 1、2 章由严海军编写，第 3、4 章由罗蓉和江苏航空职业技术学院王彩凤编写，第 5 章由云南农业大学赵玉清编写，第 6 章由无锡工艺职业技术学院裴红蕾编写，第 7 章由河南工程学院刘军编写，第 8、9 章由浙江农林大学暨阳学院蔡云光编写，附录由江西工业工程技术学院郭维昭、文颖编写，第 1～4 章练习题由江苏航空职业技术学院李建霞编写，第 5～9 章练习题由重庆大学李奇敏编写，昆明理工大学缪丽、重庆邮电大学罗蓉对全书文字内容进行校对，昆明学院沈明秀、宿迁泽达职业技术学院张远负责对书中所有案例进行验证，教学视频由严海军负责录制。

本书以 SOLIDWORKS 2018 为蓝本，使用不同版本的软件时，在实际操作过程中会有所出入，需加以注意。本书作为对现有三维软件操作教程的一种创新尝试，一定有很多不如人意之处，书中疏漏与不足在所难免，恳请读者与专家批评指正，有任何意见与建议可发邮件至 js. yhj@ 126. com 联系。

编　者

# 目　录

V

# 第1章

# 三维软件与参数化设计

**| 学习目标 |**

1）了解三维软件的发展简史。
2）了解三维软件的应用场合，理解其优势与局限性。
3）了解三维软件与设计的共生关系，理解设计是本质、三维软件是辅助工具与表达手段的含义。

## 1.1 三维软件的发展简史

　　三维软件属于计算机辅助设计（Computer Aided Design，CAD）软件的范畴，但在 CAD 的发展初期，由于只具备简单的绘图功能，只能表达设计结果，并没有辅助设计的功能，所以在一段时间内，CAD 指的是计算机辅助绘图（Computer Aided Drafting）。

　　从图 1-1 中可以看到，手工绘图非常不便，其效率和正确率很低，可修改性相当差，随着机械类产品复杂程度的提高，研发周期越来越长，其中很大一部分时间都浪费在手工绘图这个环节，从而迫切需要一种便捷、易于表达、方便修改的工具。随着计算机的出现，CAD 技术作为计算机的一个重要运用分支而被众多高校、企业所重视。

**图 1-1　手工绘图场景**

　　现在，三维软件已渗透到各类产品设计中，从航天飞机、远洋船舶到电饭煲、空调等家用电器，再到手机等电子产品，可以说离开了三维软件，大部分设计工作的效率都会大大降低。了解 CAD 软件的发展简史，有利于明确 CAD 作为机械类专业基础课程的必要性，明白学好三维软件的重要性与迫切性。

## 1.1.1 过去

早期的 CAD 产品主要出自高校研究，CAD 的发展一般是以 20 世纪 60 年代初伊凡·苏泽兰（Ivan Sutherland）在麻省理工学院开发的 Sketchpad 为起点，在这之前只有一些以研究为目的的零星成果。除了高校外，大型企业因为自身研发需要也在做着类似的研究，如通用汽车公司的 DAC（1965 年）、麦道公司的 CADD（1966 年）、福特公司的 PDGS（1967 年）和洛克希德公司的 CADAM（1967 年）等。

20 世纪 60 年代中期，美国控制数据（CDC）公司发布了世界上第一个商业 CAD 软件 DigiGraphics，这段时期 CAD 软件还局限于二维阶段。

1965 年，Charles Lang 的团队在剑桥大学计算实验室开始了真正的三维建模 CAD 软件的研究，这是三维软件的研发开端。此后，雪铁龙、雷诺等公司也开始了三维软件的研发，其主要表达形式为曲线与曲面，还没有三维实体的概念。

1968 年，日本北海道大学冲野教郎（Norio Okino）教授首先将实体的概念引入三维几何造型，并主持研发了技术信息处理系统（TIPS）。

20 世纪 70 年代，各类汽车和航空制造企业研发的软件开始在企业内部大量推广应用，如福特公司的 PDGS、通用汽车公司的 CADENCE、梅赛德斯 – 奔驰公司的 SYRCO、尼桑公司的 CAD - I、丰田公司的 TINCA 和 CADETT、大众公司的 SURF、洛克希德公司的 CADAM、麦道公司的 CADD、诺斯罗普公司的 NCAD、波音公司的 CV 等，部分软件直到现在仍有一定影响，但其应用在当时仍以二维为主。

1975 年，法国达索公司从洛克希德公司购买了 CADAM 的源码。1977 年，达索公司开始开发名为 CATIA（Computer Aided Three Dimensional Interactive Application）的三维 CAD 软件，该软件到现在为止一直在持续发展，成为最成功的商业 CAD 软件之一。

计算机性能的提升与采购成本的降低，让普通工程师使用 CAD 软件成为可能，商业 CAD 软件行业开始出现，但由于开发团队众多，标准不一，每个系统均有特定的用户群，在商业化过程中造成了互相之间无法交流数据的问题。1979 年，波音公司、通用电子公司和美国国家标准局（NBS；现更名为美国国家标准与技术研究所，NIST）合作开发了初始化图形交换规范（The Initial Graphic Exchange Specification，IGES），并于次年发布。通过 IGES 可以很方便地转换由不同 CAD 系统生成的三维曲线和曲面，它是不同软件之间沟通的桥梁，直到现在仍被绝大部分 CAD 软件所支持。

20 世纪 70 年代末，大量商业 CAD 软件面世，CAD 开始了其蓬勃发展阶段。

20 世纪 80 年代是一个充满竞争的年代，众多软件经历了从兴起、发展到衰退的过程。由于此时计算机的价格仍相当昂贵且不易维护，市场上出现了 CAD 软件与计算机捆绑销售的形式。1983 年，Intergraph 公司发布了 InterAct 和 InterPro 系列复杂曲面建模三维 CAD 软件。

这段时间 UNIX 系统与个人计算机（PC）也相继出现，这对 CAD 软件厂商是一个新的机遇，之后称霸二维 CAD 软件市场的 AutoCAD 也是在这段时间开始进入公众视野的，其第一个版本于 1982 年发布。同期基于 PC 的第一款三维线框造型软件 CADKEY 于 1985 年发布。

三维软件史上一个重要的里程碑事件也发生在这个时间段。1982 年，Ian Braid、Charles Lang 等在英国剑桥发布了第一个商用的 CAD 实体建模核心——Romulus B-rep。Romulus 运用了国际计算机辅助制造组织（CAM-Ⅰ）的应用界面规范，是当时唯一的实体建模核心，它提供一个第三方的标准应用程序编程接口（API），可以方便地集成到 CAD 主程序中。同时期另一个重要的建模核心 Parasolid 也在开发并逐渐成熟。此时的三维软件除了建模外，开始逐步加入材料、属性、公差等要素，IGES 也随之更新以适应这一变化。

1982 年，美国 SDRC 公司发布 I-DEAS，这是世界上第一款完全基于实体造型技术的三维软件。

1985 年，美国参数技术（PTC）公司成立，搅动了整个 CAD 市场，在其产品 Pro/Engineer 中，实体建模、特征、参数化等现代三维软件的基本要素均得到体现。此时，很多大型企业纷纷放弃自主开发转而采用商业化的 CAD 软件。

1989 年，Unigraphics 公司放弃了 UniSolids 实体建模软件，推出了基于 Parasolid 的 UG/Solids；同年，三维建模内核 ACIS 发布。

到 20 世纪 80 年代末，三维软件市场竞争主体只剩下 CATIA、I-DEAS、Pro/Engineer 和 UG 四款软件，并全面进入参数化实体建模时代，CAD 软件也在真正意义上成为设计工具，而非模型表达工具。

20 世纪 90 年代初期，三维软件的建模核心集中在 Parasolid、ACIS 和 Designbase 三款。1993 年 SOLIDWORKS 出现在世人面前，并于 1995 年推出第一个版本，引起了三维软件可操作性的革命，从此三维软件的学习周期大幅缩短、应用成本大幅降低，成为普通工程师的基本工具。由于感受到了 SOLIDWORKS 所带来的具大压力，其他三维软件也不得不将使用平台全面引入 Windows。

20 世纪 90 年代中后期，软件同质化趋于严重，单独依靠某一功能压制竞争对手已不再可能，此时大家开始延伸 CAD 功能，在开发更多功能的过程中发现，研发一个新的领域缺少技术积累且周期太长，于是掀起了一轮并购风潮，SOLIDWORKS 也于 1997 年被达索公司收购，成为其全资子公司。

同期，国内在"甩图板"工程的推动下，由各高校牵头产生了一大批 CAD 软件厂商，但大多以二维为主，且很快没落。

进入 21 世纪后 CAD 技术进入瓶颈期，再无大的突破，几家大厂商均开始向延伸领域发力，如机电一体化、产品数据管理（PDM）方向等。

## 1.1.2　现在

现在，CAD 的功能延伸几乎达到了顶峰，计算机辅助工程（CAE）、计算机辅助制造（CAM）、电子设计自动化（EDA）、PDM 等技术在各自的领域内均达到一定的成熟阶段。

现在热门的技术方向有以下三个：

1）基于云平台的三维软件，如达索公司的 3D EXPERIENCE 平台。其最大的好处是软件无须安装，通过注册的账号登录特定的网址即可进行在线设计，使得设计不再受制于工作环境，可以做到随时随地设计，尤其适合居家办公。

2）基于 MBD（Model Based Definition）的三维模型。通过该方式可以将产品的设计信息、工艺信息、产品属性、管理信息等均集成在三维模型中，而无须为了其他部门的使用转化成不同的形式，降低了交流沟通的成本并消除了人为表达错误。

3）基于虚拟现实（Virtual Reality，VR）技术的沉浸式设计模式。这种方式可以更有效地即时表达设计思路，呈现设计结果，但现在还处于初级阶段，这也是今后一段时间技术发展的一个重要方向。

现在的工程设计已经离不开三维软件，工程技术人员应熟练掌握三维软件的操作使用方法，了解三维设计的基本思路。

## 1.2 三维软件的应用场合

人们一直宣扬三维设计技术的优点，以及这些优点如何显著提高了设计效率。但在开始学习机械制图等基础课程时，有人会有疑问：在二维中很容易删除不合理的线条，三维中却不行，需要找到这条线所处的特征，还要考虑删除该线后给其他特征带来的影响，显然需要更多的修改时间。

所以在学习三维软件之前，要形成三维软件是必要表达手段的心态，这样有利于投入相应的精力进行学习。

图 1-2a 所示为二维视图，图 1-2b 所示为三维模型。在看三维模型之前试想一下：将二维视图完全看懂需要多长时间？如果二维视图再复杂些呢？车间生产人员又需要多长时间才能看懂二维视图？该产品有多重？强度是否满足要求？对环境的影响如何？从二维视图中无法获取这些问题的答案。

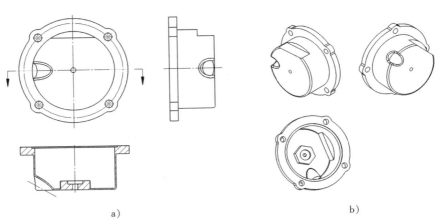

a)                                           b)

图 1-2　二维视图和三维模型对比

在现代设计中，缩短设计周期、简化制造过程、改善企业内部产品设计信息的沟通手段，从而加快产品上市进程、降低设计成本、加速设计变更、提高产品质量，是企业设计环节最注重的指标。而通过创建三维实体模型，还可以使用 CAE、CAM、可制造性设计（DFM）、MBD、三维打印（3DP）等二维表达所无法使用的关联集成工具。

正是这些显而易见的原因，三维设计技术已被广泛应用于航空航天、车辆、船舶、能源、工业设备、消费品、电子电器、医疗、建筑等各行各业中。

## 1.3 参数化与设计

参数化是现代三维设计软件的一个重要标志，通过参数化可以很容易地进行产品的设计更改、系列产品的设计，可以充分体现设计者的设计意图。下面通过两个例子来说明参数化的重要性。

### 1.3.1　设计更改

图 1-3 所示为一个简单的二维设计草图，其参数化过程是怎样的？SOLIDWORKS 参数化主要有以下三个内容：尺寸关系、几何关系和装配关系。

（1）尺寸关系　可以通过相应尺寸对模型进行驱动，而不仅仅是标记尺寸对象，如更改直径值时圆同步缩放。

（2）几何关系　通过定义草图对象间的平行、相切、垂直等关系，在修改草图对象时，其关联对象会依赖于这些定义的几何关系自动做出相应的调整。

（3）装配关系　在装配体中定义零件之间的关系，如同轴、对称、齿轮配合等。定义装配关系后，不但可

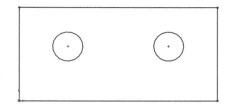

图 1-3　二维设计草图

以使各零件有效地装配在一起，在运动时保持装配关系，而且可以通过这些关系对装配进行运动仿真。

在 SOLIDWORKS 中，对图 1-3 所示图形有很多种标注方式（在此先不考虑几何关系），如图 1-4 所示，图中仅对孔的距离做了不同的参数表达。

图 1-4a 中孔距不受其他尺寸影响，通过修改尺寸"60"即可改变孔距；图 1-4b 中标注的是两孔中心至侧边的距离，总长"120"更改后会直接影响孔距；图 1-4 c 中两孔的公称尺寸是固定的，但其基准不同于图 1-4a，两孔之间的距离受孔中心至侧边距离的影响；图 1-4d 中孔距固定，但其位置受右侧孔位置的影响。

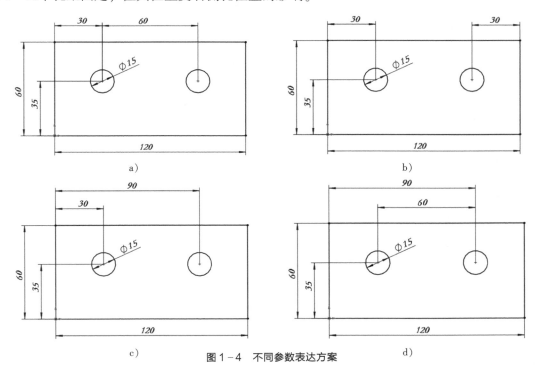

a)

b)

c)

d)

图 1-4　不同参数表达方案

从上述内容可以看出，同一个图形，尺寸标注方案不同，将直接影响后续编辑修改的合理性和便捷性。所以在建模时不能只是简单地将模型表达出来，而是要结合设计需要采用相应的参数表达方案，以达到最佳的设计意图传达效果。

### 1.3.2　系列产品

图1-5所示的系列标准件是较常见的一类零件形式，其特点是外形相似、具有很多规格型号，如果每一种规格均重新建模，不但效率低下，而且会生成数量众多的文件，造成数据量膨胀、管理不便。

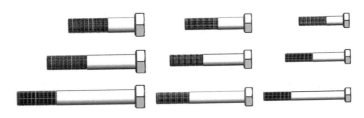

图1-5　系列标准件设计

此时应采用系列化参数零件的方法，只需创建一个模型，然后通过在配置数据表中输入所需的规格参数，来形成系列零件，需要某种规格时只需选择该规格即可，使用方便快捷。通过深入应用，对于外形具有少量差异的零件也可采用该方法进行建模。

在实际建模过程中，合理地利用软件的参数化建模功能，对提升模型的可编辑性、提高建模效率等均有重要意义。所以在正式开始进行建模学习前，就要形成模型是设计表达而非图样表现这一观念，这对于后续的学习有着重要的意义，不可为了建模而建模，要区分"描图员"与"设计员"的角色。

## 1.4　规范化与设计

规范化是企业非常重视的行为，但现在众多 SOLIDWORKS 教程对这方面提及较少，造成学生进入企业后，模型建得很快，但其可用性却很低、交流困难，无法与企业设计体系相融合。当然，规范化是一个系统工程，不可能在书中加以详细描述，只能介绍一些基本内容，以便形成规范化的基本概念。

### 1.4.1　基本属性

设计过程、产品不会孤立地存在，企业内外均有互相交流的需要，为了在交流过程中表达设计意图、关联信息，需要对模型的"属性"加以定义。

"属性"是 SOLIDWORKS 中非常重要的模型附加信息，如"名称""代号""设计人""设计日期""材料"等，为了使交流顺畅，尤其是为了满足企业管理系统的需要，这些信息均需规范，不能出现诸如"代号""图纸代号""图样代号""图号"混用的情况，这些相似的名称会给交流带来障碍。

在 SOLIDWORKS 中，可通过菜单【文件】/【属性】，根据需要对每个文件添加必要的属性。

### 1.4.2　设计意图

如图 1-6a 所示的零件，其建模思路有很多种：图 1-6b 所示为直接旋转法；图 1-6c 所示为先多步拉伸凸台，再切除孔；图 1-6d 所示为先拉伸整体，再切除外侧。一个如此简单的模型就有不止上述三种建模思路，可想而知，复杂模型的建模思路会更多。

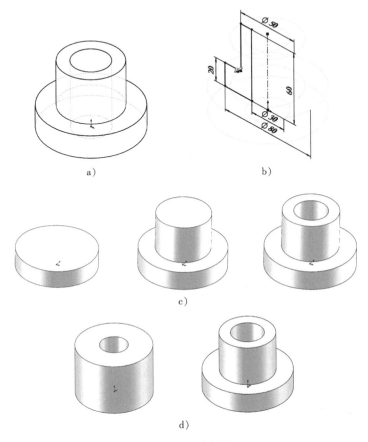

图 1-6　设计意图

确定实际建模过程中采用哪种方法，是规范化的一个重要内容，企业对设计过程都会有一定的规范加以限制，如结合工艺步骤、减少父子关系、考虑尺寸基准、适应系列设计等，这样可以最大限度地利于内部沟通交流、方便编辑修改、传递设计意图，而不是随心所欲地进行建模，这也是初学者容易迈入的一个误区。学习过程中要善于思考，除了书中提供的方法，还可以采用其他方法加以实现，并要注意对比各种方法的优缺点，这样在进入企业后，才可以快速地掌握企业规范。

### 1.4.3　规范描述

图 1-7 所示为两个不同的零件设计结构树。图 1-7a 所示结构树中所有特征名称均为系统默认值，这样无法看出每个特征分别对应模型的哪个步骤、在模型中所起的作用；而图 1-7b 所示结构树却一目了然，从图中即可看出草图的目的以及每个特征所对应的步骤。

虽然在建模初期图 1 - 7 b 所花费的时间要多于图 1 - 7a，但其后期的修改却很容易，其他人看到该模型后也可清楚地了解建模者的思路，使沟通变得非常顺畅。从图 1 - 7 中可以看出规范化描述的重要性，因此，不要因一时省事造成后续的大量麻烦，这也是初学者容易忽略的问题。

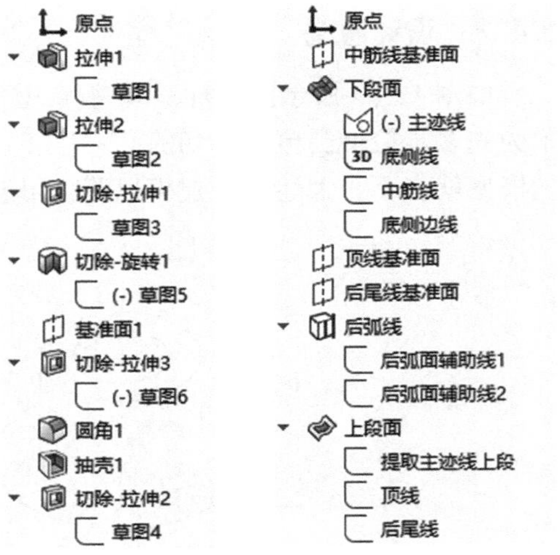

### 1.4.4 统一模板

模板是规范化的一个重要载体，它包括零件模板、装配体模板和工程图模板。在模板中定义各种规范有利于保证后期建模的统一性，而统一模板库是企业中一项重要的规范化工作，所有设计人员均使用统一来源的模板，可以使企业的设计规范高度一致。

在学校的学习过程中，也可以以小组为单位讨论如何制定规范的模板，并在不同小组间交流各自模板的优缺点，这样既可达到互相交流提升的目的，也可初步形成规范化的观念。

图 1 - 7　零件设计结构树

### 1.4.5 数据源统一

在建模过程中，模型有众多的跟随特性，如材料、折弯系数、型材规格等，虽然 SOLIDWORKS 提供了一定数量的库资源，但企业通常都有个性化的需求，这些信息的统一也是规范化中非常重要的一环。虽然在学校学习过程中对数据源统一问题接触得不多，但要逐步形成这样的观念，在学习过程中要勤于思考哪些内容可以规范化，以利于进入企业后能够快速展开设计工作。

## 1.5　模型的健壮性评判

在三维软件中创建或修改模型时，经常会遇到以下问题：

1）别人的模型看不明白，修改时无从入手，修改一个小问题也需要花费大量时间查找相关内容。

2）修改自己以前建立的模型时没有头绪，需要重新回忆当初的建模思路。

3）重建模型时出现大量如图 1 - 8 所示的错误警告。

判断一个模型合理与否，需要对其健壮性进行评估。健壮性评估涉及很多标准指标，大多数指标在学习之初就要有所了解，进而在学习过程中加以注意，以提高所创建模型的健壮性和可交流性，减少沟通障碍，提升模型质量，规避错误警告。

在此对提高模型健壮性的通常做法与要求做一简要介绍，

图 1 - 8　重建模型时出错的错误警告

学习过程中需加以注意，有些内容可能现在学习不容易理解，但要形成模型健壮性的基本概念，在后续学习相关建模功能时，可适时地返回该部分内容进行更深入的认识。

## 1.5.1　父子关系　（核心要素）

对于基于参数化的建模软件，父子关系是最为重要的相互关系之一，其特征既具备所依赖的父特征，也有附属的子特征。例如，图 1-9 所示为特征"凸台-拉伸2"的父特征与子特征，一个特征可同时具备多个父特征和子特征。

设计的变更通过父子关系来传递，不必要的父子关系通常会导致修改零件时出现大量非相关的错误，这也是父子关系成为模型健壮性评判核心要素的原因。

图 1-9　父子关系

父子关系产生的主要原因如下：

1）利用平面为基准面创建草图。

2）与已有几何体之间建立几何关系或尺寸关系。

3）在草图中借用已有模型实体（转换实体引用、等距实体等）。

4）引用方程式。

了解父子关系产生的原因后，在建模过程中就要注意这些因素。当然，对于参数化建模软件而言，完全避免父子关系是不可能的，只能尽量减少其影响。通过使用下列方法可以将不必要的父子关系减到最少，使零件模型更容易理解和修改。

1）特征按照重要性排序，首先完成基准特征和重要特征，后期完成次要特征、辅助特征和工艺特征。

2）特征按照功能分组，合理分组有利于理解建模过程。

3）尽量参考作为零件基准的特征。

4）尽量参考简单的实体类型。

5）插入特征时，使用回退控制棒来降低模型的复杂性，不要总是在最后才插入新特征，而是要根据该特征的重要性、可重复利用性等插入至合适的位置。

6）尽量引用早期特征，这样能有效地减少父子关系的串联关系。

7）通过全局变量进行方程参数控制。

在建模过程中注意以上问题，虽然会使建模时间有所增加，但在后续的修改、沟通中带来的好处将远超建模初期的损失。

## 1.5.2　草图评判

草图作为三维建模的基础，其重要性不言而喻，合理的草图是保证模型健壮性的一个重要指标。例如，要创建图 1-10a 所示的模型，可采用以下方法：图 1-10b 所示为采用一个草图简单拉伸创建；图 1-10c 所示为先用一个矩形拉伸出一个长方体，再用一个圆形草图通过拉伸切除形成模型。比较两种方法可以发现：图 1-10b 简单明了，采用一个草图加一个特征即可；而图 1-10c 步骤复杂，需要两个草图加两个特征。

现在由于设计修改，需将该模型更改为图 1 - 10d 所示形式，此时采用哪种建模思路更合适？图 1 - 10b 所示方法无法通过更改尺寸来达到要求，需要编辑草图；而图 1 - 10c 所示方法则只需将尺寸"35"改为所需尺寸即可。

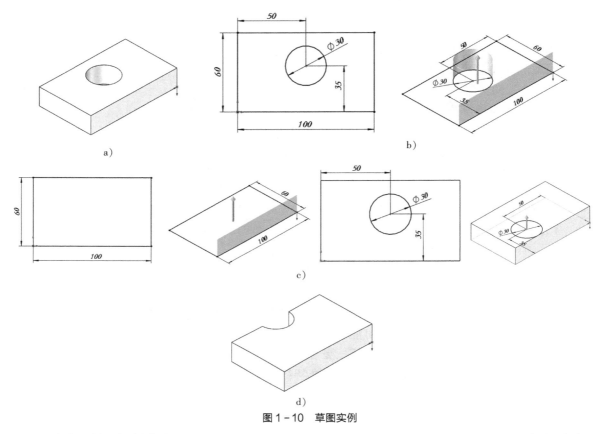

图 1 - 10　草图实例

可见，在选择创建草图的方法和草图所包含对象时不能一概而论，而是需要根据设计意图、可能的变更等来合理选择。

草图的评判标准主要有以下几点：

1）合理的草图基准。包括参考原点、尺寸基准的使用，特征草图的主次区分等。

2）草图的完全定义。在参数化建模中，任何尺寸、几何关系的变化均会引起草图相关对象的变化，未完全定义的草图意味着更改时的不确定性。同时，不能有过定义现象。

3）尺寸和几何关系合理组合，能够表达不同的设计意图。

4）草图简洁。草图中的元素非常多，包括草图线、构造线、尺寸、几何关系等，草图对象较多时会显得杂乱无章，一旦出现错误将很难排查，所以在能够满足所需特征要求的前提下，草图应尽量简化。

5）减少冗余元素。包括不影响草图合理性的辅助线、冗余的尺寸和几何关系等。

6）加强草图管理，提高草图的可读性，如草图命名、变量命名等。

### 1.5.3　基准面评判

基准面是草图及部分特征的依附对象，如果基准面出现问题，意味着依附于其上的对象也同时出现问题。这也是模型修改过程中较容易出现问题的一个环节，在建模过程中，不是所有符合条件的面都能选为基准面，还要考虑其对后续编辑修改所产生的影响。

基准面的评判标准主要有以下几点：

1）合理利用已有的基准面，减少新基准面的创建。例如，系统基准面是固有要素，不会受任何后续修改的影响。

2）减少串联性基准面的创建，尤其是交叉引用多个要素的基准面。

3）利用临时轴参考。由于临时轴是固有特征，利用临时轴能减少辅助特征的生成。

4）利用特征参数来减少基准面的创建，如等距生成基准面，可以通过拉伸的"从"选项进行控制，而不是生成一个新的基准面。

基准面的选择要合理利用现有参考，以减少基准面的数量。

## 1.5.4　特征评判

三维模型大多是由若干个特征组成的，特征的合理性直接影响着模型的可读性和可编辑性，同一模型可以有很多种特征表达方式，而采用何种特征表达方式是与草图紧密相关的，所以虽然在评判时草图和特征是两个指标，但建模过程中两者不可割裂，需要统筹考虑，以达到最佳的模型表达状态。

特征的评判标准主要有以下几点：

1）合理表达设计意图。特征之间的顺序能够表达设计意图，例如，一个简单的圆柱体是通过矩形草图用【旋转凸台/基体】生成，还是通过圆形草图用【拉伸凸台/基体】生成，需要从便捷性、工艺性、关联性、编辑性等多个角度考虑。

2）特征参数要有利于尺寸关系的表达、理解、修改等，尺寸基准的确定尤为重要，其不但影响建模，还影响二维工程图的生成。

3）机械制图课程中认识复杂形体时所用的叠加法、切割法等不能用于三维建模，因为这些方法没有基准概念和主次之分，非常不利于参数化模型的编辑修改。

4）特征生成时要同时考虑草图规划与工程图的关联性。

5）尽量不用非参数特征，如【自由型】、【变形】等。

6）减少弱参数、不直观特征的使用，如【弯曲】、【圆顶】等。

7）对复杂模型的特征进行合理的管理，如对有关联或相似的特征通过文件夹进行分类管理、合理命名等。

特征是三维模型的骨架，通过查看优秀的模型案例，有利于了解如何让骨架变得更为健壮。

## 1.5.5　装配评判

装配是产品的表现形式，在三维软件中创建或修改装配体时，经常会遇到找不到关键配合、无法修改配合、看不懂已有配合、变更配合时出现大量错误、零件定位错误难以排查等问题，这些均是装配健壮性不足引发的错误，而这些问题还会影响后续的力学分析、动力学仿真等，所以装配同样需要开始就建立相应的规范，以规则主导装配过程。

装配的评判标准主要有以下几点：

1）注意装配基准，作为基准的零件要先行装入并将其固定。

2）当两个零件间有多种装配方案时，应通过考虑配合关系的解算速度来确定优先选用的方案。

3）尽量按照产品的层次结构使用子装配体组织产品，避免把所有零件添加到一个装配体内。使用子装配体时，一旦设计有变更，只需更新相应的子装配体即可，否则，装配体内所有配合都会被更新。

4）减少串联链式配合关系，尽可能地统一装配基准。

5）尽量避免冗余配合。尽管三维软件允许一定的冗余配合（如平行同时重合），但冗余配合会使解算速度更慢、配合方案更难理解、出错时更难排查。

6）在自顶向下设计过程中，很多参考来自其他零件，要注意避免矛盾的配合。

7）装配需要从设计角度考虑公差问题，否则，进行公差分析时可能需要重新装配。

8）合理地管理配合关系，包括命名、分类管理等。

9）装配过程中一旦出现错误要尽快修复，添加新的配合无法修复先前的配合问题，只会让问题更严重。

除了上述评判标准以外，还有很多问题需要在建模过程中加以注意，如保存、配置、描述、循环等。

## 练习题

### 一、简答题

1. 列举三维软件的应用场合。
2. 列出三维软件的健壮性评估标准。
3. 简述你对规范化设计的理解。

### 二、思考题

1. 讨论三维软件造型内核标准化的优劣。
2. 设想三维软件无法使用而回到只有二维软件的年代会出现什么现象。

# 第2章

## 基本环境介绍

│学习目标│

1) 熟悉 SOLIDWORKS 操作环境。
2) 掌握系统选项的含义及设置方法。
3) 能运用视图控制工具栏、视图框、鼠标等进行视图操作。

## 2.1 主界面介绍

### 1. SOLIDWORKS 的启动

通过双击桌面上的快捷方式图标 ，或者依次单击 Windows 【开始】/【程序】/
【SOLIDWORKS 版本号】/【SOLIDWORKS】命令启动 SOLIDWORKS。

启动后出现欢迎对话框，单击【新建】/【零件】，即出现图 2-1 所示的零件环境主界面。

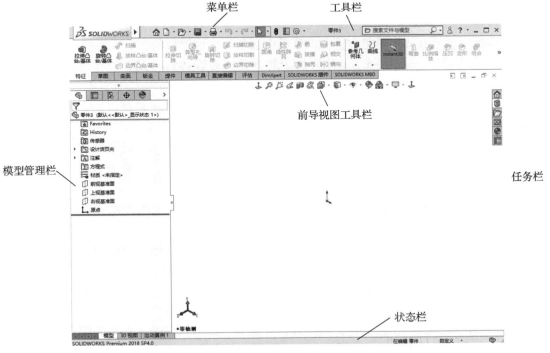

图 2-1 零件环境主界面

**2. 主界面的构成**

1）菜单栏。SOLIDWORKS 的菜单栏默认是弹出式的，将鼠标移至"SOLIDWORKS"标志上，系统自动弹出菜单栏。如果菜单栏功能使用较频繁，可单击菜单栏最右侧的图钉图标 ⚲ 将其固定。

菜单栏的【插入】与【工具】中汇集了建模工具的主要功能，在不同的主界面下，其所包含的内容是不一样的，应注意区别。

2）工具栏。工具栏显示最常用的命令组合，SOLIDWORKS 中通过分组对这些命令进行管理，所以工具栏又称为 Command Manager。

由于使用环境的不同，不同的人所使用的常用命令是不一样的，可以根据需要对SOLIDWORKS 中默认显示的常用命令进行自定义。在工具栏任意位置单击鼠标右键，选择【自定义】，在出现的对话框中选择【命令】选项卡，该选项卡中列出了 SOLIDWORKS 的所有命令，如果需要在工具栏中新增某个命令，可找到对应的命令并用鼠标左键将其拖至相应的工具栏中后松开鼠标；如果不需要某个命令，在工具栏中用鼠标左键将其拖离工具栏即可。

如果当前状态下某个命令不可用，则其显示为灰色状态。

3）模型管理栏。模型管理栏包含多个工具，依次为【FeatureManager 设计树】、【PropertyManager】、【ConfigurationManager】、【DimXpertManager】、【DisplayManager】等，其中前两个工具是建模过程中使用频率最高的工具。

【FeatureManager 设计树】：SOLIDWORKS 在【FeatureManager 设计树】中记录着建模的所有特征要素，包括草图、特征、装配关系、材质等，可以在设计树中一目了然地看到模型的建模思路。

【PropertyManager】：SOLIDWORKS 中的各种建模命令均有进一步的参数选项，这些参数选项在【PropertyManager】列出，使用时无须专门切换到该工具，系统会根据所选命令自动切换，当选择一个已有实体对象时，在该工具中会显示出该对象的相关属性供查看或修改。

【ConfigurationManager】：该工具主要用于对零件或装配体进行配置以生成系列零件或装配体。

【DimXpertManager】：该工具用于生成三维标注，在本书中不予讲解。

【DisplayManager】：外观工具，用于对模型进行外观渲染。

4）前导视图工具栏。前导视图工具栏是一个透明的工具栏，主要包括常用的与视图相关的操作命令，也可以将其他命令通过自定义方式加入该工具栏，其修改方式与工具栏修改方式相同。

5）图形区域。图形区域为工作区域，无论零件、装配体、工程图均在此区域进行交互编辑。

6）任务栏。任务栏集中了建模过程中的附加资源和工具，如在线资源、设计库、文件搜索器、外观/布景/贴图等资源，工作过程中可以根据需要进行选用。

7）状态栏。状态栏主要用于显示各类工作状态和提示信息，如当前点坐标、约束是否过定义等。

SOLIDWORKS 分为三个主界面，即零件、装配和工程图，三个主界面的菜单及工具条各不相同，只出现与当前环境相匹配的菜单及工具栏。在装配环境中编辑零件时，系统会将零件环境嵌入装配环境，这在有关装配体章节中会加以说明。

## 2.2　快捷键

通过快捷键可快速调用相应命令，达到提高工作效率的目的，SOLIDWORKS 是基于 Windows 环境开发的应用程序，所以其基础键盘快捷键与 Windows 所定义的一致，如复制、剪切、粘贴、删除等都沿用了 Windows 的通用快捷键。

除了 Windows 通用的快捷键外，SOLIDWORKS 还定义了大量的专有快捷键，并支持自定义：在工具栏任意位置单击鼠标右键，选择【自定义】，在出现的对话框中选择【键盘】选项卡设置键盘快捷键，如图 2-2 所示，该选项卡中列出了已有的快捷键，如需自定义，直接在需定义命令后面的【快捷键】栏输入所需的快捷键即可。

图 2-2　自定义快捷键

※ **注意**：定义快捷键时是直接按键盘对应键而不是输入字母，定义完成后单击【确定】退出该对话框后即可使用。

## 2.3　鼠标操作

SOLIDWORKS 中的鼠标操作主要分为两类：一类为基础操作，另一类为【鼠标笔势】。

### 1. 基础操作

鼠标基本操作主要用来选择对象或对模型进行操控，单击鼠标左键用来选择命令或对象，单击鼠标右键出现快捷菜单。注意：选择不同的对象后，所出现的快捷菜单是不一样的，系统会自动根据选择对象所能做的操作智能出现相应菜单。按住鼠标中键的同时拖动为旋转当前视图或者零件，＜Ctrl＞键＋鼠标中键（按住并拖动）为平移当前视图，＜Shift＞键＋鼠标中键（按住并拖动）为动态缩放，＜Alt＞键＋鼠标中键（按住并拖动）为绕轴旋转。

**2. 鼠标笔势**

【鼠标笔势】的概念是根据鼠标在屏幕上的移动方向自动对应到相应的命令，它为选择命令提供了一种极为便利操作方式。具体操作方法是按住鼠标右键并在屏幕上拖动，有所停顿时会出现笔势选择圈，熟悉后可快速拖动较长距离，以便直接选择命令来提高效率。应通过反复练习来控制拖动距离和方向。

【鼠标笔势】是非常高效的快捷方式，对草图、零件、装配、工程图都可以设置上下左右等笔势的功能，以提高绘制效率。

【鼠标笔势】对应的功能也可自定义：在工具栏任意位置单击鼠标右键，选择【自定义】，在出现的对话框中选择【鼠标笔势】，如图 2-3 所示，可以选择笔势的数量，常用的有4 笔势与 8 笔势，分别代表鼠标的 4 个方向与 8 个方向，将左侧所需定义的命令通过鼠标拖放至右侧对应的笔势方向即可完成定义，熟悉后可以选择 12 笔势来设置常用命令工具，以便对应尽量多的命令。

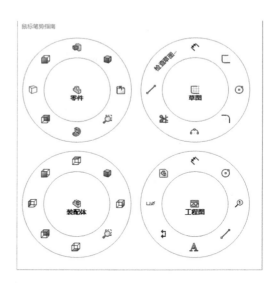

图 2-3　【鼠标笔势】自定义

## 2.4　选项

不同场合、不同使用者对系统的要求不尽相同，SOLIDWORKS 提供【选项】功能用以对建模环境进行调整，以适应不同的需求，通过【选项】功能可以定制自己所需的设计环境。进入【选项】通常有两种方法：一是单击菜单栏的【工具】/【选项】进入；二是单击工具栏的【选项】 ⚙ 进入，其界面如图 2-4 所示。

SOLIDWORKS 选项分为【系统选项】与【文档属性】两类，如果当前没有任何打开的文档，则只有【系统选项】而没有【文档属性】。【系统选项】的更改始终有效，而【文档属性】只针对当前打开的文档，即每个文档均有一个独立的【文档属性】，如果某些【文档属性】的选项更改需要一直使用，可在模板中对其进行定义，后续选用对应的模板即可，附录中对模板的定义方法有详细介绍。

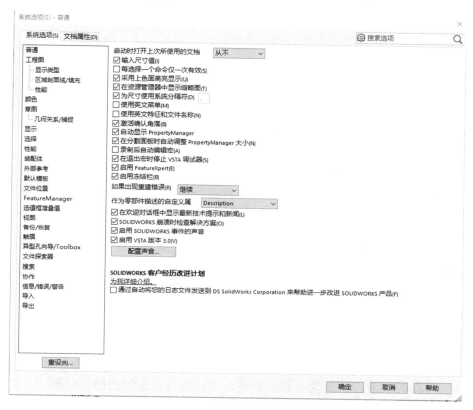

图 2-4　【系统选项】界面

选项有多个分类，且可更改参数众多，在此只列出较为常用的选项。

### 1. 普通

1）【输入尺寸值】选项。该选项用于控制在标注尺寸时是否弹出【修改】对话框。如果绘制的草图不精确，标注时需对尺寸进行即时修改，可选中该选项；对于精确绘制的草图或由其他软件复制的准确草图，则应取消该选项以提高效率。

2）【使用英文菜单】选项。该选项可以使 SOLIDWORKS 以英文方式启动，选中该选项后，其下的【使用英文特征和文件名称】选项自动选中，虽然 SOLIDWORKS 本身可以完全运行在中文环境中，但少部分第三方开发的插件会出现在 SOLIDWORKS 中文状态下无法使用或使用有问题的现象，此时需选中该选项转为英文状态，需要转为中文状态时取消该选项即可。该选项更改后需重新启动 SOLIDWORKS 才会生效。

3）【如果出现重建错误】选项。该选项用于确定在首次出错时系统如何进行处理。它有三个选项：停止、继续和提示。

停止——发生错误时停止重建模型，并对错误进行修复。

继续——发生错误时继续重建模型而不提示信息。

提示——发生错误时提示是继续重建模型还是停止。

该选项可根据使用场景不同而更改，以提高工作效率。如果是对别人的模型进行错误检查，则选择"停止"，以便及时发现模型中存在的问题；而在创意设计时应选择"继续"，以免错误提示影响创意灵感，在完成模型后再行检查。

### 2. 工程图

1）【选取隐藏的实体】选项。在工程图中，由于三维软件是基于模型投射而成的，而国家制图标准是基于手工简化画法制定的，从而间接造成了在生成工程图时需要对实体线进行隐藏操作，但隐藏后在需要参考该对象时则无法选择，此时又需将其重新显示，操作较为烦琐。此时可将该选项选中，在需要选择某个实体对象时，只要将鼠标移至其边线上即可，即使其是隐藏的。

2）【禁用注释/尺寸推理】选项。该选项默认为未选，在标注尺寸或注释时会出现黄色推理线，方便在标注/注释时进行对齐，但当工程图中尺寸/注释较多时，推理线出现频繁反而降低了操作效率，此时可选中该选项，取消推理。

3）【重新使用所删除的辅助、局部及剖视图中的视图字母】选项。工程图中的辅助视图删除后，其相应的标记也被删除，而此时系统默认的是使用过的字母不再使用，这样就会出现"A、B、D"这种不连续的视图字母，为了保证图样的整体合理、美观性，需要手工更改这些标记。此时可以选中该选项，删除某标记字母后，在下一次标记时仍可使用该字母，避免了手工修改的麻烦。

### 3. 草图

1）【在创建草图以及编辑草图时自动旋转视图以垂直于草图基准面】选项。使用该选项，能在生成草图时将草图面自动正视于屏幕，可免去人工正视的操作过程。（注：该选项从 2021 版本后已更改为默认选中状态）

2）【使用完全定义草图】选项。在初学时，可选中该选项强迫自己完全定义草图，这样有利于对草图尺寸关系与几何关系的理解。

3）【激活样条曲线相切和曲率控标】选项。选中该选项后，有利于对样条曲线进行更为细致的控制，以便得到更符合要求的样条曲线。

4）【在生成实体时启用荧屏上数字输入】选项。选中该选项后，在草图绘制过程中将显示尺寸框，可直接驱动所绘制对象达到相应尺寸。

### 4. 装配体

1）【大装配体模式】选项。该选项用于确定系统认定为大装配体的零件数量，以便系统在判断为大装配体时关闭一些信息来提高对大装配体的处理能力，同时选择哪些是可关闭的信息。

2）【启用大型设计审阅】选项。当装配体零件数量达到另一个极端数量时，将启用大型设计审阅模式，进一步提高对装配体的处理能力。但要注意，在大型设计审阅模式下，部分操作功能将被关闭而不允许使用。

3）【打开大型装配体】选项。该选项有两个子选项：【在装配体包含超过此数量的零部件时使用大型装配体模式来提高性能】选项，用以确定系统采用大型装配体模式的最高阈值，计算机性能不太理想时可以适当降低该数值；【在装配体包含超过此数量的零部件时使用大型设计审阅模式】选项，在对模型进行审查、设计讨论时，无须打开所有模型细节，此时可选中此选项进行打开，以最大限度地减少对计算机资源的占用，在该状态下无法对模型进行编辑修改，只能查看。

4）【当大型装配体模式激活时】选项。该选项有多个子选项，对性能有影响且需要修改的主要有：【不保存自动恢复信息】选项，选中该选项后系统将不保存自动恢复信息，以减少建模过程中保存信息对操作的影响，但"备份选项"仍正常备份，仅是不保存恢复信息，这样可以提升操作的流畅性，但也有风险，实际使用时需加以平衡，根据需要进行选择；【优化图像品质以提高性能】选项，选中该选项后，系统将自动降低图像品质以提高处理速度。

### 5. 默认模板

在多种情况下，系统均利用该选项下的默认模板进行文件的创建，例如，在"新手"模式下新建文件、在装配体中创建"新零件"、分割零件的另存、第三方软件自动生成模型等多个场合，如果默认模板不正确，将出现错误报警，提示找不到模板文件。

软件多次安装、模板文件夹变更均会影响到该处的默认模板，在出现找不到模板提示时可以在此处进行更改，找到合适的模板即可。

### 6. 备份/恢复

1）【自动恢复】选项。该选项可以设置自动恢复信息，以防止因系统崩溃而造成模型丢失。应根据需要选择合适的自动保存间隔，如果间隔时间太长，一旦出现系统崩溃，会造成大量模型丢失；若间隔时间太短，则会因保存频繁而影响操作效率。

❈ **注意**：在【装配体】选项中的【不保存自动恢复信息】选中时，该选项将不起作用。

2）【备份】选项。该选项用于设定备份信息，以便在建模时能进行回溯。在没有 PDM 之类的管理系统时，设定一定的备份量有利于在建模思路出现偏差时找回旧的版本，防止出现反复修改的情况。

### 7. 信息/错误/警告

该选项很重要，特别是对于初学者来说，这些提示有利于更好更快地熟悉及熟练运用 SOLIDWORKS。如是不希望这些警告影响到建模过程，而是等建模到一定阶段后再修复这些问题，可以选中"从不"来关闭相应警告。

在使用 SOLIDWORKS 一段时间后，各种选项定义会逐步变成个性化的内容，如果重装软件或更换计算机，可对这些自定义内容进行转移，以便在新的环境中迅速继承原有习惯，此时可通过菜单栏的【工具】/【保存/恢复设置】，在图 2-5 所示对话框中进行保存或恢复已有设置。

需要保存现有设置时，单击该界面中的【保存设定】（默认）→【下一步】，选择所需保存设置的具体内容，并给定文档的保存位置，然后单击【完成】，系统将生成设置文档；在需要恢复的计算机上用同样的命令选择【恢复设定】，找到该文件进行恢复即可。

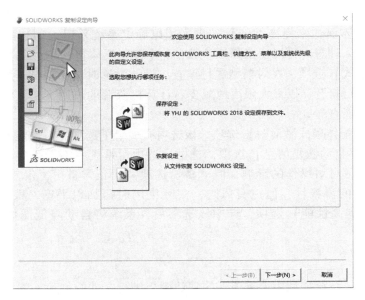

图 2-5 【复制设定向导】界面

## 练习题

### 一、操作题

1. 在【系统选项】界面，将【在创建草图以及编辑草图时自动旋转视图以垂直于草图基准面】选项更改为选中状态。

2. 给命令【圆】增加键盘快捷键 < Alt ＋ D >。

3. 将命令【正视于】增加到前导视图工具栏中。

4. 将【鼠标笔势】更改为"8 笔势"，并将命令【直槽口】对应至【草图】笔势的向下方向。

5. 将当前环境设置保存为以自己名字命名的设置文件。

### 二、思考题

1. 你对 SOLIDWORKS 的界面布局有什么新的想法？

2. 你认为除了通过鼠标操控模型外，未来会出现什么更好的操控技术？

# 第3章 草图绘制

**│学习目标│**

1）熟悉零件的创建与打开操作。

2）读懂和理解一个已有的二维图，能通过基准面、草图、原点、尺寸关系、几何关系等表达其设计意图，并绘制相应的草图。

3）看懂草图的状态并会处理常见错误。

## 3.1 快速入门

下面将以图 3-1 所示的模型为例，来介绍 SOLIDWORKS 建模的基本流程。该模型由单一简单草图与单一拉伸特征形成，不管多么复杂的模型，都是通过这些最基础的操作一步一步叠加而成的。

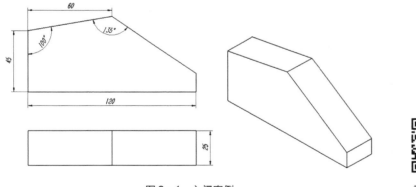

图 3-1 入门案例　　　　　　　　扫码看视频

（1）新建零件　单击【新建】或菜单栏中的【文件】/【新建】，弹出图 3-2 所示对话框，选择【零件】，进入【零件】主界面。

☀ **注意：** 系统默认使用【系统选项】/【默认模板】中定义的模板创建文件，如果有多个模板，可单击左下角的【高级】，以便进一步选择所需模板。

（2）基准面选择　基准面是【草图绘制】的基础，系统默认有三个基准面，分别为"前视基准面""上视基准面"和"右视基准面"，这三个基准面无法删除或修改。为了提升模型的健壮性，应优先选用这三个基准面，以减少后续修改带来的意外错误。

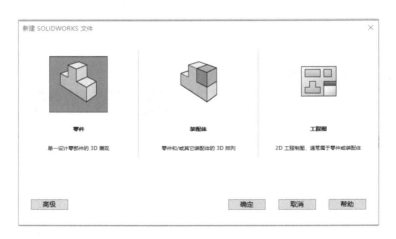

图 3-2 新建零件

此处选择"前视基准面"作为第一个草图基准面。鼠标左键单击"前视基准面"时，弹出图 3-3 所示的关联工具栏，单击第一个命令【草图绘制】 □，即可进入草图绘制状态。

☀ **注意**：关联工具栏是 SOLIDWORKS 中一种较重要的提高建模效率的方式，系统会根据当前所选对象自动显示最佳的关联命令，如果因为鼠标的移动而导致关联工具栏消失，可单击鼠标右键重新使其显示。

（3）草图绘制　系统进入草图绘制状态，工具栏自动切换至【草图】选项，【退出草图】处于按下状态，图形区域右上角有确定与取消按钮，如图 3-4 所示，状态栏同时显示当前处于草图编辑状态。应留意这些细节，因为这些是草图状态与非草图状态的判断依据，也是刚开始学习时容易混淆的地方。

图 3-3 基准面选择

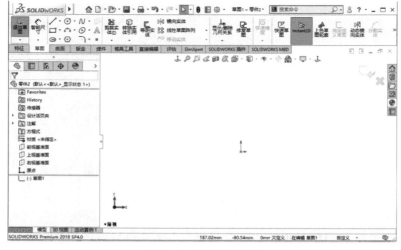

图 3-4 草图绘制界面

单击【草图】/【直线】 ✎ ，以原点为起点绘制图 3-5 所示的草图，绘制过程中无须过度关注草图是否与要求的一致，只需大体形状相似即可，后续会通过尺寸约束进行定义，这也是参数化与非参数化的根本区别之一。

单击【草图】/【智能尺寸】 ✐ ，按图 3-6 所示进行尺寸标注，标注尺寸时系统会弹出【修改】对话框，在该对话框中输入所需尺寸，草图将根据输入尺寸自动调整草图形状。双击尺寸可以对已标注的尺寸进行修改。

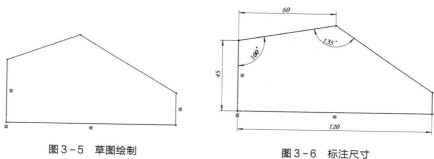

图 3-5　草图绘制　　　　　　　　　图 3-6　标注尺寸

在绘制、标注过程中，线条的颜色会产生变化，蓝色线条表示未定义完全，还处于"自由"状态；黑色线条表示已定义完全，只能通过更改几何约束、尺寸约束进行更改。对于整个草图而言，在下方的状态栏中也有实时提示。

（4）生成实体　单击【特征】/【拉伸凸台/基体】 🔩 ，选中上一步完成的草图，弹出图 3-7 所示对话框，将其中的【深度】值更改为 25mm，更改后单击【确定】 ✔ 完成拉伸实体的生成。

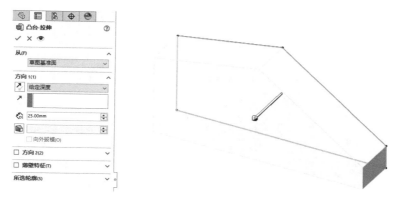

图 3-7　生成实体

（5）查看模型　模型创建完成后需要进行检查，此时可以通过各种视向操作方法进行查看。

方法一：通过鼠标进行操控，详见 2.3 节。

方法二：通过单击图形区域左下角"参考三重轴"的相应轴，如图 3-8 所示，可以在相应方向上正视观察模型。< Shift >键 + "选择"为绕所选轴旋转 90°，< Alt >键 + "选择"为绕所选轴旋转固定角度，角度值可在【系统选项】/【视图】中进行设定。

图 3-8　参考三重轴

方法三：按键盘上的＜空格＞键，弹出图 3-9 所示的视图选择器，将鼠标移至视图选择器的面上，右上角会出现相应预览，确定所需后单击鼠标左键即可。如果需要经常用到某一视角，可以通过此处出现的【方向】/【新视图】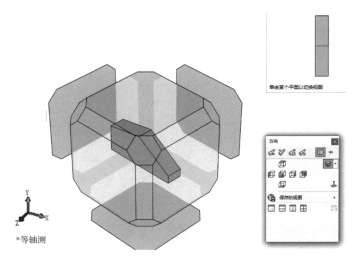将其保存，下次需要时在该对话框中直接选择即可。

图 3-9　视图选择器

SOLIDWORKS 除了基本的模型查看方法外，还有【剖面视图】、【显示样式】等显示方式供辅助查看，这些功能均位于【前导视图】工具栏中。

（6）保存文件　在查看模型没有问题后，需要对其进行保存。单击菜单栏中的【文件】/【保存】，或单击工具栏中的【保存】命令，弹出图 3-10 所示对话框，选择合适的保存目录及文件名称，单击【保存】即可。

图 3-10　保存文件

⚙ **注意**：为了防止在工作过程中发生意外时丢失数据，可以在【系统选项】/【备份/恢复】选项中设定适当的自动保存参数。

## 3.2　基本概念

草图是建模的基础，所以草图的绘制效率直接影响到建模的效率，因此必须加强练习，以提高草图绘制能力。

### 3.2.1　鼠标操作

在 SOLIDWORKS 中鼠标操作主要有两种方式：一种是"单击＋单击"操作完成一个对象的绘制；另一种是"单击＋拖动"完成操作。这两种操作方式对于大多数草图命令均适用，如【直线】╱、【边角矩形】▫、【圆】⊙、【直槽口】◓等，区别在于前一种方式会出现尺寸输入对话框，适用于绘制时有明确尺寸要求的情况；后一种方式适用于不确定尺寸的草图，可快速绘制出大概形状，后续再进行尺寸约束修改。

SOLIDWORKS 中【直线】命令默认是绘制连续线，绘制结束后可双击鼠标左键结束连续线状态，也可以按键盘上的＜Esc＞键结束绘制。

### 3.2.2　基准面

草图依赖于基准面，绘制草图时需要选择合适的基准面。基准面可以是系统默认的三个基准面，可以是新创建的基准面，也可以是一已有实体上的平面；既可先选【草图绘制】命令再选基准面，也可先选基准面再选【草图绘制】命令。

如果草图所依赖的基准面已经删除，则草图会报错，需对其重置基准面进行修复。

### 3.2.3　基准选择

草图绘制过程中要选定合适的基准。例如，第一个草图通常选择"原点"作为基准，切不可将二维绘图中任意绘制的习惯带到三维环境中。基准通常与模型的尺寸基准、设计基准和装配基准重合。

### 3.2.4　绘制顺序

草图所包含的要素包括线条、几何约束和尺寸约束。绘制线条的基本顺序为确定基准→绘已知线条→绘中间线条→绘连接线条。在线条绘制过程中，系统会自动添加部分符合要求的几何约束，后续再手工添加所需的几何约束，最后进行尺寸约束。

如果草图对象都是很确定的条件，则这些要素在绘制过程中可以穿插着使用。

### 3.2.5　草图状态

草图状态是指由几何约束、尺寸约束所决定的草图约束状态，有欠定义、完全定义和过定义之分，刚开始学习时应尽量保证完全定义状态，避免过定义状态。

## 3.3　基本绘制

SOLIDWORKS 提供了丰富的草图绘制命令，其主要命令如图 3－11 所示，包括绘制、编辑、尺寸等，可以根据需要，通过【自定义】对其进行增减。

图 3-11　主要的草图绘制命令

SOLIDWORKS 的基本草图绘制功能与二维软件的绘制功能类似，绘制时注意其参数选择即可，在此只对其中几个较特别的功能加以描述。

### 3.3.1　快速草图（RapidSketch）

【快速草图】命令具有开关功能，其本身并不能进行草图绘制，通过该命令可快速进行草图的布局，在产品设计阶段尤其适用。单击【草图】/【快速草图】 ，使其处于有效状态，绘制草图时可以在任一可选的基准面上进行草图绘制，如图 3-12a 所示。选择所需的绘制功能后，将鼠标移至所需的基准面上即可进行草图绘制，此时无须退出草图，将鼠标移至另一基准面上后即可开始另一个草图的绘制，如图 3-12b 所示，直至所需草图均绘制完成后再退出草图。

如果不需要使用该功能，只需在【快速草图】命令上单击鼠标左键将其关闭即可。

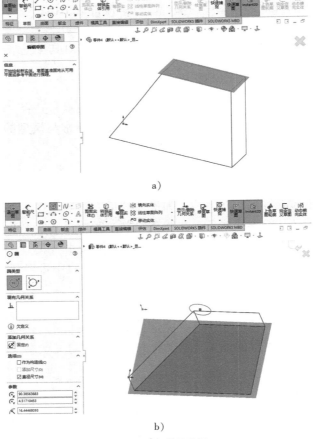

a)

b)

图 3-12　快速草图

### 3.3.2 直线

直线与圆弧是草图中最基本的两个元素，在 SOLIDWORKS 中，【直线】命令已将这两个功能整合在一起，这对于提高草图绘制效率有很大帮助。

单击【草图】/【直线】✎，从原点开始绘制连续线，如图 3-13a 所示，注意其中的虚线为推理线，用于在绘制时参考相关元素，其功能类似于二维软件的导航功能。如果不需要推理线，可在绘制时按住键盘上的 < Ctrl > 键，在此第二条线条应是圆弧，可将鼠标移到上一条线的终点，如图 3-13b 所示，此时光标右下角的提示变成同心符号，再将鼠标移开，即转换为圆弧状态，如图 3-13c 所示，最后单击鼠标左键确定圆弧终点位置。

☼ **注意**：圆弧的状态取决于第二步鼠标移动至上一条线的终点的角度，移动角度不同，圆弧状态就不同，可以多试几次加以熟悉。

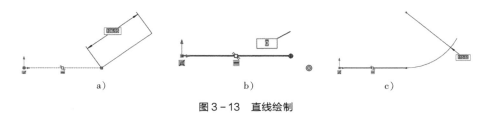

图 3-13 直线绘制

### 3.3.3 剪裁实体

【剪裁实体】是 SOLIDWORKS 中非常重要的草图编辑修改功能，该命令用于将多余的草图线条剪掉。如图 3-14a 所示，需要对梯形左上角的部分线条进行剪裁，单击【草图】/【剪裁实体】✖，属性框中列出了所有可用选项，在此使用【强劲剪裁】，按住鼠标左键并移动鼠标，此时会出现灰色轨迹线，如图 3-14b 所示，系统将对轨迹线接触到的线条进行相应剪裁，完成后单击【确定】✔ 退出，结果如图 3-14c 所示。

如果鼠标划过的线条没有与其他对象相交，则该操作将直接删除该线条，与删除功能类似。

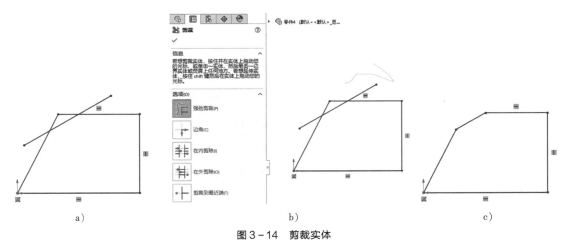

图 3-14 剪裁实体

【剪裁实体】除了剪裁功能外还有一个扩充功能——延伸实体。如图 3-15a 所示，需要将圆弧两端延伸至相邻实线处，单击【草图】/【剪裁实体】，单击圆弧需要延长的一侧，将光标移至参考实线并单击鼠标左键，如图 3-15b 所示；按同样的方法延伸另一侧，结果如图 3-15c 所示。

应特别注意【延伸实体】与【剪裁实体】在鼠标操作上的区别，熟练后可通过【剪裁实体】命令完成大部分草图编辑操作。

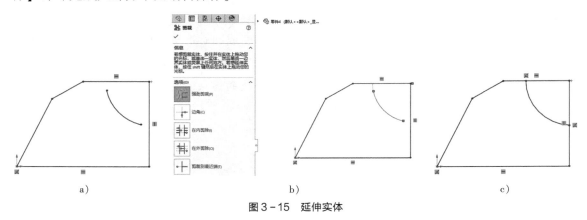

a)  b)  c)

图 3-15  延伸实体

### 3.3.4  转换实体引用

【转换实体引用】命令用以将模型中已有的草图、实体边线投射至当前草图，并保持两者之间的关联关系。该功能在建模过程中也较为常用。

如图 3-16a 所示，左上角需要绘制一个三角形草图，且左上角的边应与原有模型的边线重合。单击【草图】/【转换实体引用】 <kbd>□</kbd>，弹出图 3-16b 所示对话框，选择模型左上角的边线并单击【确定】 <kbd>✓</kbd>，边线已投射至当前草图，且线上有"在边线上" <kbd>■</kbd> 的几何约束关系，补充绘制另两条边线，结果如图 3-16c 所示。

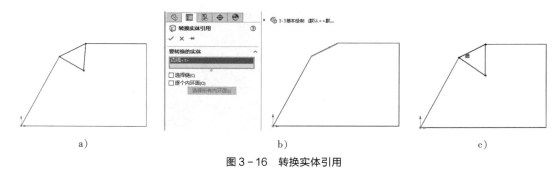

a)  b)  c)

图 3-16  转换实体引用

此时部分计算机上会出现"重建" <kbd>⑧</kbd> 图标，且设计树与状态栏均会有该图标提示，表示模型并未实时更新，需要手工重建，单击工具栏中的【重建】即可，也可在模型完成后再重建。

### 3.3.5  检查草图合法性

SOLIDWORKS 中的很多"特征"功能对草图有一定要求，最基本的就是草图要封闭，类似于二维软件中填充剖面线的要求，简单的草图可以通过观察进行判断，复杂的草图则需要通过专用功能进行判断。

　　单击菜单栏中的【工具】/【草图工具】/【检查草图合法性】，弹出图 3 - 17a 所示对话框，根据草图的用途选择【特征用法】，如果不选则判断草图的封闭性，单击【检查】，草图没有问题则弹出图 3 - 17b 所示对话框，草图有问题则弹出图 3 - 17c 所示对话框，并在草图中高亮显示发现的问题。

a)

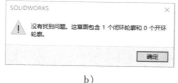

b)

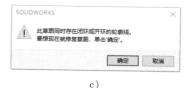

c)

图 3 - 17　检查草图合法性

　　该命令是透明命令，即检查出问题后可以直接修改草图而无须退出该命令，修改完成后再次单击【检查】，直到没有问题再退出该命令，避免了多次执行命令的麻烦。

### 3.3.6　绘制实例

　　绘制图 3 - 18 所示草图。该图是由直线与圆弧构成的简单草图，其绘制方法有很多种，绘制思路不同，其绘制效率相差很大，下面将对两种绘制方法进行比较。由于只需绘制大概轮廓，所以无须知道精确尺寸。

图 3 - 18　绘制实例

　　方法一：通过传统的二维绘图思路完成。首先通过【圆】⊙ 绘制图 3 - 19a 所示定位圆；接着通过【直线】∕ 绘制直线段，直线段左下角端点过原点，如图 3 - 19b 所示；第三步通过【三点圆弧】⌒ 绘制大圆弧，如图 3 - 19c 所示；第四步通过【绘制圆角】⌐ 生成左上角的圆角，该功能会自动生成半径尺寸，如图 3 - 19d 所示；最后通过【剪裁实体】⚒ 将圆的多余部分剪裁掉，结果如图 3 - 19e 所示。

扫码看视频

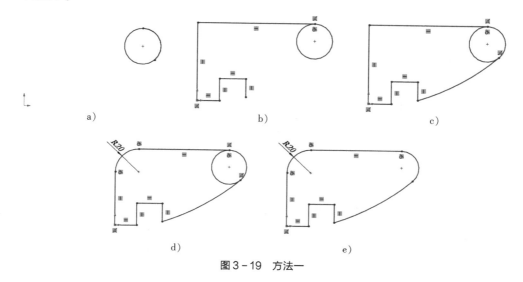

a)　　　　　　　b)　　　　　　　c)

d)　　　　　　　e)

图 3 - 19　方法一

方法二：通过 SOLIDWORKS 的【直线】功能一次性完成所有绘制对象。单击【草图】/【直线】 ╱，以原点为起点绘制竖直线，如图 3-20a 所示；绘制下一圆弧时将鼠标移回上一直线的端点再移开，如图 3-20b 所示；接着绘制水平线，并按同样方法绘制右上角圆弧，如图 3-20c 所示；然后绘制大圆弧，如图 3-20d 所示；最后绘制剩余的几条直线，如图 3-20e 所示。

扫码看视频

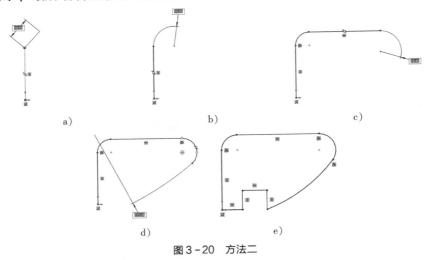

图 3-20　方法二

对比这两种方法可以看到，方法二使用单一命令，全部通过鼠标的切换完成整个草图，也无须使用草图编辑功能，简洁明了。可见，绘图思路十分重要，而非简单的功能堆砌，这也是本书所强调的地方。

☀ **注意**：通过鼠标切换成圆弧模式后，再切换回直线模式的方法为单击鼠标右键，在弹出的快捷菜单中选择【转到直线】，如图 3-21 所示。除了草图中的第一条直线外，以后即使重新使用【直线】命令，只要起点是已有草图的端点，就可以切换成圆弧。

图 3-21　直线和圆弧模式切换

## 3.4　几何关系

几何关系是参数化建模软件中表达不同实体对象之间关系的至关重要的一种手段，草图几何关系是草图实体之间或草图实体与基准面、基准轴、边线或顶点之间的几何约束关系。SOLIDWORKS 中提供了多种几何关系，如水平、垂直、平行、同心、相切、对称等，合理的几何关系能使草图编辑修改变得更为顺畅。

### 3.4.1　自动几何关系

自动几何关系功能可以在绘制过程中自动给绘制对象添加合适的几何关系。例如，3.3.2 节中直线绘制过程中光标右下角时隐时现的黄色图标即为自动几何关系所给出的提示，用于提示当前绘制过程可添加合适的几何关系，绘制完成后会在该对象上添加几何关系。

但是，自动几何关系有时并不利于绘图。如图 3 - 22 所示，在绘制左上角的斜线时，该功能自动判断为相邻线添加垂直关系，而实际夹角为 95°，此时有两种处理方法：第一种方法是在绘制完成后，单击垂直关系图标，按下键盘上的 < Delete > 键，将该几何关系删除；第二种方法是绘制时按住键盘上的 < Ctrl > 键，系统将临时取消自动几何关系功能。

随着草图越来越复杂，几何关系图标将越来越多，这会影响对草图的观阅。此时可以单击【前导视图工具】/【观阅草图几何关系】⊥将几何关系图标隐藏，如图 3 - 23 所示，需要时再打开即可。该工具栏上还可控制其他对象的显示与隐藏，可以逐一加以尝试。

自动几何关系功能默认是打开的，可通过【选项】/【系统选项】/【草图】/【几何关系/捕捉】中的【自动几何关系】选项将其关闭或打开。

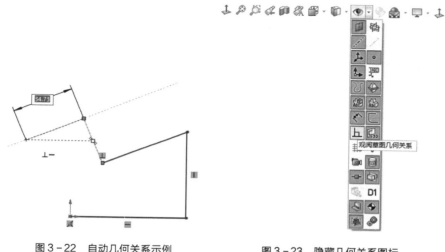

图 3 - 22　自动几何关系示例　　　　　图 3 - 23　隐藏几何关系图标

## 3.4.2　手动几何关系

手动几何关系功能是指对原本没有关系的绘制对象人为地添加所需的几何关系。SOLIDWORKS 中添加几何关系非常方便，系统会根据所选对象通过关联工具栏自动提示可能的几何关系，根据需要选择即可。如图 3 - 24a 所示，按住键盘上 < Ctrl > 键的同时选择两个圆，松开 < Ctrl > 键后，弹出右上角的关联工具栏，其中列出了两个圆可能的几何关系——全等、相切、同心、相等、固定等，在此选择"使同心" ◎，结果如图 3 - 24b 所示。

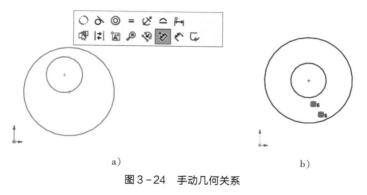

a)　　　　　　　　　　　　　b)

图 3 - 24　手动几何关系

思考一下：两圆同心是以哪个圆为基准来移动另一个圆的？如果实际情况与预期的不符，可以对作为基准的圆添加固定的几何关系。

### 3.4.3 几何关系的冗余

添加几何时系时一定要适度，应按需要添加，不允许出现冗余现象，虽然大多数情况下冗余的几何关系并不会报错，但却增加了解算难度，在草图复杂的情况下更加明显。

过原点绘制图 3-25a 所示的矩形，系统会自动给矩形的四条边分别加上"竖直"与"水平"的几何关系。选择右上角的两条直线，手动为其添加"垂直"的几何关系；选择上下两条直线，手动为其添加"平行"的几何关系，如图 3-25b 所示，可以看到系统没有显示报错信息，因为虽然多添加了几何关系，但仍在合理的范围内。继续选择右上角的两条直线，为其添加"平行"的几何关系，如图 3-25c 所示，系统发出报错信息，以红色显示出错对象，并在状态栏显示"过定义"。因为此时添加的"平行"关系与原有的"水平""竖直"关系是有冲突的，所以造成了错误。一旦出现这种错误，要适时排查，继续添加关系只会使错误越来越严重。

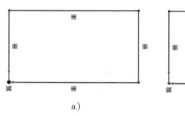 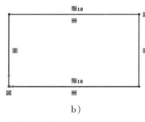 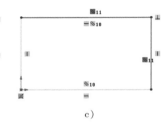

a) b) c)

图 3-25 几何关系的冗余

### 3.4.4 几何关系实例

绘制图 3-26 所示的几何关系实例。

本例只需绘制出大体轮廓，无须关注具体尺寸。从图中可以看出，该图是左右对称图形，所以只需绘制其中一侧，另一侧用【镜向实体】<sup>⊖</sup>功能镜向即可。

扫码看视频

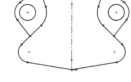

图 3-26 几何关系实例

1）单击【草图】/【直线】✐，从原点开始绘制，对直线与圆弧进行切换，绘制图 3-27a 所示图形。

2）通过【直线】命令绘制左侧凸出部分，如图 3-27b 所示。

3）单击【草图】/【圆】⊙，绘制左侧圆，如图 3-27c 所示。

⁂ **注意**：绘制该圆时不可捕捉任何已有对象，因为自动几何关系不是一直都需要的，应适时加以取消，否则可能与后续实际需要的几何关系发生冲突而不得不进行删除操作，额外增加了操作量，也增加了草图过定义的概率。

4）由于该图是对称的，需要通过【镜向实体】进行镜向，而该功能需要一根镜向轴，单击【草图】/【直线】/【中心线】⟋，过原点绘制图 3-27d 所示的中心线。

————————

⊖ 由于 SOLIDWORKS 选项中为"镜向"，因此本书统一使用"镜向"而非"镜像"。

5）单击【草图】/【镜向实体】 ⋈，如图 3 - 27e 所示，将除上侧大圆弧之外的实体全部选中作为【要镜向的实体】，【镜向点】选择中心线，然后单击【确定】 ✓ 完成镜向操作。

❓ **思考：** 为什么不选上侧的大圆弧？

6）按住键盘上 < Ctrl > 键的同时选择上侧大圆弧的右侧端点与右上角小圆弧的左侧端点，在弹出的关联工具栏中选择【合并点】，如图 3 - 27f 所示，将两点合并。

7）按住键盘上 < Ctrl > 键的同时选择左侧凸台的上侧边线与相邻边线，在弹出的关联工具栏中选择【使垂直】，如图 3 - 27g 所示。此时，由于草图轮廓不尽相同，所以不同操作者得到的结果会有所差异。

8）按住键盘上 < Ctrl > 键的同时选择左侧凸台外圆弧与圆，在弹出的关联工具栏中选择【使同心】，如图 3 - 27h 所示。此时会发现，左侧草图在几何关系的改变下发生了变化，右侧将同步变化，这是由于系统会为镜向对象自动添加【对称】的几何关系，所以修改时两侧是同步的。

9）按住键盘上 < Ctrl > 键的同时选择左侧凸台内圆弧与圆，在弹出的关联工具栏中选择【使同心】，如图 3 - 27i 所示。

10）单击【草图】/【中心点圆弧槽口】 ⌀ 绘制长弧槽，如图 3 - 27j 所示，按住键盘上 < Ctrl > 键的同时选择长弧槽左右两个中心点及中心线，注意此处选择的是三个对象，在弹出的关联工具栏中选择【使对称】。

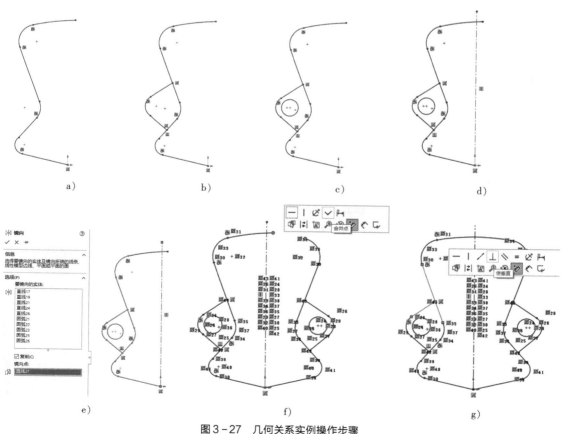

图 3 - 27　几何关系实例操作步骤

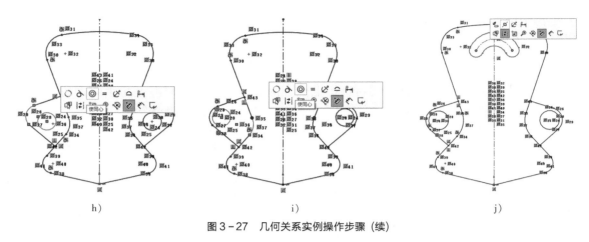

h)　　　　　　　　　i)　　　　　　　　　j)

图 3-27　几何关系实例操作步骤（续）

SOLIDWORKS 中的几何关系确定的是草图对象之间的关系而非具体尺寸，所以操作虽然步骤相同，但结果却有所差异。这在新产品设计过程中较为常见，也是进行概念设计的原则，即首先确定大概轮廓和基本意图，然后再进行详细设计、定具体尺寸，而非首先确定具体尺寸。

☀ **注意**：中心线在 SOLIDWORKS 中作为辅助构造几何线存在，并不参与建模。实体线也可通过工具转换成构造几何线，单击需要转换的线条，在出现的关联工具栏中选择【构造几何线】即可，如图 3-28 所示；反之亦然。

图 3-28　构造线切换

## 3.5　尺寸关系

【尺寸关系】功能通过尺寸标注工具对草图对象进行尺寸定义，用以完全定义草图。SOLIDWORKS 中有自动尺寸关系与手动尺寸关系两种操作方法。

### 3.5.1　自动尺寸关系

SOLIDWORKS 的自动尺寸关系有两种操作方法：一种是绘制时自动标注；另一种是绘制完成后通过【完全定义草图】进行自动标注。

1）在【选项】/【系统选项】/【草图】中将【在生成实体时启用荧屏上数字输入】选中后，在草图绘制过程中会出现尺寸输入框，如图 3-29a 所示，直接通过键盘输入所需尺寸后按 <Enter> 键确认，系统会驱动所绘对象至输入尺寸，并同时进行尺寸标注，如图 3-29b 所示。

如果绘制命令中同时有多个尺寸，如矩形有长度和宽度两个尺寸，在输入其中一个尺寸后按 <Enter> 键，系统会自动切换至另一尺寸进行输入。

该选项中还有一个子选项【仅在输入值的情况下创建尺寸】，即不输入值时不标注尺寸。如果取消选中该子选项，则不管是否输入尺寸均进行标注。同时需要注意具体的绘制命令在属性栏中的【添加尺寸】选项是否被取消，两者是"与"的关系。

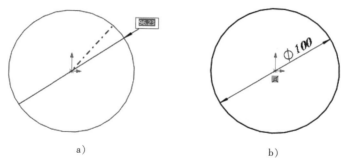

图 3 - 29　自动尺寸关系

2）绘制图 3 - 30a 所示草图。单击【草图】/【完全定义草图】 ，弹出图 3 - 30b 所示对话框，在该对话框中选择合适的尺寸方案后单击【计算】，系统将根据所选尺寸方案计算出所需的尺寸，如图 3 - 30c 所示。此时草图已被完全定义，根据需要双击尺寸对其进行修改，即可快速完成草图的尺寸标注。

【完全定义草图】命令默认不出现在【草图】工具栏，需要通过【自定义】功能将其拖放至工具栏中。【完全定义草图】不一定能完美地标注所有的尺寸关系，可以根据需要删除不合理的尺寸后再手动标注；另外，该功能不适用于草图比较复杂的情况。

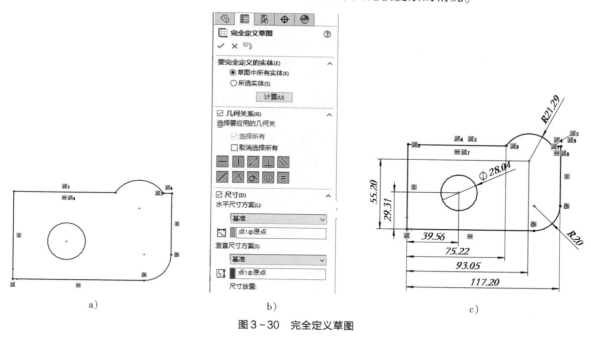

图 3 - 30　完全定义草图

## 3.5.2　手动尺寸关系

通过【草图】/【智能尺寸】 命令可以完成大部分的标注工作，该命令会根据所选对象的不同而自动更换标注方式。例如：只选圆时将标注直径，如图 3 - 31a 所示；当选择圆与一直线时，则标注圆心至该直线的距离，如图 3 - 31b 所示。

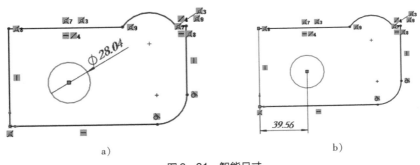

图 3-31　智能尺寸

### 3.5.3　方程式

实际设计过程中，很多尺寸之间是有关联的，但这种关联却无法使用几何关系或常规的建模技术来实现。此时可以使用方程式创建模型中尺寸之间的数学关系，用以保持两者之间的确定关系，从而保证关联修改的正确性，提高编辑修改的效率并有效减少错误。

【方程式】默认不出现在结构树中，可以在【选项】/【FeatureManager】中将【方程式】更改为"显示"状态。

SOLIDWORKS 中方程式的形式为：因变量 = 自变量。例如，在方程式 A = B 中，系统由尺寸 B 求解尺寸 A，用户可以直接编辑尺寸 B 并进行修改，一旦方程式写好并应用到模型中，就不能直接修改尺寸 A，系统只按照方程式控制尺寸 A 的值。因此，用户在编写方程式之前，应该决定哪个参数驱动方程式（自变量），哪个参数被方程式驱动（因变量）。具体操作方法如下：

1）在需添加方程式的尺寸上双击鼠标左键，在弹出的对话框中输入"＝"替代原有尺寸，如图 3-32 所示。

2）根据需要单击方程中需参考的目标尺寸，此时该参考尺寸的变量名会出现在对话框中，再输入方程式，如"/2"，如图 3-33 所示。系统支持包括四则运算、三角函数在内的大部分运算规则。

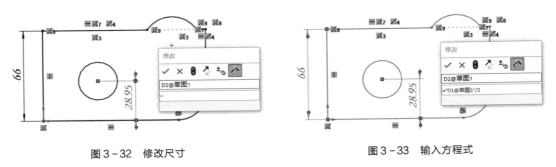

图 3-32　修改尺寸　　　　　　　　　　　图 3-33　输入方程式

3）输入完方程式后，单击【确定】退出【修改】对话框，此时尺寸前会有"Σ"标识，表示该尺寸是由方程式所驱动，如图 3-34 所示。此时圆至下边线的尺寸就受左侧线的长度所驱动，只要该长度尺寸发生改变，圆与下边线的距离尺寸就会自动相应变化。

4）如需修改该方程式，可在该尺寸上双击鼠标左键，在弹出的【修改】对话框中进行修改即可，如图 3-35 所示。

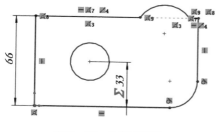

图 3-34 方程式标记

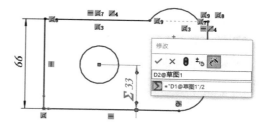

图 3-35 修改方程式

5）如需删除该方程式，则在【修改】对话框中删除"="，如图 3-36 所示。

6）如果建模过程中使用了大量的方程式，可通过【管理方程式】命令进行统一管理。在设计树的【方程式】上单击鼠标右键，选择弹出菜单中的【管理方程式】，如图 3-37 所示；系统弹出图 3-38 所示的方程式编辑管理对话框，在该对话框中可以对方程式进行统一编辑管理。如果该模型具有影响全局的参数，可以通过定义【全局变量】进行设定，这样可以做到"牵一发而动全身"，实现模型的快速修改。

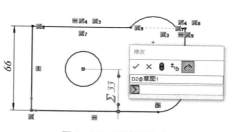

图 3-36 删除方程式

图 3-37 管理方程式命令

图 3-38 管理方程式

7）SOLIDWORKS 的方程式支持判断语句"if"，可通过判断语句进行尺寸赋值。除基本的语句外，还支持语句与运算结合、语句嵌套等功能。例如：

"D3@ 草图 1" = if("D1@ 草图 1" >180，20，30)

//如果"草图 1"的尺寸"D1"大于 180mm，则"D3"为 20mm，否则为 30mm

"D3@ 草图 1" = if("D1@ 草图 1" >180，20，30) +3

//执行完判断赋值后再加3

"D3@草图1" = if("D1@草图1" >180，20，if("D2@草图1" >100，40，50))

//语句嵌套，执行第一个判断后，如果不符合，则继续根据第二个语句进行判断后再赋值

☀ **注意:**

1）系统为尺寸创建的默认名称含义较为含糊，为了便于其他设计人员理解方程式并知道方程式控制的是什么参数，用户应该为尺寸创建更有逻辑并容易明白的名称，这也是规范化建模的一个重要方面。

2）方程式的使用在不同的版本中差异较大，使用时应注意区别。例如，在 2012 版本以前判断语句为 "iif"。

3）为了让其他人员更容易读懂方程式，可以在 SOLIDWORKS 里给方程式添加评论。在编辑方程式对话框时，在评论开始处使用记号 " ' "（单引号），其后面的内容仅作为注释而不参与运算。

### 3.5.4 尺寸关系冗余

在机械制图课程中，标注尺寸时是不允许尺寸环封闭的。在 SOLIDWORKS 中，尺寸环封闭会造成尺寸关系冗余现象，属于过定义。合理的尺寸标注也是草图健壮性的一个核心指标。

如果在 3.5.3 节中草图的基础上再标注一个圆相对于上边线的距离，系统会弹出图 3-39 所示的对话框，询问如何处理该尺寸，共有两个选项：一个是【将此尺寸设为从动】，另一个是【保留此尺寸为驱动】。系统默认【将此尺寸设为从动】，设为从动后该尺寸将不再驱动模型，而是作为参考尺寸存在，也就不会发生冗余了。这里选择【保留此尺寸为驱动】选项，结果是产生尺寸冗余，相关对象以黄色或红色警告，并在状态栏显示 "过定义"。

简单的过定义可以通过观察、联系之前的操作找到矛盾所在；对于复杂的过定义，可以单击主界面下方状态栏中的 "过定义" 提示，系统弹出图 3-40 所示对话框，单击【诊断】，让系统查找冲突所在，系统将列出所有的可能原因，如图 3-41 所示，这些原因是与几何关系共同判断的，并不是只判断尺寸关系。可以查看各种冲突原因，如果接受某一个系统给定的建议，则直接单击【接受】，系统将自动删除相应对象，从而完成草图的修复。

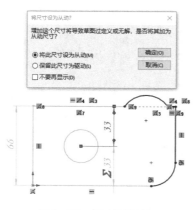

图 3-39　尺寸关系冗余

图 3-40　过定义检查

图 3-41　查找冲突原因

### 3.5.5　Instant2D

SOLIDWORKS 提供了一种用于快速修改草图尺寸的工具——【Instant2D】，使用该工具可以在草图模式下动态更改草图尺寸，通过拖动一个尺寸即可快速编辑其值，而无须打开【修改尺寸】对话框进行修改。这对于新设计来讲无疑是高效快捷的，可以实时地看到更改趋势以确定是否接受该更改。

如图 3-42a 所示，单击上方尺寸时，其尺寸界线上会出现两个较大的圆点，通过鼠标按住左侧圆点并拖动，系统会显示标尺，如图 3-42b 所示，如需确切的更改值，将光标移至标尺上选择所需尺寸即可；也可以任意拖动，直至与所需尺寸接近后松开鼠标即可。

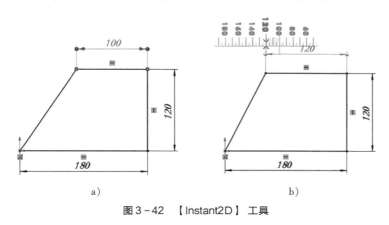

a)　　　　　　　　　　　　　　b)

图 3-42　【Instant2D】工具

思考：为什么图 3-42 中右侧的圆点无法拖动？

### 3.5.6　尺寸关系实例

打开 3.4.4 节中图 3-27 所完成的草图文档，根据图 3-43 所示进行尺寸关系定义，最终要求完全定义该草图，可根据需要补充适当的几何关系。

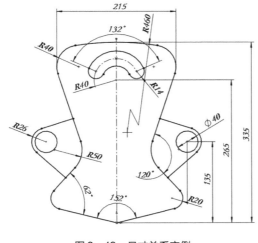

图 3-43　尺寸关系实例

扫码看视频

通常情况下，在对草图进行定义时，几何关系优先于尺寸关系。在定义尺寸时，需要先确定尺寸基准，然后通常遵循先标注基于基准的尺寸，接着标注关键定形尺寸，再标注其他主要尺寸，最后标注辅助尺寸的规则。具体到某一类型尺寸的先后顺序，标注时可能每个人均有所不同，标注时应注意思考改变顺序会出现什么情况。本实例的尺寸标注步骤如下：

1）确定以原点为该草图的尺寸标注基准。

2）如图3-44a所示，标注以原点为基准的三个竖直尺寸及底部两直线的夹角。

3）如图3-44b所示，依次标注左下侧两直线的夹角及右侧中间两直线的夹角，顶部圆弧半径及宽度尺寸，圆弧槽口中心半径。当所标注对象对称时，标注任一处均可，主要取决于尺寸排布的清晰性和尺寸值放置的方便性。

4）如图3-44c所示，依次标注中间圆的直径，圆弧槽口的夹角及半径。

5）如图3-44d所示，标注剩余四处圆弧的半径。

6）检查是否有遗漏尺寸，最为直观的是此时草图对象均由蓝色转为黑色，状态栏提示为"完全定义"。如果还有草图对象为蓝色（辅助线除外），则说明缺少尺寸关系或几何关系，需加以补充。如果出现"过定义"报错，则需检查尺寸关系与几何关系是否有冲突，并加以修复。

**思考：** 此时如果额外给下方的直线增加一个"水平"几何关系，会出现什么现象？为什么？

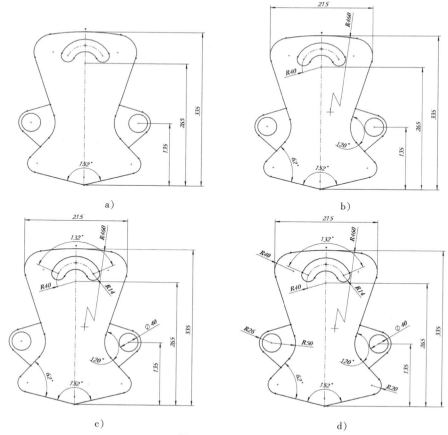

a)

b)

c)

d)

图3-44 尺寸标注

☀ **注意：**

1）在标注过程中，当标注对象为圆弧时，系统默认标注圆中心距尺寸。标注时，如果在按住键盘上＜Shift＞键的同时选择标注对象，系统会按切边进行标注，选择对象后即可松开＜Shift＞键。

2）标注三点夹角时，通过【智能尺寸】选择圆弧的两个端点与圆心即可，与选择时的先后顺序无关。但是，标注任意三点夹角时则与选择顺序有关，默认以所选第一点为夹角的交点。

3）标注较大的圆弧半径时，由于半径线较长，通常需要做折断处理。选择该标注后单击鼠标右键，在弹出的快捷菜单中选择【显示选项】/【尺寸线打折】对当前标注进行打折，再根据需要进行适当调整。

## 3.6 草图例题

绘制图3-45所示草图，要求草图完全定义。

该图主体由圆弧组成，绘制时应注意相互之间的相切关系。实际绘制方法多种多样，在此主要介绍两种方法：一种是直线快速绘制法，另一种是二维逐步绘制法。练习时这两种方法均要加以训练。

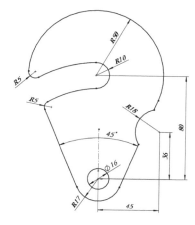

图3-45　草图例题

### 3.6.1 快速绘制

1）以"前视基准面"为基准面绘制草图，单击【草图】/【圆】 ⊙ ，以原点为圆心，绘制图3-46a所示的两个同心圆，绘制时输入所需尺寸。

扫码看视频

2）单击【草图】/【直线】 ╱ ，以大圆上右侧一点为起点绘制直线，注意不要选择特殊点，如象限点，此时直线会自动与该圆相切，然后通过直线与圆弧的快速切换方式绘制余下的圆弧和直线，如图3-46b所示。

3）对绘制对象进行几何关系约束，为上一步的最后一条直线与大圆及其上一圆弧添加【相切】关系，绘制过原点的中心线，将左右两侧直线设为【对称】，月牙槽上下两个圆弧与ϕ34mm圆设为【同心】，月牙槽右侧圆弧与最上边圆弧设为【同心】，检查其他对象之间的几何关系是否合适，结果如图3-46c所示。约束过程中如果出现绘制对象未按所需变化的情况，可以尝试更改约束的添加顺序或先将其移动至适当的位置。

4）单击【草图】/【智能尺寸】 ₰ ，添加图3-46d所示尺寸，注意将尺寸放置在合适位置，以使得图形规范且易于识读，不要养成随手放置的习惯。

5）单击【草图】/【三点圆弧】 ⌒ ，绘制右侧圆弧，如图3-46e所示。

6）标注上一步所绘制圆弧的尺寸，如图3-46f所示。

7）单击【草图】/【剪裁实体】 ⊁ ，将圆弧侧直线及ϕ34mm圆上侧多余线段剪裁掉，如图3-46g所示。

8）检查草图并进行整理，由于软件中默认圆是标注直径，而剪裁去一段后变成了圆弧，需将其切换至半径标注模式。选择该标注并单击鼠标右键，在弹出的快捷菜单中选择【显示选项】/【显示成半径】即可切换至半径标注，关闭【观阅草图几何关系】，结果如图 3 - 46h 所示。

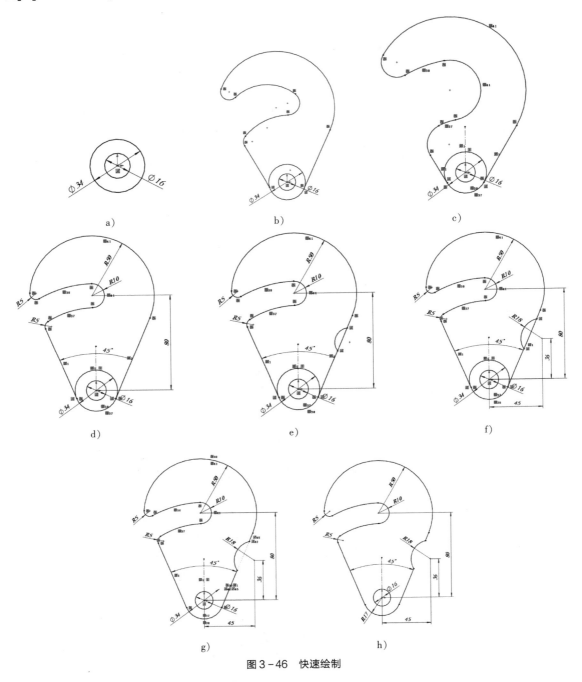

图 3 - 46　快速绘制

注意：虽然草图整理并非必需步骤，但规范、整洁的草图有利于沟通交流及排错，且后续生成工程图时也可利用这些尺寸布置，提高工程图尺寸调整效率。

### 3.6.2　逐步绘制

1）以"前视基准面"为基准面绘制草图，单击【草图】/【圆】  ，以原点为圆心，绘制图 3-47a 所示的两个同心圆，绘制时输入所需尺寸。

2）单击【草图】/【圆】 ⊙，绘制上侧两同心圆，绘制时输入所需尺寸；单击【草图】/【智能尺寸】 ✎ ，标注所绘圆至原点的距离尺寸，如图 3-47b 所示。

扫码看视频

✦ **注意**：该步骤所绘制圆的中心与原点并非在同一竖直方向上，如果绘制时生成了【竖直】几何关系，则需删除该关系，否则后续会产生过定义现象。这种现象在【快速绘制】方法中不易出现，思考一下为什么？如果有了"竖直"几何关系，其与后面的哪个几何关系或尺寸关系将发生冲突？

3）单击【草图】/【圆】 ⊙，以原点为圆心，绘制月牙槽的两个基圆，两圆与上侧小圆相切，如图 3-47c 所示。

4）单击【草图】/【剪裁实体】 ✄ ，将月牙槽剪裁成图 3-47d 所示形状。

5）单击【草图】/【直线】 ╱ ，绘制上下两个大圆右侧的公切线；单击【草图】/【中心线】 ╱ ，过原点绘制竖直中心线；再通过【草图】/【镜向实体】 ⋈ ，将右侧两圆的公切线镜向至左侧；单击【草图】/【智能尺寸】 ✎ ，标注两直线的夹角，并更改为 45°，结果如图 3-47e所示。

▣ **提示**：回忆一下步骤 2）"注意"中的内容，思考其中的原因。

6）单击【草图】/【剪裁实体】 ✄ ，对左侧直线多余的交叉部分进行剪裁，结果如图 3-47f 所示。

7）单击【草图】/【圆角】 ⌐ ，分别对月牙槽左侧两个交点进行倒圆角，半径"R5"，结果如图 3-47g 所示。

8）单击【草图】/【三点圆弧】 ⌒ ，绘制右侧圆弧并标注尺寸"R18"，如图 3-47h 所示。

9）单击【草图】/【剪裁实体】 ✄ ，将上一步圆弧侧直线及下方圆的多余线段剪裁掉，如图 3-47i 所示。

10）检查草图并进行整理，注意直径与半径标注的转换及尺寸位置，结果如图 3-47j 所示。

该例题介绍了两种绘制方法，练习过程中要分析两种方法的优缺点，以便后续学习过程中灵活应用。还可尝试其他绘制方法，并在小组内讨论，激发挖掘更多方法的氛围，这种形式应贯穿于整个软件学习过程中，这样有利于深入掌握软件操作技能，而不仅仅是"依葫芦画瓢"地将模型创建出来。

✦ **注意**：通过这一章的讲解与练习，应充分认识到参数化建模的优势，并形成参数化建模的习惯，以减少二维绘制习惯带来的固有局限。

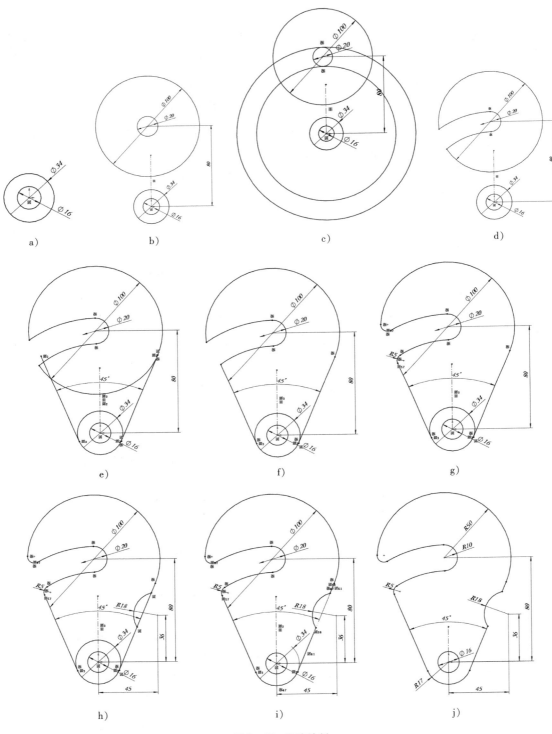

图 3-47　逐步绘制

## 练习题

### 一、 简答题

1. 几何关系与尺寸关系有无互换性？具体表现在哪里？
2. 草图的常见错误警告有哪些？如何处理？
3. 简述参数化建模的优势。

### 二、 操作题

1. 分别绘制图 3–48 所示各草图，除所示尺寸关系外，添加合适的几何关系，要求草图完全定义。

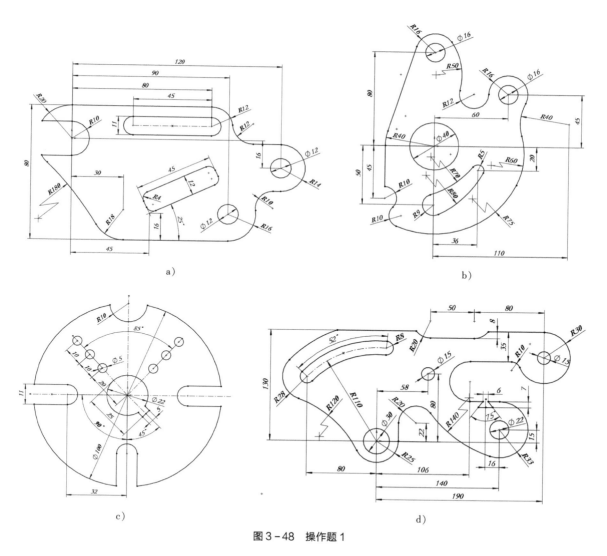

a)

b)

c)

d)

图 3–48　操作题 1

2. 图 3-49 中尺寸 X 的值为 80mm，通过参数化草图方法求 Y 的值。

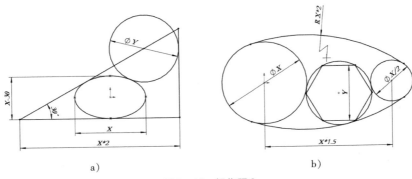

a)                                                                        b)

图 3-49   操作题 2

## 三、 思考题

1. 如图 3-50 所示的等腰梯形，如何保证上边是下边的 1/2? 有哪些方法? 如何保证圆处于梯形中心位置? 有哪些方法? 列举尽量多的方法并与同学讨论各种方法的优劣。

2. 不用几何关系仅用尺寸关系试将图 3-51 所示草图完全定义，尺寸自拟并圆整。

图 3-50   思考题 1

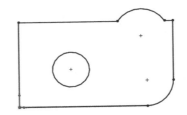

图 3-51   思考题 2

# 第4章 基本零件建模

学习目标

1）熟悉常见基本零件的建模思路。
2）熟练掌握通过拉伸凸台/基体、拉伸切除、旋转凸台/基体、旋转切除、圆角、倒角、异形孔向导等功能创建相应实体模型的方法。
3）熟悉基准面、材料、评估等模型辅助功能。

## 4.1 基本建模要素

第1章中讲解了如何评判模型的稳健性与设计意图的基本概念，在开始学习建模时，需要时刻用这些标准来规范建模过程。对于具体的建模问题，应首先规划好整个建模过程，然后再开始模型的创建。

### 4.1.1 首特征的确定

参数化建模软件各特征之间存在着父子关系，而父子关系会直接影响模型的后续修改，所以在创建模型时采用哪个特征作为首特征，一定要从设计基准、尺寸基准、主体特征、编辑修改等多个角度进行考虑。

图4-1a所示模型的主要特征为两个拉伸特征，如图4-1b和图4-1c所示，如果仅仅是依据该形状进行模型创建，由于两个特征主次不明显，因此用哪个拉伸特征作为首特征均可。在这种情况下，需要考虑其尺寸基准，以尺寸基准所在的特征作为首特征，将为草图尺寸标注、后期编辑、工程图绘制带来很多便利。

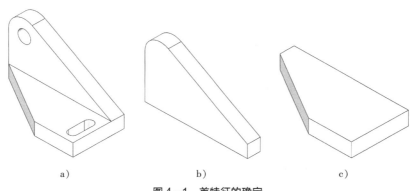

a)    b)    c)

图4-1 首特征的确定

首特征是后续所有特征的基础，而其创建后的可编辑性要差于后续特征，所以在建模时一定要注意选择合适的首特征。

### 4.1.2　设计意图规划

参数化建模软件中的尺寸参数直接影响着模型的编辑效率。单纯从建模的角度来讲，设计意图的重要性不是很高；但如果从设计的角度来讲，则设计意图的重要性相当高，绝大多数设计不可能一次性设计出符合要求的产品，这其中就会涉及因为设计、工艺、制造、装配、客户需求、市场反馈等各种原因对模型进行的编辑修改，在建模时考虑这些后续因素将使模型的可编辑性大大提高。

模型的基本组成是特征，而特征又基于草图，所以设计意图要规划好这两方面的内容。如图 4－2 所示的样例，如果不考虑设计意图，则建模方法有很多种，在此以其中一种常规方法为例。首先如图 4－3a 所示对称拉伸出 L 形基体，接着如图 4－3b 所示拉伸切除 V 形槽，第三步如图 4－3c 所示进行倒角，最后如图 4－3d 所示拉伸切除两圆孔。

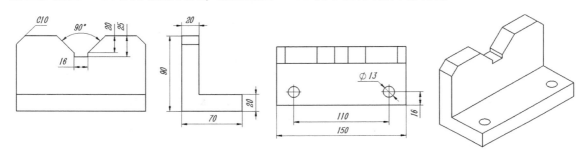

图 4－2　设计意图样例

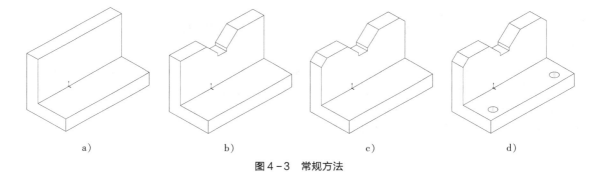

图 4－3　常规方法

仅从模型角度而言，图 4－3 所示的建模步骤是一种比较好的方法，但如果现在根据设计需要添加几条后续要求：

1）V 形槽后续可能会变更为不居中。

2）该零件的加工基准为 L 形基体的侧面及底面。

3）安装螺栓有可能更改为内六角螺钉沉孔安装。

针对上述要求，前面的建模方法已不再适用，应采用其他合适的建模方法，以确保后续编辑修改的便捷性和可靠性。建模时可采用以下几种方法来满足上述要求：

1）由于 L 形基体是对称拉伸，而 V 形槽可以变更为不居中，所以 V 形槽草图不能以原点为基准进行绘制，可以标注 V 形槽至侧面的距离，或标注其至原点的距离为 0，这样后续只需更改尺寸即可调整其位置。

2）加工基准通常与尺寸基准相同，所以圆孔的位置尺寸应根据需要标注其圆心至基准的距离。

3）内六角螺钉通常对应的是沉孔，所以在这里孔不能用草圆拉伸切除，可以通过【异形孔向导】生成该孔，这样后续只需更改孔的类型与规格即可，而不需要增减特征。

在考虑这些要求的前提下所创建完成的模型，其步骤、草图和特征均与图 4-3 不同。通过这个样例可以看到，不考虑设计意图的模型是没有灵魂的，只是一个形状而已，实际设计过程中需要考虑的因素更多，而这些因素直接影响着建模方法的选择。虽然学习本课程时通常还没有学习设计类课程，但从现在起就要有设计意图规划的意识，并将其融合到建模过程中。设计意图的规划也是长期经验的积累，在学习建模过程中要加以注意并及时总结，加强与教师和同学的互动，以提升自己的规划水平，最终提升自己的设计能力，而不仅仅是建模能力。

### 4.1.3 零件建模步骤

不同的零件、不同的场合，建模的步骤与要求不尽相同，但均需要遵循以下基本步骤与要求：

1）确定场合。建模过程与模型的使用场合关系密切，首先需要确定使用场合，如初步方案、详细设计、产品改型、样品仿制、工艺用图等，不同场合对模型的要求差异较大。初步方案需要考虑自顶向下的设计需要、整体布局、全局变量、多方案表达等；详细设计需要考虑设计基准、制造方案、团队协作、思路传递、设计意图等；产品改型需要考虑原有方案继承、工艺通用性、设计互换性等；样品仿制需要考虑功能的适应性、外形的求异性；工艺用图需要考虑工艺需求及工艺图的可利用性。

2）分析特征。根据第一步对应的场合要求对模型进行特征分析，并根据相应的设计要素、参数要求、工艺需求做出合适的建模特征规划，确定基准特征、主要特征的顺序。

3）选择基准。根据分析结果选择合适的基准进行创建，优先选用系统基准面、特征中已有平面作为基准。

4）创建特征。按模型特征主次创建相应特征，注意相关参数、约束的合理性。

5）辅助特征。添加附加的辅助性、工艺性特征。

6）附加属性。添加材料、代号、名称、质量等属性。

## 4.2 拉伸

### 4.2.1 基本定义

拉伸是建模的核心基本功能之一，它是通过一个草图轮廓，从指定位置开始（默认为草图平面），沿着指定方向（默认为草图基准面法向）拉伸至指定位置，以形成实体或切除原有实体的一种方法。

### 4.2.2 创建步骤

1）分析模型，确定需通过拉伸生成的特征，分析时需要确定所需的基准面及草图所包含的内容。

2）选择合适的基准面，如果当前没有该基准面，则需要创建所需基准面。

3）绘制草图，通过几何约束与尺寸约束进行草图定义，确保草图能完全定义。

4）单击【特征】/【拉伸凸台/基体】 ⬚ 或【拉伸切除】 ⬚ ，选择合适的功能选项并输入相应的参数。

5）单击【确定】 ✓ 完成拉伸操作。

6）若需对草图进行修改，则在设计树中选择生成的特征，在弹出的关联工具栏中单击【编辑草图】 ⬚ 进入草图环境进行修改。

7）若需对特征参数进行修改，则在设计树中选择生成的特征，在弹出的关联工具栏中单击【编辑特征】 ⬚ 进行参数修改。

## 4.2.3　拉伸凸台/基体

【拉伸凸台/基体】主要包括五组参数：【从】、【方向1】、【方向2】、【薄壁特征】和【所选轮廓】，其中部分参数具有二级选项，如图4-4所示。

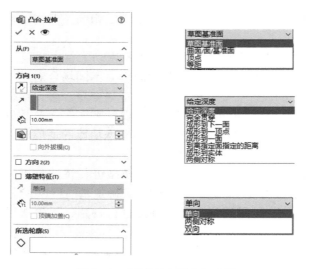

图4-4　【拉伸凸台/基体】参数

（1）【从】　用于设定拉伸特征的起始位置，有四个二级选项。

1）【草图基准面】。默认值，从草图所处基准面开始拉伸。

2）【曲面/面/基准面】。该选项会要求选择一个参考对象，参考对象可以是曲面、面或基准面，拉伸时将所选对象作为初始位置进行拉伸，如图4-5a所示，草图必须完全包含在所选面的边界范围内。

3）【顶点】。该选项会要求选择一个顶点作为参考对象，拉伸的深度将从该顶点开始计算，如图4-5b所示。

4）【等距】。该选项会要求输入尺寸值，拉伸时在草图基准面偏移该尺寸值的基础上开始计算拉伸深度，如图4-5c所示。该选项有方向选择，如果预览方向不是所需方向，可单击选项前的【反向】图标 ⬚ 反转方向。

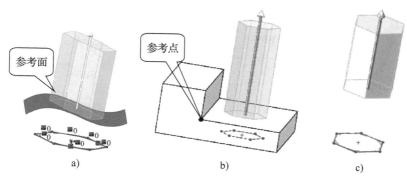

图4-5　【从】选项

（2）【方向1】　用于定义特征的拉伸方式以及设定终止条件的类型，定义中如果预览方向不是所需方向，可单击选项前的【反向】图标反转方向。【终止条件】共有八个二级选项。

1）【给定深度】。按给定的深度值拉伸。

2）【完全贯穿】。拉伸尺寸以现有几何体的最大范围为参考，贯穿所有现有的几何体，如图4-6a 所示。

3）【成形到下一面】。自动判断拉伸过程中所碰到的面，在整个草图范围内以第一个碰到的面为截止，也就是说，下一面可以是一个也可以是多个，如图4-6b 所示。

4）【成形到一顶点】。选择一已有顶点作为参考，拉伸至该参考点处，如图4-6c 所示。

5）【成形到一面】。选择一已有面或基准面作为确定拉伸要延伸到的参考，如果所选面小于草图范围，系统会自动延伸该参考面，如图4-6d 所示。

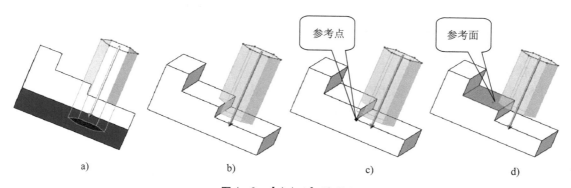

图4-6　【方向1】选项1

6）【到离指定面指定的距离】。选择一个面或基准面作为参考，然后输入等距距离，拉伸位置会以该面为参考并偏距所输入的距离，如图4-7a 所示。该选项有两个附加选项：【反向等距】可以反转偏距方向；【转化曲面】用以控制偏距方式，未选中时按法向偏距，如图4-7b所示，上侧对照面是使用【等距曲面】生成的面，选中时按拉伸方向等距，如图4-7c所示，参考面曲率越小，该选项所引起的结果差异越大。

7）【成形到实体】。选择一已有实体作为参考，拉伸至该实体，结果如图4-8a 所示。如果当前只有一个实体，则拉伸结果类似于【成形到下一面】。

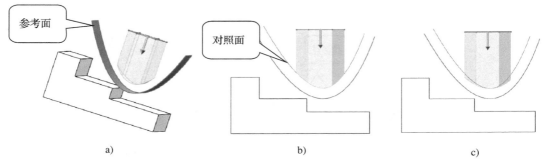

图4-7 【方向1】选项2

8)【两侧对称】。按给定的深度值两侧对称拉伸，输入深度值为总深度，结果如图4-8b所示。

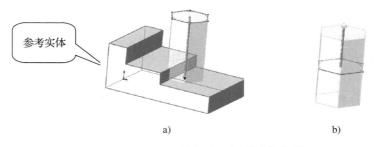

图4-8 【方向1】选项3

【拉伸方向】 ↗。该选项可以选择参考对象以改变拉伸方向，如图4-9a所示，参考对象可以是草图直线、已有的实体边线等，系统默认拉伸方向为【垂直于轮廓】。

【合并结果】。该选项默认为选中，将当前拉伸与已有实体合并；如果取消选中该选项，将生成新的独立实体，形成多实体零件，SOLIDWORKS 的零件中允许存在若干个实体。该选项在【拉伸切除】中不存在。

【拔模开/关】 ▣。该选项用于增加拔模特征，选中该选项时可输入所需的拔模角度，按所输角度对该拉伸进行拔模，如图4-9b所示。选中该选项后，其【向外拔模】子选项会同时变成可选状态，用以改变拔模方向。

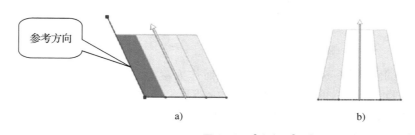

图4-9 【方向1】选项4

（3）【方向2】 用于定义拉伸的另一方向的参数，其参数与【方向1】一致。

（4）【薄壁特征】 SOLIDWORKS 中的拉伸默认是草图封闭区域全部填充实体，使用【薄壁特征】选项可以控制拉伸的壁厚，以形成中空的特征，如图4-10a所示。它有三个子选项:【单向】、【两侧对称】和【双向】,用于控制加厚的方向。其下有一个【顶端加盖】复选框,用于对拉伸的起始与结束处增加一指定尺寸的封闭部分以形成一型腔,如图 4 – 10b 所示。

　　当草图为非封闭环时,还有一个【自动加圆角】选项,用于对草图交点处自动添加给定尺寸的圆角。

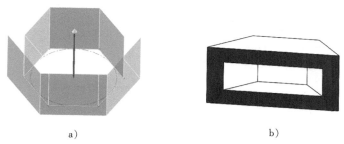

a)　　　　　　　　　　　　　b)

图 4 – 10　【薄壁特征】选项

　　(5)【所选轮廓】　当草图具有多个轮廓时,允许使用部分草图轮廓创建拉伸特征,切换至该选项后,在图形区域中选择所需的草图轮廓即可。通过该选项可以将关联性较强的特征草图绘制在一个草图中,然后分别生成相应特征。

## 4.2.4　拉伸切除

　　【拉伸切除】选项的参数与【拉伸凸台/基体】基本相同,除了没有【合并结果】选项外,还多了【反侧切除】选项,SOLIDWORKS 默认由草图封闭区域进行拉伸切除,该选项用于执行相反区域的切除操作,也同样适用于开环草图的切除方向更改。

## 4.2.5　拉伸例题

扫码看视频

　　创建图 4 – 11 所示模型。创建三个全局变量:“D” = 30,对应主视图右侧的“ϕ30”;“L” = 30,对应俯视图中的长度“30”;“T” = 3,对应主视图中的角度“3°”,两侧面切除深度尺寸为“L – 8”,圆环槽直径尺寸为“D – 4”。要求所有草图均完全定义。

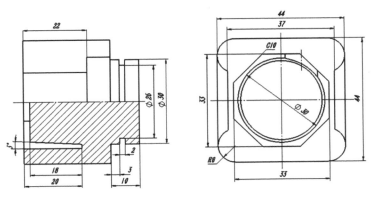

图 4 – 11　拉伸例题

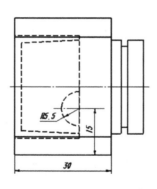
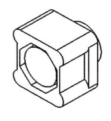

图 4 - 11  拉伸例题（续）

### 1. 建模分析

在参数化建模中，全局变量的创建是一个重要的方面，通过全局变量可以很容易地进行产品统筹和后续编辑，这也是从事设计工作后一个常用的设计环节，本例题中首先创建了三个所要求的全局变量。模型主体均由拉伸特征生成，先拉伸出作为基准的长方体，切除两侧的台阶；再拉伸出圆柱凸台部分，并切出环槽；最后切除中空区域，并拉伸出中空区域中间的凸台。

### 2. 操作步骤

1）新建一零件，并选择"gb_part"作为模板。

2）通过【方程式】功能创建三个全局变量"D""L""T"并赋值，如图 4 - 12 所示。

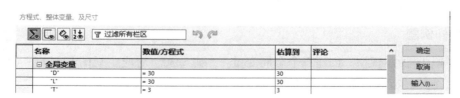

图 4 - 12  创建全局变量

3）以"前视基准面"为基准创建草图，并绘制图 4 - 13 所示草图，可先绘制中心矩形再添加圆角。

4）退出草图，单击【特征】/【拉伸凸台/基体】，在【拉伸深度】中输入" ="，并在弹出的下拉列表中选择"全局变量"中的变量"L"，结果如图 4 - 14 所示。

💡 **技巧**：草图完成后可不退出草图状态，直接单击【特征】/【拉伸凸台/基体】即可进入拉伸特征操作。

5）以上一步拉伸结果的上表面为基准创建草图，并绘制图 4 - 15 所示的对称草图。先绘制一半草图，外侧边线与圆弧通过【转换实体引用】投射已有轮廓；再绘制内侧边线并通过【剪裁实体】进行编辑，使草图封闭；然后绘制中心辅助线，通过【镜向实体】镜向另一侧草图；最后标注中心距尺寸"37"。

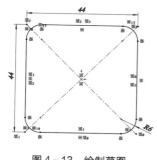

图 4 - 13　绘制草图

图 4 - 14　拉伸特征

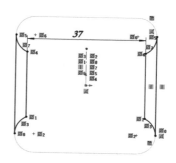

图 4 - 15　绘制对称草图

6）单击【特征】/【拉伸切除】，在【拉伸深度】中输入" = "，并在弹出的下拉列表中选择"全局变量"中的变量"L"，再输入" - 8"，结果如图 4 - 16 所示。

☆ **注意**：变量中的引号是系统自动添加的标识符，而方程式中的运算符号及输入的常量无须添加引号。

7）以另一上表面为基准创建草图，以原点为圆心绘制图 4 - 17 所示的草图圆，并标注直径尺寸，通过添加方程式使其值等于"D"。

📖 **提示**：如果标注的是图 4 - 17 所示的线性长度尺寸，可在该尺寸上单击鼠标右键，在弹出的快捷菜单中选择【显示选项】/【显示成直径】，将其切换成直径标注。需要其他标注方式时也可通过该方式进行切换。

8）单击【特征】/【拉伸凸台/基体】，拉伸深度值为"10"，结果如图 4 - 18 所示。

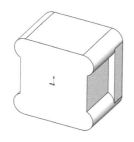

图 4 - 16　拉伸切除两侧面

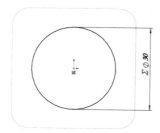

图 4 - 17　绘制草图圆 1

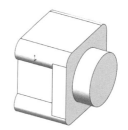

图 4 - 18　拉伸圆柱凸台

9）以第 7）步中的草图基准面创建草图，绘制图 4 - 19 所示的圆，直径值为"D - 4"。

10）单击【特征】/【拉伸切除】，在【从】选项中选择【等距】，并输入等距值"3"，注意方向；【方向 1】保持默认【给定深度】，深度值输入"2"，方向为远离草图基准方向，选择【反侧切除】选项，结果如图 4 - 20 所示。

11）以另一侧顶面为基准面，绘制图 4 - 21 所示草图轮廓，通过【中心矩形】绘制外轮廓后用【绘制倒角】进行倒角。

12）单击【特征】/【拉伸切除】，切除深度为"20"，结果如图 4 - 22 所示。

13）以上一步拉伸切除的底部为基准面绘制草图圆，如图 4 - 23 所示。

14）单击【特征】/【拉伸凸台/基体】，在【拉伸深度】中输入"18"，单击【拔模开/关】，并输入" = "，在弹出的对话框中选择全局变量"T"，结果如图 4 - 24 所示。

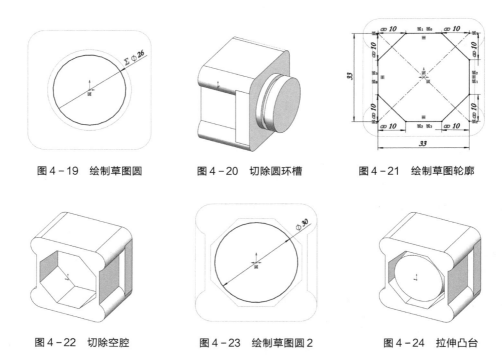

图 4-19　绘制草图圆　　　图 4-20　切除圆环槽　　　图 4-21　绘制草图轮廓

图 4-22　切除空腔　　　图 4-23　绘制草图圆 2　　　图 4-24　拉伸凸台

提示：此处需要向内拔模，从预览中可看出拔模方向，如果方向相反，则选中选项【向外拔模】即可。

15）以大侧面为基准面绘制图 4-25 所示圆。

16）单击【特征】/【拉伸凸台/基体】，【方向 1】选择【成形到一面】，参考面选择第 14 步生成的圆锥体表面，结果如图 4-26 所示。

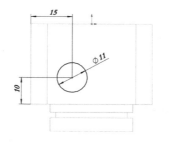

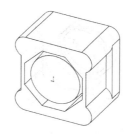

图 4-25　绘制草图圆 3　　　图 4-26　拉伸凸台

提示：当型腔类模型无法看清内部结构时，可通过前导视图工具栏中的【视图样式】 更改为【隐藏线可见】 ，以便看到内部结构。

　　建模步骤会因为模型的使用场合、建模思路等的不同而有所差异，除了书中列出的方法外，还应尝试不同的建模方法，并思考不同方法的优劣，只有积累了足够多的建模思路和方法，才能在后续学习和工作中灵活应用。另外，本例题中并未将设计树的合理化命名、管理列入操作步骤中，在实际操作时需加以注意，只有合理管理设计树，才能在后续沟通交流中给模型理解、编辑带来方便，这也是保证模型健壮性的一个重要方面。

## 4.3　旋转

### 4.3.1　基本定义

旋转是建模的核心基本功能之一，主要用于回转类零件，如轴类、盘类零件等的建模。旋转是一个草图轮廓绕一根已知轴线旋转一定角度形成实体的方式，通常草图中包含一个或多个轮廓和一根作为旋转轴的中心线，中心线也可以是草图中的实线或已有特征的边线。

**提示：** 旋转的草图是旋转特征截面的一半，并非完整截面，这一点要加以注意。

### 4.3.2　创建步骤

1）分析模型，确定需通过旋转生成的特征，分析时需要确定所需的基准面及草图所含的内容。

2）选择合适的基准面，如果当前没有该基准面，则需要创建所需的基准面。

3）绘制草图。草图为该回转体截面的一半，通过几何约束与尺寸约束进行草图定义，确保草图能完全定义。

4）单击【特征】/【旋转凸台/基体】 或【旋转切除】 功能，选择合适的功能选项并输入合适的尺寸。

5）单击【确定】 完成旋转操作。

6）如需对草图进行修改，则在设计树中选择生成的特征，在弹出的关联工具栏中单击【编辑草图】进入草图环境进行修改。

7）如需对特征参数进行修改，则在设计树中选择生成的特征，在弹出的关联工具栏中单击【编辑特征】进行参数修改。

### 4.3.3　旋转凸台/基体

【旋转凸台/基体】主要包括五组参数：【旋转轴】、【方向1】、【方向2】、【薄壁特征】和【所选轮廓】，其中部分参数具有二级选项，如图4-27所示。

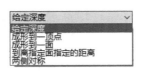

图 4-27　旋转基本参数

（1）【旋转轴】 用于选择旋转所绕的轴。旋转轴可以是中心线、直线或模型边线，如果草图中只有一条中心线，则系统会自动以该中心线为旋转轴；如果有多条中心线或没有中心线，则需要选择旋转轴，选择后可以通过预览观察是否是需要的旋转轴。

（2）【方向1】 用以设定旋转的终止条件并输入相应的角度及相关的参数。

1）【给定深度】。从草图所在基准面开始旋转指定角度，默认为360°。

2）【成形到一顶点】。从草图基准面旋转到所选参考点为止，如图4-28a所示。

3）【成形到一面】。从草图基准面旋转到所选参考面为止，如图4-28b所示。

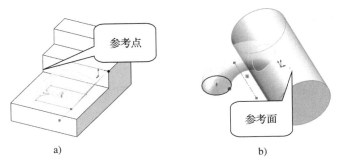

图4-28 【方向1】选项1

4）【到离指定面指定的距离】。从草图基准面旋转到与所选参考面有一定距离的位置为止，如图4-29a所示。

5）【两侧对称】。从草图基准面向两侧对称旋转所给定的角度，如图4-29b所示。

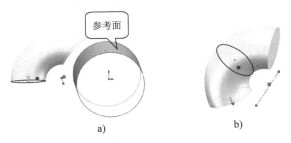

图4-29 【方向1】选项2

【旋转方向】 。该选项可以改变旋转起始方向，以360°旋转时，该选项所生成的结果相同；以非360°旋转时通过预览进行观察，如果方向与所需的方向相反，则单击该选项即可。

【合并结果】。该选项默认为选中，用以将当前旋转与已有实体合并；如果取消选中该选项，将生成新的独立实体，形成多实体零件。该选项在【旋转切除】中不存在。

（3）【方向2】 用于定义旋转的另一方向的参数，其参数与【方向1】一致，如果【方向1】定义的是【两侧对称】，【方向2】选项将自动隐藏。

（4）【薄壁特征】 在SOLIDWORKS中，旋转默认是草图封闭区域全部填充实体，使用【薄壁特征】选项可以控制旋转的壁厚，以形成中空的旋转特征，如图4-30所示。其有三个子选项：【单向】、【两侧对称】和【双向】，用于控制加厚的方向。【薄壁特征】允许草图不封闭。

（5）【所选轮廓】　当草图具有多个轮廓时，允许使用部分草图轮廓创建旋转特征，切换至该选项后，在图形区域中选择所需的草图轮廓即可。通过该选项可以将关联性较强的特征草图绘制在一个草图中，然后分别生成相应特征。

✻ **注意**：当草图为非封闭环时，在旋转时系统会弹出图 4-31 所示提示框，如果选择【是】，系统将自动封闭该草图，即用直线连接其首末点；如果选择【否】，则保持开放状态。基于这样的原理，在绘制旋转特征所需草图时，可以将与旋转轴重合的直线省略，以减少草图绘制工作量。

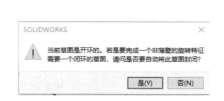

图 4-30　【薄壁特征】选项　　　　　　图 4-31　草图不封闭时的提示

## 4.3.4　旋转切除

【旋转切除】选项的参数除了没有【合并结果】外，其他参数与【旋转凸台/基体】的基本相同。

## 4.3.5　旋转例题

创建图 4-32 所示模型。创建三个全局变量："D"=30，对应外径"φ30"；"d1"=12，对应左视图右侧孔径"φ12"；"d2"=16，对应左视图右侧端面槽小径"φ16"。要求所有草图均完全定义。

扫码看视频

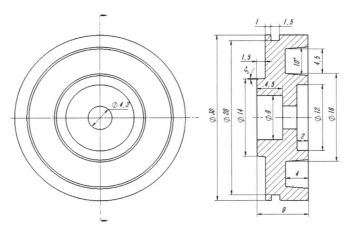

图 4-32　旋转例题

**1. 建模分析**

首先创建三个所要求的全局变量，模型主体由旋转特征生成。该模型为单一旋转模型，通过一步旋转即可完成，但这里假设该模型并非一个成熟的设计，后续的详细设计中存在侧面槽可能被取消、环槽形状可能发生较大变化、考虑铸造毛坯时需要毛坯模型等问题，因此，应通过多步旋转完成该模型。这不仅仅是为了简化草图，同时也考虑了工艺步骤，为后续详细设计、工艺需要、可编辑性提供一定的准备支撑，而不仅仅是完成模型的创建，这也是学习三维软件初期就需要适当加以思考的方面。

**2. 操作步骤**

1) 新建一零件，并选择"gb_ part"作为模板。

2) 通过【方程式】创建三个全局变量"D""d1""d2"并赋值，如图 4 - 33 所示。

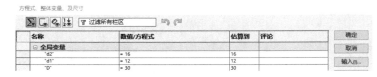

图 4 - 33  添加全局变量

3) 以"前视基准面"为基准绘制图 4 - 34 所示草图，注意其中两个关联全局变量的尺寸，并沿原点绘制一条水平中心线。

 技巧：标注尺寸过程中，当所选对象为实体线和中心线时，若将鼠标移至所选对象的另一侧，则标注对称尺寸（直径）。

4) 退出草图，单击【特征】/【旋转凸台/基体】，选择绘制的中心线作为旋转轴，按默认值旋转 360°，结果如图 4 - 35 所示。

5) 以"前视基准面"为基准创建草图，绘制图 4 - 36 所示的矩形草图，沿原点绘制一条水平中心线。

 技巧：此处由于已存在一个旋转特征，所以可以省略中心线，通过菜单栏中的【视图】/【隐藏/显示】/【临时轴】命令显示已存在的临时轴作为旋转轴。【临时轴】也可通过前导视图的相应命令显示。

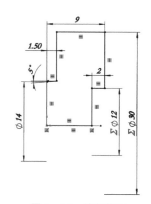

图 4 - 34  绘制草图

图 4 - 35  旋转特征

图 4 - 36  绘制矩形草图

6）退出草图，单击【特征】/【旋转切除】，选择绘制的中心线作为旋转轴，按默认值旋转 360°进行环槽切除，结果如图 4-37 所示。

7）以"前视基准面"为基准创建草图，并绘制图 4-38 所示的内孔截面草图。

8）退出草图，单击【特征】/【旋转切除】，选择绘制的中心线作为旋转轴，按默认值旋转 360°进行内孔切除，结果如图 4-39 所示。

提示：由于该草图中的一条线正好与旋转轴重合，所以可以省略中心线而直接将该线作为旋转轴，甚至可以省略该线，系统会自动补上。

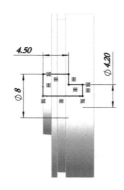

图 4-37　旋转切除 1　　　　　图 4-38　绘制内孔截面草图　　　　　图 4-39　旋转切除 2

9）以"前视基准面"为基准创建草图，并绘制图 4-40 所示的端面槽截面草图，注意小径关联全局变量"d2"。

10）退出草图，单击【特征】/【旋转切除】，选择绘制的中心线作为旋转轴，按默认值旋转 360°进行端面槽切除，结果如图 4-41 所示。

提示：旋转类、型腔类模型有时需要进行剖切以方便查看，可以通过前导视图的【剖面视图】并选择适当的剖切面来查看，如图 4-42 所示，需要取消时再次单击【剖面视图】即可。

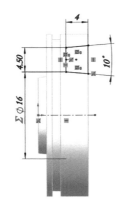

图 4-40　绘制端面槽截面草图　　　　图 4-41　旋转切除 3　　　　图 4-42　剖面视图

思考：仅从建模的角度出发，上述步骤是否过于烦琐？如果现在由于设计需要，矩形环槽要更改为梯形截面，或者考虑工艺图中不需要端面槽等，再分析一下这种建模思路是否合理。这就是建模不能只看结果，而是要根据实际使用场合决定建模思路的原因。

提示：当模型因为某种原因不需要其中某个特征（并非删除不要）时，可以选择该特征，在弹出的关联工具栏上单击【压缩】⬇️，该特征即被压缩，不再参与模型的相关运算，与其有关联的子特征会同步受到影响。当需要该特征参与模型相关运算时，在立即工具栏上选择【解除压缩】⬆️即可。另外，还要注意该功能与【隐藏】◇功能的区别，【隐藏】只是看不到，实际仍参与模型运算。

尝试设定几个不同的应用场景，再根据不同的应用场景，重新对该模型及拉伸例题进行建模。

## 4.4　圆角/倒角

### 4.4.1　基本定义

圆角/倒角是三维建模中常用的一种辅助特征，它是通过对已有模型的实体边线进行操作来生成所需圆角/倒角。

【圆角】功能用于在零件上生成一个内圆角或外圆角面，选择圆角对象时可以是一条边线，也可以是一个面，系统将生成与相邻两面均相切的圆角，以实现两面间的光滑过渡。

【倒角】用于在所选边线、面或顶点上生成一倾斜的面特征。

### 4.4.2　创建步骤

1）分析模型，确定需圆角/倒角的对象，如果构成面的边线均需圆角/倒角，可直接选择该面进行圆角/倒角，而无须对其边线进行逐一选择。

2）单击【特征】/【圆角】📦或【倒角】📦。

3）在【圆角】或【倒角】对话框中选择所需的圆角/倒角形式。

4）选择所需圆角/倒角的边线或面，并更改圆角/倒角参数至所需尺寸。

5）单击【确定】✓完成圆角/倒角操作。

6）如需对特征参数进行修改，则在设计树中选择生成的圆角/倒角特征，在弹出的关联工具栏中单击【编辑特征】进行参数修改。

### 4.4.3　圆角

【圆角】有两个选项：一个是【手工】，另一个是【FilletXpert】。基本操作均是通过【手工】选项完成的。首先根据需要选择所需的圆角类型，SOLIDWORKS 提供四种圆角类型，如图 4-43 所示，包括【恒定大小圆角】、【变量大小圆角】、【面圆角】和【完整圆角】，每种圆角类型对应的选项有所不同。

（1）恒定大小圆角📦　用以生成半径值恒定的圆角。

1）【要圆角化的项目】。列出当前所选择的需要圆角的对象，系统支持的对象有边线、面、特征和环。其下有三个子选项，【显示选择工具栏】选中时，在选择圆角对象后将出现图 4-44a 所示的关

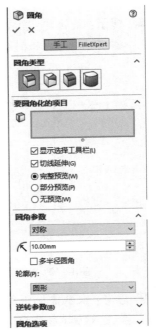

图 4-43　圆角类型

联工具栏，选择的圆角对象不同，该工具栏所列工具也不同，将光标移至该工具栏上后，系统会根据相应的规则选择一系列圆角对象，从而大大提高绘图效率。【切线延伸】选中时，系统会自动选择连续的相切边线，如图4-44b所示；未选中时，则只选择光标指向的对象，如图4-44c所示。三种预览方式指显示预览的范围。

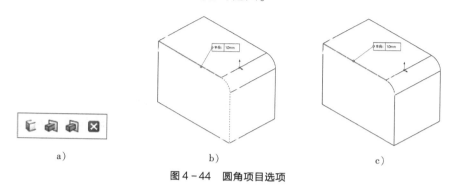

图4-44　圆角项目选项

**提示**：“环”是指首尾相连但不一定相切的对象。选择时，将光标放在“环”的其中一条线上单击右键，在弹出的快捷菜单中选择【选择环】即可，如图4-45所示。

2）【圆角参数】。圆角参数是【圆角】功能的主要参数之一，如图4-46所示，【对称】和【非对称】是指圆角过渡方式，两个选项又分别对应着不同的【轮廓】选项。

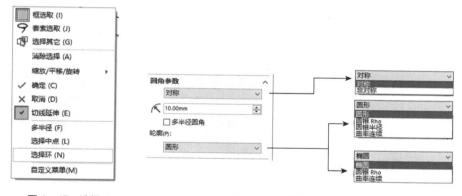

图4-45　选择环　　　　　　　　　图4-46　【圆角参数】选项

【对称】选项用于创建由单一半径值生成的圆角，可通过【轮廓】选项进一步调整参数。【圆形】生成圆弧形圆角；【圆锥Rho】生成锥形曲线圆角，可输入“ρ”值进一步调整，其值介于0~1之间，“ρ”<0.5时为椭圆锥线，“ρ”=0.5时为抛物线锥线，“ρ”>0.5时为双曲线锥线，“ρ”值对圆角的影响如图4-47所示；【圆锥半径】生成沿肩部点曲率半径的圆角，可进一步输入曲率半径加以控制；【曲率连续】生成曲率连续的圆角。

【非对称】选项可创建由两个半径值过渡而成的圆角，由于半径值不同，所以具有方向性。如果在预览中发现两半径值方向相反，可单击【反向】命令，通过【轮廓】选项进一步调整参数。【椭圆】将以输入的两个半径值为椭圆的长短轴生成椭圆弧；【圆锥Rho】生成锥形曲线圆角，其“ρ”值的定义与【对称】选项相同；【曲率连续】生成曲率连续的圆角。

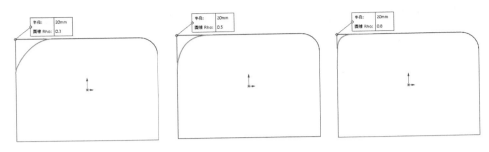

图 4-47 "ρ" 值对圆角的影响

> 📢 **提示**：SOLIDWORKS 默认同一圆角特征中所有圆角尺寸均相同，但在选用【对称】参数时，可选择下方的【多半径圆角】选项，此时可以对每一个所选圆角对象进行单独半径值的定义。

3）【逆转参数】。该选项用于在多个圆角汇于一点时，从汇集点沿着圆角边线按给定距离生成平滑的过渡。【逆转顶点】可以选择一顶点和一圆角边线，当选择圆角边线时，系统会自动搜寻到汇集点，然后为每条圆角边线指定相同或不同的逆转距离，如图 4-48a 所示。【逆转距离】为从汇集点开始沿每条圆角边线的距离，圆角从该距离处开始混合过渡到共同的顶点。图 4-48b 所示为等半径圆角逆转的结果，图 4-48c 所示为不等半径圆角逆转的结果。在处理多边圆角汇集于一点的情况时，【逆转参数】是非常重要的功能。

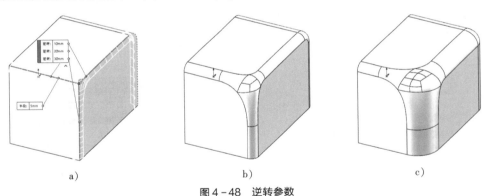

图 4-48 逆转参数

4）【圆角选项】。未分类的圆角参数均在该选项中。

- 【通过面选择】可以选择看不到的隐藏边线，如图 4-49a 所示，可以选择另一侧的边线。未选中该选项时，则只能选择可见边线。

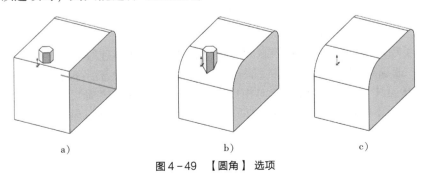

图 4-49 【圆角】选项

- 【保持特征】用于确定当圆角大到覆盖其他某个特征时，被覆盖的特征是保留还是被圆角去除。例如，在对图 4 - 49a 所示模型六棱柱侧长边线倒角时，图 4 - 49b 所示为选中【保持特征】时的结果，而图 4 - 49c 所示为未选中【保持特征】时的结果。
- 【圆形角】用于控制两相邻边在圆角时如何过渡。在对图 4 - 50a 所示六棱柱与底座连接处进行圆角时，未选择该选项时的结果如图 4 - 50b 所示，选择该选项时的结果如图 4 - 50c 所示。

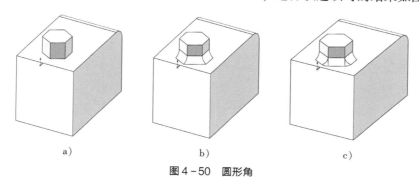

图 4 - 50　圆形角

☀ **注意**：当圆角边线距离相邻面的最小尺寸小于圆角半径时，无法通过【圆形角】选项生成圆角。

- 【扩展方式】用于控制圆角过程中当圆角无法完整时生成，如何处理不完整区域的相关面。系统默认为【默认】选项，是由系统自动按几何条件进行选择控制。在对图 4 -51a 所示六棱柱与底座连接处进行圆角时，若圆角直径大于六棱柱顶点至侧面的距离，则圆角将无法完整生成。此时如果选择【保持边线】，其结果如图 4 -51b 所示，可以看到侧边线是完整的，但该处的圆角面已被分割成多个面；选择【保持曲面时】时，其结果如图 4 -51c 所示，可以看到圆角面是完整的，但侧边线已经不是一条直线了。

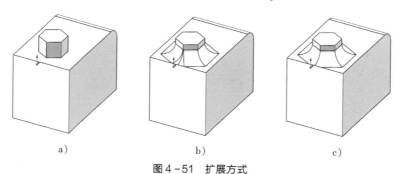

图 4 -51　扩展方式

（2）变量大小圆角 ⬛　用于生成半径变化的圆角，与【恒定大小圆角】的参数相比，主要区别在于【变半径参数】，相同参数部分不再赘述。

【变半径参数】用于控制圆角的半径值，其中【对称】与【不对称】选项的含义与【恒定大小圆角】中的相同。在对图 4 -52a 中的竖直边线进行圆角时，在图形区域会出现首末点的半径值输入框，单击输入框输入相应值，如图 4 -52b 所示，将出现变量圆角的预览；单击边线上的插值点后出现该点的输入框，如图 4 -52 c 所示，除了半径值外，还可以对该点在整条边线上的位置通过百分比方式进行调整。如果需要更多的插值点，可单击已有的插值点后拖动其位置。结束输入后单击【确定】 ✓，其结果如图 4 -52d 所示。

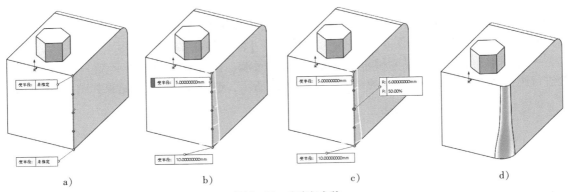

图 4-52　变半径参数

提示：选择插值点后，在属性栏中会生成当前插值点的代号，输入半径值时，也可以在选择相应插值点代号后，在下方的输入框中进行输入。

- 【实例数】用于确定圆角边线初始插值点的数量。
- 【平滑过渡】用于将相邻的圆角半径通过曲线光滑过渡。
- 【直线过渡】用于将相邻的圆角半径线性过渡，其与【平滑过渡】只能二选一。

（3）面圆角 用于在非相邻、无相交实线的面之间生成圆角。

1）【要圆化的项目】。分别选择需圆角的两组面，每组面可以包含多个面。如图 4-53a 所示，V 形槽的两面是没有相交实线的，无法通过【恒定大小圆角】进行圆角，此时可使用【面圆角】，分别选择 V 形槽的两个侧面，如图 4-53b 所示，输入合适的半径值后单击【确定】 ✓ ，结果如图 4-53c 所示，系统将同时填充圆角与已有实体间的空隙部分。该功能的灵活应用能提高模型的编辑效率，如本例中的圆角生成后，【压缩】与【解压缩】该圆角可形成两种不同的设计方案，而无须更改 V 形槽的草图。

提示：该功能同样适用于有相交实线的两面间的圆角。

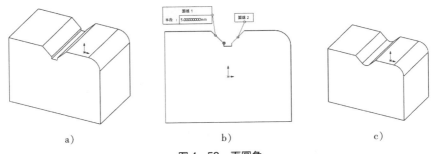

图 4-53　面圆角

2）【圆角参数】。除了具有【对称】与【非对称】两个选项外，还有【弦宽度】与【包络控制线】两个选项，如图 4-54 所示。

- 【弦宽度】选项中输入的不再是圆角半径值，而是所生成圆角的弦宽度尺寸。
- 【包络控制线】是用模型上的边线或面上的投影分割线作

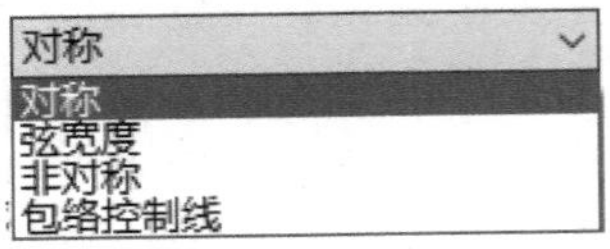

图 4-54　圆角参数

为圆角的控制边界，圆角半径不是具体值，而是根据所选的边线与圆角面之间的距离自动生成的。创建图 4-55a 所示模型（尺寸自拟），以上表面为基准面绘制图 4-55b 所示草图，单击【特征】/【曲线】/【分割线】　，【分割类型】选择【投影】，通过草图分割上表面，结果如图 4-55c 所示；单击【特征】/【圆角】，选择【面圆角】，【要圆角化的项目】分别选择圆柱表面及长方体上表面，【圆角参数】选择【包络控制线】并选择上一步的分割线，单击【确定】　，结果如图 4-55d 所示。通过【包络控制线】可以绘制较为复杂的圆角而无须通过曲面功能完成，能简化这类特征的创建过程。

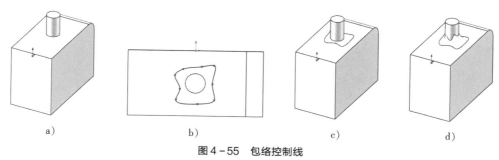

图 4-55　包络控制线

● 【圆角选项】。【辅助点】用于在不清楚在何处出现相交圆角的情况下，在靠近辅助点的位置生成圆角。

（4）完整圆角　用于生成相切于三个相邻面组（一个或多个相切面）的圆角。由于与三面相切，半径只有唯一解，所以该圆角功能中没有圆角参数，只需选择需要圆角的对象即可。

● 【要圆角化的项目】。分别选择需要圆角的三组面，如图 4-56a 所示，三组面分别为前面、侧面和后面，如图 4-56b 所示，结果如图 4-56c 所示。

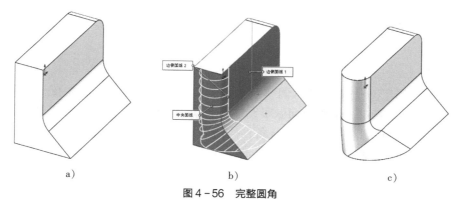

图 4-56　完整圆角

（5）FilletXpert　主要用于添加、管理、组织和重新排序基本的【恒定大小圆角】中的对称等半径型圆角。

1）【添加】。选择所需倒角的边线、面、特征、环，并在输入半径值后单击【应用】，与基本圆角相比，其最大优势是无须退出命令状态即可选择下一组需圆角的对象。

2）【更改】。可以对已有圆角特征中的一部分圆角进行更改，而无须对整个特征进行编辑修改。如图 4-57a 所示的模型，现在需要更改左上角的一个圆角，而该圆角与其他圆角在同一特征内，需将其半径更改为"2"。如图 4-57b 所示，选择需更改的圆角，并输入新的半径值，单击【调整大小】，更改结果如图 4 - 57c 所示，更改后的圆角会同时变更为单独的特征。

如果某一处圆角不需要了，选择该圆角后单击【移除】，即可删除该圆角而不影响同一特征内的其他圆角。

下方的【按大小分类】列出了模型中所有的圆角半径值，选中该选项后，可以快速选择所有的同半径圆角对象。

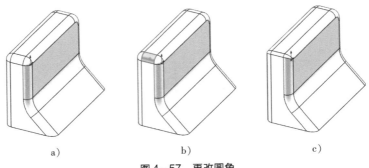

a)　　　　　　　　　b)　　　　　　　　　c)

图 4 - 57　更改圆角

3）【边角】。用于对已有三条边交于一点的圆角面进行过渡方式调整。如图 4 - 58a 所示，三边交于一点，圆角面不符合预期要求，选择该面后，单击下方的【显示选择】，弹出图 4 - 58b 所示的【选取选择项】，单击所需的选项，交点处的圆角面变更为图 4 - 58c 所示的圆角面。

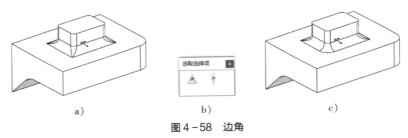

a)　　　　　　　　　b)　　　　　　　　　c)

图 4 - 58　边角

【复制目标】用于对边角面进行调整后，将调整的结果复制到相似的圆角面处。例如，在图 4 - 58c 中已经对其中一个圆角面做了调整，其余三处也需要做同样的调整，选择该圆角面，单击【复制目标】，此时会显示符合条件的所有圆角面，如图 4 - 59a 所示；选择需复制到的圆角面，再单击【复制到】，结果如图 4 - 59b 所示。

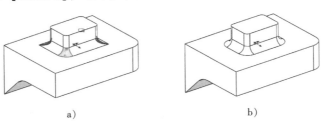

a)　　　　　　　　　　　　　　　　b)

图 4 - 59　边角面

圆角是 SOLIDWORKS 的核心辅助特征之一，其选项众多，需加以练习并熟知不同圆角的应用场合。一般而言，生成圆角时应遵循以下规则：

1）先大后小。当有多个圆角汇集于一个顶点时，先生成较大的圆角。

2）注意特征的优先顺序。如果要生成具有多个圆角边线及拔模面的铸型零件，在大多数情况下，应在添加圆角之前添加拔模特征。

3）工艺圆角后置。在大多数其他几何体特征确定后，再添加装饰性圆角。装饰性圆角添加得越早，系统重建零件所花费的时间就越长。

4）减少特征数量。为了加快零件重建的速度，应使用单一圆角来处理相同半径圆角的多条边线。

### 4.4.4　倒角

【倒角】共有五种类型，包括【角度距离】、【距离距离】、【顶点】、【等距面】和【面-面】，如图 4-60 所示。每种倒角类型对应的选项也不同。

📢 提示：由于【倒角】与【圆角】的部分参数含义相同，在此不再赘述，相关知识可参考 4.4.3 节。

（1）角度距离 📐　通过设定角度与距离方式来生成倒角。

1）【要倒角化的项目】。选择需要倒角的对象，系统支持的对象为边线、面和环。

2）【倒角参数】。输入倒角参数，由"距离"与"角度"组成，如果"角度"值不是 45°，应注意倒角的方向性，如果通过预览看到方向不是预期方向，可以通过【反转方向】选项进行更改。

（2）【距离距离】📐　通过输入的距离值生成倒角。

● 【倒角参数】。倒角形式分为【对称】与【非对称】；【对称】

**图 4-60　倒角类型**

选项只需输入一个距离值，其结果等同于【角度距离】下的 45°倒角；【非对称】选项需要分别输入两个方向的距离值，当两个方向的距离值不同时，需要注意对应的方向性。

（3）【顶点】📐　用于对三边相交点进行倒角。

1）【要倒角化的项目】。选择三边相交的顶点。

2）【倒角参数】。分别输入与所选点之间的距离值，注意方向性，如图 4-61a 所示，输入完成后单击【确定】✔，结果如图 4-61b 所示。

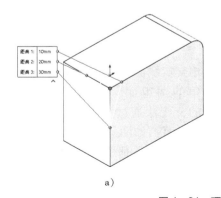
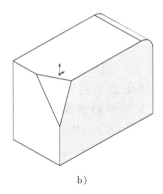

a)　　　　　　　　　　　　　　　　　b)

**图 4-61　顶点倒角**

（4）等距面 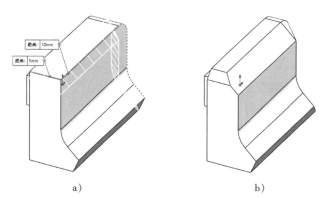 通过偏移选定与边线相邻的面来求解等距面倒角。系统将计算等距面的交叉点，然后计算从该点到每个面法向的距离以创建倒角。【等距面】倒角可根据逐条边线更改方向，而且支持倒角化整个特征和曲面几何体；而【角度距离】倒角是不支持特征及曲面几何体倒角的。

1）【要倒角化的项目】。选择需要倒角的对象，系统支持的对象为边线、面、特征和环。按图 4 - 62a 所示选择边线，单击【确定】 ✓ ，生成图 4 - 62b 所示倒角，其原理如图 4 - 62c 所示；偏距两相邻面，通过偏距后的交点法向绘线至原面，再连接两个法向线与原面的交点所形成的线就是倒角线。

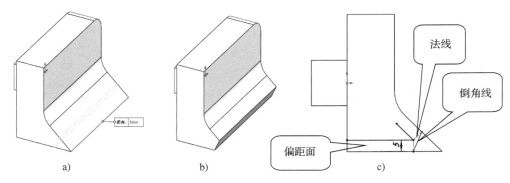

图 4 - 62  边角面

2）【倒角参数】。其中有一个特殊选项——【多距离倒角】，适用于带【对称】参数的等距面倒角。当倒角对象有多个时，选择该选项后，可以为每一个对象单独给定倒角值。如图 4 - 63a 所示，分别给定两个对象的倒角值 5mm 和 10mm，结果如图 4 - 63b 所示。

图 4 - 63  多距离倒角

（5）面 - 面 用于非相邻、非连续、无相交实线的面间的倒角。

1）【要倒角化的项目】。分别选择需倒角的两组面，每组面可以包含多个面。如图 4 - 64a 所示，V 形槽的两面是没有相交实线的，无法通过【角度距离】进行倒角，此时可通过【面-面】倒角。分别选择 V 形槽的两个侧面，如图 4 - 64b 所示，输入合适的尺寸值后单击【确定】 ✓ ，结果如图 4 - 64c 所示，系统将同时填充倒角与已有实体间的间隙部分。

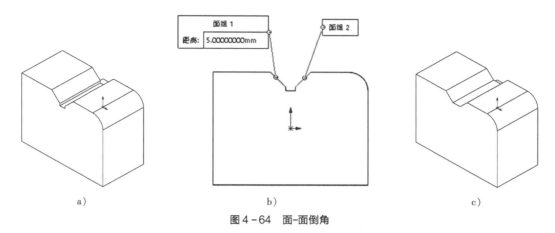

图 4 - 64　面-面倒角

2)【倒角选项】。当所选倒角对象为曲面实体时，会额外多出【剪裁曲面】选项，其中又有两个子选项，即【剪裁和附加】与【不剪裁或附加】，如图 4 - 65a 所示。在对图 4 - 65b 所示曲面进行倒角时，前一选项在倒角的同时，会通过倒角形成的面剪裁相应的曲面实体，结果如图 4 - 65c 所示；而后一选项在生成倒角面时保持原曲面状态不变，新生成一倒角曲面，如图 4 - 65d所示。

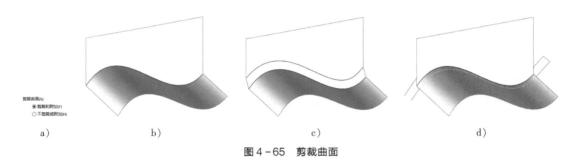

图 4 - 65　剪裁曲面

倒角也是 SOLIDWORKS 的核心辅助特征之一，虽然大多数倒角都可在草图中完成，但考虑到后续编辑中尺寸修改的便捷性、倒角是否要取消等问题，通过【倒角】功能创建特征较为普遍。在生成倒角时应遵循的规则与生成圆角时相似。

👉 **技巧**：【恒定大小圆角】圆角与【等距面】倒角可以自由切换。如果原为【恒定大小圆角】圆角，现根据设计需要变更为倒角，可在选择该圆角后单击【编辑特征】，在属性栏中会出现图 4 - 66 所示选项，单击另一特征类型即可，反之亦然。在设计过程中，当不确定是使用圆角还是倒角时，优先选用这两种圆角/倒角命令便于切换，但需要注意的是，切换后设计树中的特征名称不会改变。

特征类型

图 4 - 66　圆角/倒角切换

### 4.4.5　圆角/倒角例题

打开 4.2.5 节拉伸例题完成的模型，添加图 4 - 67 所示的圆角/倒角。

扫码看视频

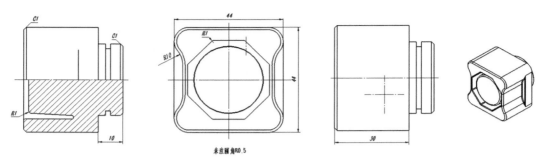

图 4-67　圆角/倒角例题

### 1. 建模分析

本例题中存在多个圆角及倒角，虽然各圆角/倒角之间并没有太大的关联，但通常还是需要按圆角/倒角的优先顺序进行操作，如结构必需的特征优先，然后再创建工艺性的特征，同时参考尺寸大小安排先后顺序；在多个圆角交于一点时也需注意先后顺序，先后顺序不同，其结果也会有所差异，建模过程中要注意观察。另外，大多数较复杂的零件均有多个未注圆角/倒角，这些圆角/倒角的尺寸值通常相同，为了便于后期的统一编辑修改，可以创建相应的全局变量，使这部分圆角/倒角尺寸关联全局变量，以提高后期编辑修改的效率。

### 2. 操作步骤

1）打开 4.2.5 节拉伸例题所创建的模型。

⊙ **技巧**：打开文档时，如果该目录下文件比较多，可以选择
【打开】对话框右下角的【快速过滤器】（图 4-68），快速过
滤所需的文件类型，减少查找文件的时间。四个过滤器分别
对应"零件""装配体""工程图"和"顶级装配体"，其中"顶级装配体"是指只显示
当前目录顶层装配体而不显示子级装配体。如果装配关系较复杂，可能需要较长时间进
行运算查找，过滤器可以多个并选。

2）通过【方程式】创建一个全局变量"r"并赋值为 0.5，如图 4-69 所示。

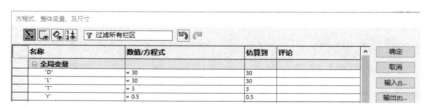

图 4-69　添加全局变量

◀》 **提示**：虽然这里创建全局变量并非必需的步骤，但对于参数化建模来讲是有利的。对于有
一定规则、具备继承性、关联性较强的数值，均应思考是否需要创建全局变量。切记要
将按图建模与产品设计思路加以区分。

3）单击【特征】/【倒角】，选择图 4-70 所示的圆柱边线，【倒角参数】中【距离】输入 1，其余保持默认值。

4）单击【特征】/【圆角】，选择图 4-71 所示的四条棱边，【圆角参数】中【半径】输入 10，其余保持默认值。

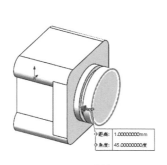

图 4-70　倒角 1

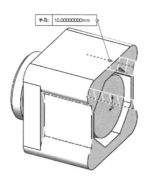

图 4-71　圆角 1

**技巧**：步骤 4）中选择第一条边线后，光标一侧会显示图 4-72 所示的关联工具栏，将光标移至工具栏中不同的图标上时，会出现不同的选择集合。在这里

图 4-72　关联工具栏

选择第二个图标，可自动选择其余三条边线，达到快速选择的目的，这在选择对象较多且有规律时非常有效，后续操作中应加以利用。

5）单击【特征】/【倒角】，选择图 4-73 所示的端部边线，因为默认【切线延伸】，系统会自动选择首尾相连的切线，【倒角参数】中【距离】输入 1，其余保持默认值。

6）单击【特征】/【圆角】，选择图 4-74 所示的内侧凸台边线，【圆角参数】中【半径】输入 1，其余保持默认值。

7）单击【特征】/【圆角】，选择图 4-75 所示的六角槽侧边线，注意通过快速选择工具进行选择，【圆角参数】中【距离】输入 1，其余保持默认值。

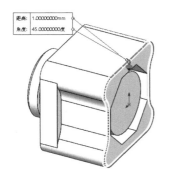

图 4-73　倒角 2

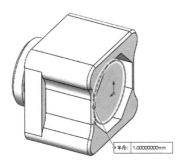

图 4-74　圆角 2

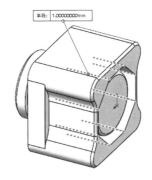

图 4-75　圆角 3

8）单击【特征】/【圆角】，选择图 4-76 所示的内部半圆柱凸台边线，【圆角参数】中【半径】输入 1，其余保持默认值。

9）单击【特征】/【圆角】，选择图 4-77 所示的内部周边线，【圆角参数】中【距离】输入 " = " 并选择全局变量中的 "r"，其余保持默认值。

10）单击【特征】/【圆角】，选择图 4-78 所示的六角槽顶端边线，【圆角参数】中【距离】输入" = "并选择全局变量中的"r"，其余保持默认值。

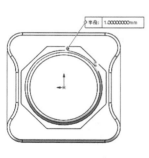

图4-76　圆角4

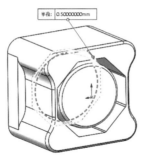

图4-77　圆角5

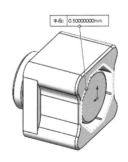

图4-78　圆角6

11）单击【特征】/【圆角】，选择图4-79所示的台阶外侧边线，【圆角参数】中【距离】
输入" = "并选择全局变量中的"r"，其余保持默认值。

12）单击【特征】/【圆角】，选择图4-80所示的台阶内侧边线，【圆角参数】中【距离】
输入" = "并选择全局变量中的"r"，其余保持默认值。

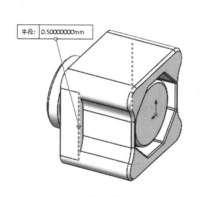

图4-79　圆角7

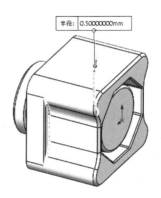

图4-80　圆角8

尝试将第11）步与第12）步的顺序交换一下，仔细观察交汇处的细节变化。在圆角过程
中，多边交于一点的圆角较为常见，这也是圆角容易出错的主要情形。实际操作过程中可以
尝试更改选择集合、变换顺序的方式，以获得较为理想的结果。

**思考：**为什么例题中相同尺寸的圆角/倒角不在同一个特征操作中完成，而是分成多个特
征步骤？如何看待其与简化步骤的矛盾？

## 4.5　孔特征

### 4.5.1　基本定义

孔是机械零件中必不可少的一种重要特征，用于各种安装、连接等。孔的类型比较多，
从基本的圆柱孔、圆锥孔、螺纹孔到由多种形式孔组成的组合孔等。虽然大多数孔均可以通
过【拉伸切除】、【旋转切除】功能生成，但草图定义、特征生成较烦琐，而部分孔的尺寸又

取决于与之配套的标准件的尺寸，如果用基本的建模功能完成，则需要查阅各种相关尺寸。SOLIDWORKS 中提供多种孔生成工具，如【简单直孔】、【异型孔向导】、【高级孔】、【螺纹线】等，其中【异型孔向导】是最主要的孔生成工具，可以很容易地生成所需的各类孔，包括螺纹孔、柱形沉头孔、锥形沉头孔等，且尺寸输入灵活，既可通过选择与孔配套的标准件自动生成尺寸，也可以自定义尺寸，是零件建模过程中生成孔特征的重要工具。

### 4.5.2　创建步骤

1）分析模型中孔的类型，确定使用何种孔工具，并确定孔的定位尺寸是否需要预定义参考。

2）如果需要预定义草图进行定位，则先绘制相应的参考草图。

3）选择相应的孔工具。如果采用【异型孔向导】，则单击【特征】/【异型孔向导】，选择孔类型，再选择孔的标准、规格，如果是非标准规格，则需要勾选【显示自定义大小】选项，然后再定义孔的尺寸，最后定义深度尺寸。

4）选择参考面绘制定位点并标注尺寸。

5）单击【确定】✔，完成孔生成操作。

6）如需对特征参数进行修改，则在设计树中选择生成的孔特征，在弹出的关联工具栏中单击【编辑特征】进行参数修改。

### 4.5.3　简单直孔

【简单直孔】用于创建圆柱孔。单击菜单【插入】/【特征】/【简单直孔】 🔘，选择孔位置参考平面，如图 4-81a 所示；选择上表面，出现图 4-81b 所示对话框，选择相应的【终止条件】，【终止条件】的定义方式与【拉伸切除】相同，再输入相关参数，单击【确定】✔，即可生成相应孔，如图 4-81c 所示。此时孔是没有定位尺寸的，需要定位时可在设计树中选中该孔特征，在弹出的关联工具栏中单击【编辑草图】，进入草图编辑标注所需的定位尺寸，如图 4-81d 所示。

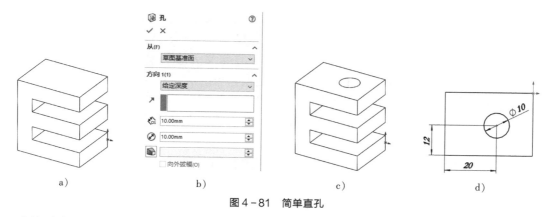

图 4-81　简单直孔

【简单直孔】没有复杂的选项，主要用于在设计过程中快速生成所需的孔。该命令默认不出现在【特征】工具栏中，需要从菜单中选用，也可通过【自定义】将其放置在【特征】工具栏中。

### 4.5.4 异型孔向导

【异型孔向导】可以生成沉孔、圆锥孔、螺纹孔等。单击【特征】/【异型孔向导】 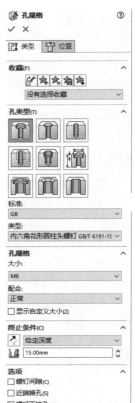 ，弹出【孔规格】对话框，其中有两个选项卡：【类型】与【位置】，分别用于输入参数与确定位置。如图4-82所示，通过【类型】选项卡选择孔的类型并输入所需参数。SOLIDWORKS 共提供了九种常用的孔类型，分别为"柱形沉头孔""锥形沉头孔""孔""直螺纹孔""锥形螺纹孔""旧制孔""柱孔槽口""锥孔槽口"和"槽口"。

（1）【收藏】 用于管理常用的孔样式。设计过程中要尽量减少孔的样式，以提升设计的工艺性和制造性，可以从【收藏】中直接查找常用的孔样式，以减少参数输入时间和样式种类。该选项中有五个功能：【应用默认/无收藏】 用于重置初始值，重设到没有收藏及默认设置；【添加或更新收藏】 用于将当前孔参数添加到收藏列表中供下次选用，添加时可根据需要进行重命名，以方便下次选用时识别，如果已选择了一个收藏并变更了参数，则更新收藏的参数值；【删除收藏】 用于删除当前所选的收藏孔样式；【保存收藏】 可以将当前孔样式以文件形式保存，且该文件可以复制到其他计算机上使用，方便企业应用时统一规划；【装入收藏】 用于装载已保存的样式文件。

（2）【孔类型】 用于选择所需的孔类型，其下各选项的参数会因为所选孔类型的不同而有所不同，应注意区别。在此以常用的【柱形

图4-82 类型属性

沉头孔】与【直螺纹孔】为例进行讲解。选择【柱形沉头孔】后，在下方的【标准】中选择相应的标准，如"GB"，再选择所需的螺栓或螺钉类型，如"内六角花形圆柱头螺钉GB/T 6191—1986"。选择【直螺纹孔】后选择相应的标准，再选择类型。

（3）【孔规格】 用于从下拉列表中选择所需的规格大小及配合形式。配合形式有三种：【紧密】、【正常】和【松弛】，分别对应不同的间隙尺寸。如果不是标准规格，或是在标准规格基础上进行了一定的调整，可勾选下方的【显示自定义大小】复选框，系统将弹出【尺寸】对话框，在已有尺寸的基础上根据需要进行更改即可。

（4）【终止条件】 用于确定孔的深度。不同的孔类型该选项有所差异，其含义可参考【拉伸切除】中的参数。当孔类型为【直孔螺纹】时，还会出现【螺纹线尺寸】对话框，用于确定螺纹线的深度尺寸。

（5）【选项】 列出了其余控制选项。【螺钉间隙】用于在沉头孔的头部深度方向上增加所输入尺寸值，如图4-83a所示；【近端锥孔】用于在沉头孔顶端增加倒角，如图4-83b所示；【螺钉下锥孔】用于在基本孔与沉孔连接处增加倒角，如图4-83c所示。

当【孔类型】选择的是螺纹时，【选项】中会出现图4-84a所示的三个选项，分别为【螺纹钻孔直径】、【装饰螺纹线】和【移除螺纹线】。【螺纹钻孔直径】只体现螺纹的底孔尺寸，如图4-84b所示；【装饰螺纹线】会体现螺纹贴图，同时显示螺纹孔大径对应的圆，如图4-84c所示；【移除螺纹线】只体现螺纹的大径孔，如图4-84d所示。

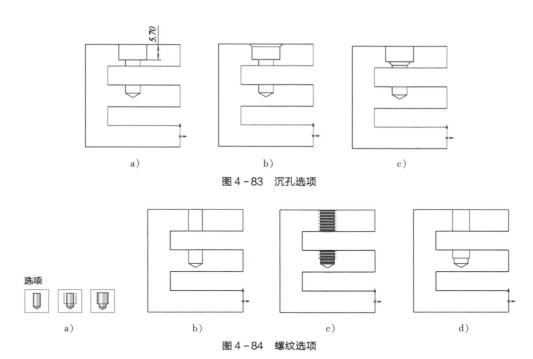

图 4-83　沉孔选项

图 4-84　螺纹选项

（6）【位置】　用于确定孔的位置。该选项卡需要手动单击切换，激活【位置】选项卡后，选择参考面，孔的预览会跟随光标位置，直到单击以放置孔，可以利用【草图捕捉】和【推理线】来精确放置孔。位置选择在平面或非平面上均可，系统默认是连续选择点以定位，选择结束时单击键盘上的 <Esc> 键，再使用【尺寸】、【草图工具】、【草图捕捉】和【推理线】来确定孔中心的具体位置。也可以在孔特征生成后，在设计树中选择该特征并展开，找到对应的位置草图，通过【编辑草图】进行编辑修改。

### 4.5.5　高级孔

【高级孔】用于创建复杂的复合型孔，如两端均为沉孔、中间为通孔的复合孔。其参数定义大多与【异型孔向导】类似，【高级孔】在模具设计中是一种非常有效的孔生成工具，单击【特征】/【高级孔】　可进入该功能。

【高级孔】对话框如图 4-85 所示，其中较特别的是在对话框右侧会出现一个额外的选择列表，用于更改当前孔的大类与复合孔所需孔的数量。

【近端面和远端面】用于选择定义孔所依附的面，可以是平面或曲面。此时只是确定了孔所处的起始面而并未定位，【远端】复选框默认为未勾选，用于定义孔的另一侧的依附面，如果孔所穿过的实体并非连续的，可以选择另一侧的参考面，以定义孔的总长位置。

如图 4-86a 所示，选择上表面为【近端面】、下表面为

图 4-85　【高级孔】对话框

【远端面】（注意：为了表达清楚，这里对模型进行了全剖）。此时在属性栏右侧的选择列表中会出现两个选项，分别对应着近端定义与远端定义，如图 4 -86b 所示，还可根据需要增加需要中间段的定义。在此选择【近端】，单击【在活动元素下方插入元素】⬇，如图 4 -86c 所示，出现了三组选项，分别对三组选项进行定义。单击一侧的下拉箭头选择所需的孔类型，如图 4 -86d 所示，将【近端】与【远端】定义为"沉头孔"，中间段定义为"孔"，定义的同时在属性栏的【元素规格】中定义具体的尺寸参数，可以看到孔的预览发生了变化，如图 4 -86e所示，单击【确定】✓，生成图 4 -86f 所示的高级孔。

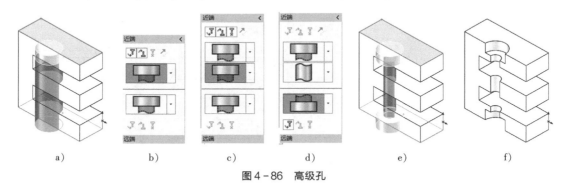

图 4 - 86　高级孔

【高级孔】的操作看起来有些烦琐，但实际使用中可以收藏常用的系列孔，生成孔时将极大地提高效率。

### 4.5.6　螺纹线

【螺纹线】用于生成真实的螺纹特征，单击【特征】/【螺纹线】🖻，其基本参数如图 4 -87所示。虽然 SOLIDWORKS 将【螺纹线】功能归属于孔特征，但此功能既可以生成内螺纹，也可以生成外螺纹。生成【螺纹线】之前，特征上需要有相应的圆柱孔或圆柱凸台，用作生成螺纹线的基础。

（1）【螺纹线位置】　用于选择螺纹线的定义参考。【圆柱体边线】用于在图形区域中选择一圆形边线；【可选起始位置】用于选择螺旋线的起点，如顶点（草图、模型或参考点）、边线（草图、模型或参考轴）、基准面或平面曲面，如果【圆柱体边线】选择的是平面圆形边线，则该选项是可选项，否则为必选项，选择完成后将出现图 4 - 88a 所示的预览，系统根据所选的边线自动适配合适的螺纹线，如果不是所需的螺纹线，可在【规格】选项中选择合适的参数；【偏移】用于定义螺纹线起始位置相对于所选【圆柱体边线】的位置；【开始角度】用于定义螺纹线的起始角度，默认参考 X 轴，且输入的角度必须为正值。

（2）【结束条件】　用于确定螺纹的长度。其中有三个选项：【给定深度】、【圈数】和【依选择而定】。【给定深度】直接输入螺纹所需的长度尺寸；【圈数】定义所需的螺纹圈数；【依选择而定】则需要选择参考对象以定义深度，参考对象可以是顶点、边线、基准面或平面曲面，同时可以通过相应的【偏移】选项进一步调整所需尺寸值。

图 4 -87　【螺纹线】对话框

（3）【规格】　用于定义螺纹的类型和尺寸。在【类型】中选择"英制""公制"等，确定类型后在【尺寸】栏中选择具体的规格型号。【螺纹线方法】选项是关键选项，初用【螺纹线】功能时，很可能由于该选项选择不合理而无法生成螺纹线，选择【剪切螺纹线】还是【拉伸螺纹线】取决于所选的【圆柱体边线】是孔还是凸台以及其尺寸是依据大径还是小径，如果不清楚可通过预览查看。如图 4 - 88b 所示，孔的直径为 10mm，当螺纹尺寸选择 M10 时，需要选择【拉伸螺纹线】，通过增加的方式生成螺纹线；而如果孔的直径为 8.5mm，则需通过【剪切螺纹线】生成螺纹线，如图 4 - 88c 所示。如果螺纹方向与预期方向不符，可通过其下的【镜向轮廓】选项进行调整。

☼ **注意**：如果孔是不连续孔，使用【拉伸螺纹线】时会出现图 4 - 89 所示的空隙部分也有螺纹的情况，所以此时只能采用【剪切螺纹线】生成螺纹线，如有必要，可调整孔的相应尺寸。

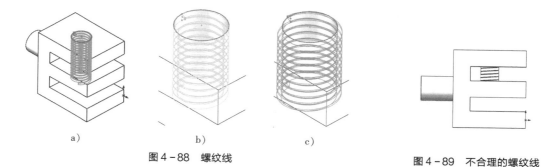

|  a)  |  b)  |  c)  |
|------|------|------|

图 4 - 88　螺纹线　　　　　　　　　　　　　　　　　　　　图 4 - 89　不合理的螺纹线

☞ **技巧**：SOLIDWORKS 的螺纹线截面形状是可以自定义的，截面形状以文件形式保存在 C：\ ProgramData \ SolidWorks \ SOLIDWORKS YYYY \ Thread Profiles 目录下，如要增加矩形螺纹，可在该目录下新建相应的截面文件，为减少定义错误，可复制原有的截面文件，在其基础上修改成所需的截面。

（4）【螺纹选项】　用于调整螺纹细节参数。【右旋螺纹】、【左旋螺纹】用于调整螺纹的旋向；【多个起点】用于定义多线螺纹，需要同时输入线数，如图 4 - 90a 所示为四线螺纹；【根据开始面修剪】是一个重要的选项，如图 4 - 90b 所示，生成的螺纹起始位置是不符合要求的，此时可以在【螺纹线位置】中通过【偏移】选项将起始位置远移起始面一段距离，通常远移尺寸等于一个螺距较合理，选【根据开始面修剪】后，结果如图 4 - 90c 所示；【根据结束面修剪】的使用方法相同，将螺纹深度适当加长超过实际所需的尺寸，再勾选该选项，结果如图 4 - 90d 所示。

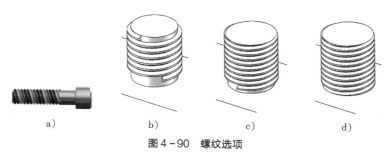

|  a)  |  b)  |  c)  |  d)  |
|------|------|------|------|

图 4 - 90　螺纹选项

**技巧：** 外螺纹端部通常有一定倒角，倒角是在生成【螺纹线】之前生成的，可以很容易地生成与实际相符的螺纹线，如图 4-91 所示；而先生成螺纹再倒角则会比较麻烦。

虽然 SOLIDWORKS 中生成【螺纹线】比较方便，但由于其占用系统资源较多，而且在生成工程图时不符合螺纹简化画法的相关标准，所以通常与标准件相配合的螺纹均采用装饰性螺纹线而非真实螺纹线。单击菜单【插入】/【注解】/【装饰螺纹线】，弹出图 4-92a 所示对话框，选择圆柱边线，默认从所选边线处开始生成螺纹，再根据需要调整相关参数，结果如图 4-92b 所示。所生成的装饰螺纹线不是一个独立的特征，其会依附于所选的参考圆柱特征，编辑修改时需展开参考圆柱特征，再选择相应的装饰螺纹线进行编辑。内孔与凸台生成装饰螺纹线的方法相同。

图 4-91  端部倒角

图 4-92  装饰螺纹线

### 4.5.7  孔例题

打开 4.4.5 节圆角/倒角例题完成的模型，添加图 4-93 所示的孔特征。

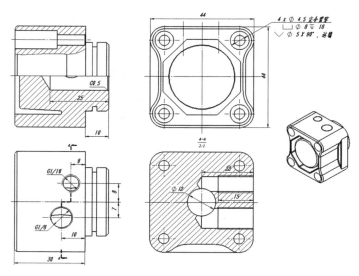

图 4-93  孔特征

扫码看视频

**1. 建模分析**

该模型中有多种类型的孔，可根据重要度及工艺顺序生成相应孔，大多数孔可通过【异型孔向导】生成，而采用这种孔生成方法在后续设计中需要变更孔类型时也比较容易。

**2. 操作步骤**

1）打开 4.4.5 节拉伸例题所创建的模型。

2）单击【特征】/【异型孔向导】，【孔类型】选择"孔"，【标准】选择"GB"，【类型】选择"钻孔大小"，【孔规格】选择"12"；【终止条件】为"给定深度"，深度值为"25"；【选项】选择"近端锥孔"，尺寸为"13×90"。参数输入完成后切换至【位置】选项卡，选择圆柱顶面作为参考面，点在原点上，单击【确定】，生成图 4-94 所示孔。

🔊 **提示**：为了便于观察孔，本例中的所有插图均采用【剖面视图】剖切生成。

3）单击【特征】/【异型孔向导】，【孔类型】选择"直螺纹孔"，【标准】选择"GB"，【类型】选择"直管螺纹孔"，【孔规格】选择"G 1/8"，【终止条件】为"给定深度"，盲孔深度值为"22"，螺纹线深度为"15"，【选项】选择【装饰螺纹线】。参数输入完成后切换至【位置】选项卡，选择有内部凸台的一侧面，点与圆柱凸台同心，单击【确定】，生成图 4-95 所示孔。

🔧 **技巧**：参考的圆柱凸台在模型内部，无法选择，此时可以在前导视图中将【显示样式】更改为【隐藏线可见】，如图 4-96 所示，这样就可以很容易地选择到所需参考的圆形参考线了，完成后再将【显示样式】切换成默认选项。

　　　　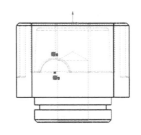

图 4-94　孔 1　　　　　　图 4-95　孔 2　　　　　图 4-96　隐藏线可见

4）单击【特征】/【异型孔向导】，【孔类型】选择"直螺纹孔"，【标准】选择"GB"，【类型】选择"直管螺纹孔"，【孔规格】选择"G 1/16"，【终止条件】为【给定深度】，盲孔深度值为"22"，螺纹线深度为"15"，【选项】选择【装饰螺纹线】。参数输入完成后切换至【位置】选项卡，选择上一步孔的参考面，由于该孔是通过尺寸定位的，所以在确定一个点后，按键盘上的 <Esc> 键退出绘点状态，再通过【智能尺寸】标注图 4-97a 所示尺寸，然后单击【确定】，生成图 4-97b 所示孔。

5）单击【特征】/【异型孔向导】，【孔类型】选择"柱形沉头孔"，【标准】选择"GB"，【类型】选择"内六角圆柱头螺钉 GB/T 70.1—2000"，【孔规格】选择"M4"，柱形沉孔深度为"18"，【终止条件】为【完全贯穿】，【选项】选择【远端锥孔】，尺寸为"5×90"。参数输入完成后切换至【位置】选项卡，选择长方体顶面，共四个定位点，如图 4-98a 所示，再单击【确定】 ✓ ，生成图 4 - 98b 所示孔。

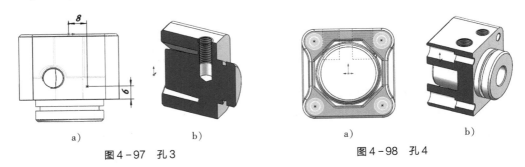

图 4 - 97　孔 3　　　　　图 4 - 98　孔 4

技巧：该步骤所生成的孔与模型中已有的圆弧是同心的，绘制时直接捕捉到参考圆的圆心无疑会提高绘制效率，但由于特征众多，捕捉不太方便，此时可先将光标移至参考圆弧边线上，再移至圆心附近，系统会自动捕捉刚刚光标所碰到圆弧的圆心。

## 4.6　阵列

### 4.6.1　基本定义

同一机械零件中通常有多个特征尺寸参数相同，且有一定的排列规律，此时只需绘制其中一个特征作为源特征，其余特征可以通过阵列功能复制生成。SOLIDWORKS 中提供了多种阵列形式，包括【线性阵列】、【圆周阵列】、【镜向】、【曲线驱动的阵列】、【由草图驱动的阵列】、【由表格驱动的阵列】、【填充阵列】和【变量阵列】等，通过这些功能可以快速创建相同的特征，且这些特征、处于关联状态，阵列后的对象依赖于源特征，只需对其源特征进行修改，其余的阵列特征就会自动同步修改。

### 4.6.2　创建步骤

1）分析模型，确定需通过阵列生成的特征，如相同特征的分布是否具有一定的规律。

2）创建作为源特征的特征对象，如拉伸特征、旋转特征、孔特征等。

3）单击工具栏中相应的阵列功能，选择作为方向参考的对象。

4）选择要阵列的源特征，此时会出现阵列的预览，观察是否符合所需，再根据实际需要调整参数。

5）单击【确定】 ✓完成阵列操作。

6）如需对阵列特征参数进行修改，则在设计树中选择生成的阵列特征，在弹出的关联工具栏中单击【编辑特征】进行参数修改。

图 4 - 99　【线性阵列】属性栏

### 4.6.3　线性阵列

【线性阵列】用于沿一个或两个线性路径阵列一个或多个特征。单击【特征】/【线性阵列】 器，其属性栏如图 4 - 99 所示。

（1）【方向 1】  用于选择第一个阵列参考方向，可以选择线性边线、直线、轴、尺寸、圆锥面、圆形边线或参考平面。【间距与实例数】用于确定每个阵列对象的间距及需要阵列的数量，数量包含源特征在内；【到参考】需要选择一个参考对象，参考对象可以是点、实线或面，且所选对象应垂直于阵列方向，此时在【偏移距离】中输入的数值是指阵列完成后最后一个特征到所选参考对象的距离，而阵列对象之间的距离是由源特征与所选参考对象之间的距离减去【偏移距离】后再除以阵列数量，如图 4-100 所示。

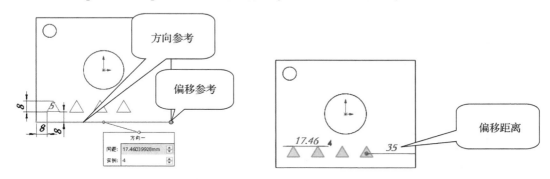

图 4-100  到参考

【重心】与【所选参考】用于确定偏移距离值是相对于哪个参考对象，默认是参考源特征的重心位置。当选择【所选参考】时，需要指定参考对象以便定义参考位置，该对象应是源特征上的对象。【设置间距】与【设置实例数】用于定义阵列对象的间距，选择【设置间距】时，若计算结果是小数，系统将舍弃小数部分而取整数数量。【到参考】是阵列中较易混淆的选项，需多操作几次加以理解。

（2）【方向 2】  用于选择另一个方向的参考。其基本参数与【方向 1】相同，只是多了一个【只阵列源】选项，该选项用于控制【方向 2】所生成的对象是【方向 1】所生成的所有对象，还是只生成源特征一个对象的阵列，图 4-101a 所示为阵列三角形特征时未选择【只阵列源】，而 4-101b 所示为选择了【只阵列源】。

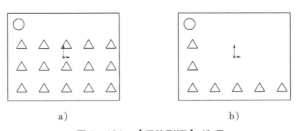

a)                                    b)

图 4-101  【只阵列源】选项

（3）【特征和面】  用于选择所需阵列的源特征或面。

（4）【实体】  用于当阵列对象为多实体零件中的单一实体时，用该选项进行选择。

（5）【可跳过的实例】  用于当不需要某些阵列后的对象时，可通过该选项进行排除，如图 4-102a 所示，阵列对象与中间大圆孔有重叠的地方是不需要阵列的，此时单击该选项后，所有阵列对象上均出现红色的点，在不需要的阵列对象上单击鼠标左键，阵列预览将消失，留下白色的点，如图 4-102b 所示，单击【确定】 ✓后结果如图 4-102c 所示。如需显示，只需在编辑时再次单击相应的点即可。

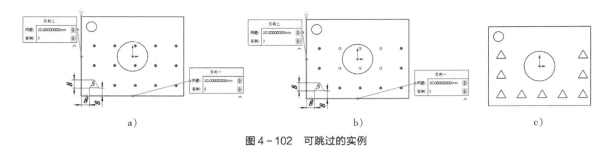

图 4-102　可跳过的实例

（6）【选项】　列出了其他相关选项。【随形变化】允许计算阵列对象的相关尺寸而不仅是形状上的阵列，此选项仅在【方向1】选择为"尺寸"时可以使用；【几何体阵列】只使用特征的几何体（面和线）来生成阵列，而不求解特征的每个实例，有利于加速阵列的生成与重建；【延伸视像属性】用于确定是否将源特征的颜色、纹理、装饰螺纹线等继承给阵列后的特征。

（7）【变化的实例】　用于对阵列对象的尺寸、间距进行一定规律的变化调整。例如，对图4-103a所示的三角形沿X轴方向进行阵列，阵列距离为"8"，在【方向1增量】中输入5，再选择三角形的高度尺寸，并在后面【增量】栏中输入2，如图4-103b所示，确定后结果如图4-103c所示，可以看到，间距在逐步增加，三角形高度也在同步增加。如果需要对其中的某个对象进行进一步调整，可在该对象的红点上单击鼠标左键，在弹出的快捷菜单中选择【修改实例】来进一步修改相关参数，如图4-103d所示。

图 4-103　变化的实例

【线性阵列】是一种常用的阵列功能，其参数较多，需理解各参数的含义并加以灵活运用。

## 4.6.4　圆周阵列

【圆周阵列】用于在圆周方向上生成阵列特征。单击【特征】/【圆周阵列】 ，其属性栏如图4-104所示。

（1）【方向1】　用于选择阵列的参考轴，系统支持的对象有轴、圆形边线、线性边线、草图直线、圆柱面、旋转面、角度尺寸等。【实例间距】用于指定阵列对象间的角度及所需阵列的数量；【等间距】用于在一定角度范围内均布阵列对象，默认为360°全周均布；【角度】用于输入阵列对象间的角度或在多大角度内均布阵列；【数量】用于确定需阵列的数量，其值包含源特征在内。

图 4-104　【圆周阵列】
属性栏

提示：【圆周阵列】对话框默认选项并非为【方向1】，而是【特征和面】，与其他阵列方式的默认选项不一样，需加以注意。

（2）【方向 2】　用于以与【方向 1】相反的方向阵列对象。其主要参数与【方向 1】相同，只是多了一个【对称】选项，选中该选项时，将以源对象为中心，其两侧阵列参数一致。

（3）【特征和面】　用于选择所需阵列的源特征或面。

（4）【实体】　当阵列对象为多实体零件中的单一实体时，使用该选项进行选择。

（5）【可跳过的实例】　与【线性阵列】中该选项的含义相同。

（6）【选项】　与【线性阵列】中该选项的含义相同。

（7）【变化的实例】　用于对阵列对象的尺寸、间距进行一定规律的变化调整。例如，对图 4 - 105a 所示的小圆孔进行圆周阵列，以大圆孔为阵列轴，在【变化的实例】中按图 4 - 105b 所示输入参数，"22.00mm"为小孔草图至大孔的中心距，"8.00mm"为小孔的直径，单击【确定】 ✓后结果如图 4 - 105c 所示。如果需要进一步调整其中某个对象，可在该对象的红点上单击鼠标左键，在弹出的快捷菜单中选择【修改实例】来进一步修改相关参数，如图 4 - 105d 所示。

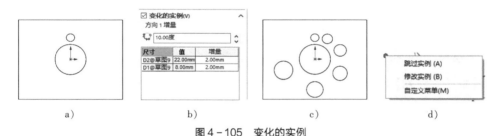

图 4 - 105　变化的实例

【圆周阵列】也是一种常用的阵列功能，尤其是对于法兰类零件。使用时需要注意，不仅完全等同的规律特征可以使用该功能，规律不强但有一定关联的特征也可使用该功能。

思考：两个夹角成 90°的不等径圆孔，是用两次拉伸切除生成还是用阵列生成？原因是什么？

### 4.6.5　镜向

【镜向】用于在参考面的另一侧镜向生成特征。单击【特征】/【镜向】 ▶◀，其属性栏如图 4 - 106 所示。

（1）【镜向面/基准面】　用于选择作为参考的面，可以是已有实体的平面也可以是基准面。

（2）【要镜向的特征】　用于选择要镜向的特征，可以是一个或多个。

（3）【要镜向的面】　用于选择需镜向的面，需要注意的是，该面镜向后必须与已有的实体形成封闭环，并非指曲面。如图 4 - 107a所示，需要将上方小孔镜向至下方，进入【镜向】命令后，选择中间的基准面为【镜向面/基准面】，如图 4 - 107b 所示，切换至【要镜向的面】并选择小孔的内表面（不是孔特征），单击【确定】 ✓后的结果如图4 - 107c 所示。

图 4 - 106　【镜向】
属性栏

图 4 - 107  要镜向的面

⏩ 提示：【要镜向的面】和【要镜向的特征】是有区别的，打开非 SOLIDWORKS 模型时，是没有特征过程的，只有结果，此时只能使用【要镜向的面】。【线性阵列】与【圆周阵列】中也有同样的操作，但其中的"特征"与"面"位于同一个选项【特征和面】下，不易混淆，而【镜向】命令里两者是分开的，所以在这里单独讲解其含义。

（4）【要镜向的实体】 当阵列对象为多实体零件中的单一实体时，使用该选项进行选择。

（5）【选项】【合并实体】是当镜向对象为实体时，镜向后的对象与已有实体合并，否则还是独立的实体；【缝合曲面】是将镜向后的曲面实体与已有曲面实体合并成一个曲面实体。

### 4.6.6  曲线驱动的阵列

【曲线驱动的阵列】用于沿已有的草图曲线、实体边线、3D 空间曲线生成阵列。单击【特征】/【曲线驱动的阵列】 👫，其属性栏如图 4 - 108 所示。

【方向 1】用于选择阵列的参考对象，可以是草图线、实体边线或 3D 空间曲线。【曲线方法】中有两个选项，【转换曲线】是指参考对象与源对象之间的相对位置保持固定；【等距曲线】是指保持垂直方向的距离。【对齐方法】用于确定阵列后的对象与参考对象间的位置关系，如图 4 - 109a 所示，需要在坡面上对矩形凸台进行阵列，参考对象是坡面上边线。选择【与曲线相切】时，需要选择一"面法线"，也就是相切所参考的面，其结果如图 4 - 109b 所示，每个阵列对象保持与参考对象相切，选择不同的"面法线"，其结果也不同，应注意区别；选择【对齐到源】的结果如图 4 - 109c 所示，阵列后的对象与源对象的方向保持一致。

图 4 - 108  【曲线驱动的阵列】属性栏

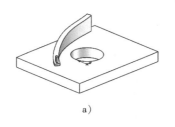

a)

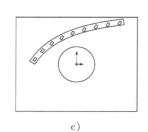

b)                              c)

图 4 - 109  对齐方法

【曲线驱动的阵列】中的其余选项与前面讲的阵列方式类似，不再赘述。

### 4.6.7　由草图驱动的阵列

图 4 - 110　【由草图驱动的阵列】属性栏

【由草图驱动的阵列】是使用草图中的点作为参考对象进行阵列。单击【特征】/【由草图驱动的阵列】 ，其属性栏如图 4 - 110 所示。

【选择】用于选择一个包含"点"的草图。例如，图 4 - 111a 所示的点属于同一个草图，阵列时选择该草图，阵列特征选择左上角的圆柱凸台，预览如图 4 - 111b 所示。注意：此时【参考点】是默认的【重心】，如果更改为【所选点】，并选择左上角作为参考点，则预览如图 4 - 111c 所示，阵列后对象的位置参考的是源对象与参考点间的相对位置。

【由草图驱动的阵列】的其他选项与前面的阵列方式相同。

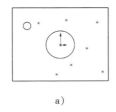 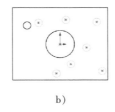 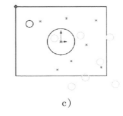

a)　　　　　　　　　b)　　　　　　　　　c)

图 4 - 111　选择选项

### 4.6.8　由表格驱动的阵列

【由表格驱动的阵列】是使用给定的 X、Y 坐标值进行特征的阵列。单击【特征】/【由表格驱动的阵列】 ，其属性栏如图 4 - 112 所示，在所有的阵列类功能中，【由表格驱动的阵列】显得比较特殊，它是通过独立的对话框进行参数输入而不是通过属性栏输入。

（1）【读取文件】　输入带 X、Y 坐标的阵列表格或文本文件，单击【浏览】，然后选择一个阵列表格（*.sldptab）文件或文本（*.txt）文件来输入已有的 X、Y 坐标。

图 4 - 112　【由表格驱动的阵列】属性栏

　技巧：如果不清楚文件的格式如何书写，可以在对话框下方随意输入几个坐标值，然后单击【保存】，再用记事本打开该文件，即可看到所需的格式要求。

（2）【参考点】　与【由草图驱动的阵列】中的相应选项定义相同。

（3）【坐标系】　用于选择一个已有坐标系，来定义 X、Y 值所对应的坐标系，坐标系需通过【特征】/【参考几何体】/【坐标系】生成，其生成方法将在后面的章节中讲解。

（4）【表格】　用于输入阵列的 X、Y 坐标值，如图 4 - 113a 所示。注意第 0 行是"要复制的特征"与所选"坐标系"的相对坐标值，无法修改，输入后会出现阵列预览，如

图 4-113b 所示，单击【确定】后生成阵列。在设计树中选择该特征后，会显示所有阵列的相对坐标系的坐标值，如图 4-113c 所示。

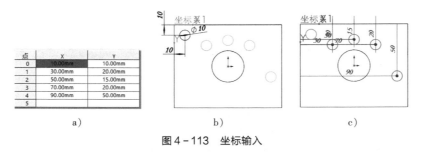

图 4-113 坐标输入

【由表格驱动的阵列】用于模具建模、测绘数据处理时有较高的效率，要注意其文件的格式要求。

### 4.6.9 填充阵列

【填充阵列】用于在所选区域根据一定规律填充阵列对象。单击【特征】/【填充阵列】 ，其属性栏如图 4-114 所示。

（1）【填充边界】 用于选择要填充的区域，可以是草图、平面等。源对象可以在区域范围内，也可以不在区域范围内。

（2）【阵列布局】 这是填充阵列的主要参数项，有【穿孔】【圆周】【方形】和【多边形】四种布局，每种布局方式下的参数有所不同，见表 4-1。

图 4-114 填充阵列

表 4-1 【阵列布局】选项

| 阵列布局 | 穿孔 | 圆周 | 方形 | 多边形 |
|---|---|---|---|---|
| 主要特点 | 两排间错开 | 以同心圆形式排列 | 以正方形形式排列 | 以输入边数的多边形形式排列 |
| 主要参数 | 设定实例间的距离 | 每层圆环间的距离，以源对象为圆心 | 设定每个正方形之间的距离 | 设定每个多边形之间的距离 |
| | 设定交错的角度 | 圆环间每个实例间的距离，与【目标间距】关联 | 设定实例之间的距离，与【目标间距】关联 | 设定多边形的边数 |
| | — | 设定每个圆周上实例的数量，与【每环的实例】关联 | 设定每个正方形每条边长上实例的数量 | 设定每个多边形每条边上实例间的距离，与【目标间距】关联 |
| | — | — | — | 设定多边形每条边长上实例的数量 |
| | 设定参考方向，不设定时系统自动选择 | 设定参考方向，不设定时系统自动选择 | 设定参考方向，不设定时系统自动选择 | 设定参考方向，不设定时系统自动选择 |
| | 设定最外侧实例与边界间的距离 | | | |
| | 列出阵列后的实例数量，可单击下方的【验证计数】进行验证，验证时不计算与边界相交的实例 | | | |

（3）【特征和面】【所选特征】与其他阵列方式中相应选项的定义相同，主要区别在于【生成源切】，选择该选项时，不需要选择阵列的源对象，由系统根据相关参数自动生成相关特征，共包含四个特征，即【圆】、【方形】、【菱形】和【多边形】，不同源切下的参数也不一样，见表 4 - 2。

表 4 - 2　源切选项

| 源切<br>特征 | 圆 | 方形 | 菱形 | 多边形 |
|---|---|---|---|---|
| **主要<br>参数** | ⊘ 设定圆直径 | ▣ 设定边长 | ◈ 设定菱形边长 | ⊕ 设定多边形边数 |
| | ⊙ 选择起始圆的圆心作为参考点，如不选则参考填充边界的中心 | ⊡ 选择起始方形的中心作为参考点，如不选则参考填充边界为中心 | ◈ 设定菱形对角线长度，与边长关联，设定一个后，另一个自动设定 | ◎ 设定多边形外接圆半径 |
| | — | — | ◈ 选择起始菱形的中心作为参考点，如不选则参考填充边界为中心 | ⬡ 设定多边形内切圆半径 |
| | — | — | — | ⬡ 选择起始多边形的中心作为参考点，如不选则参考填充边界的中心 |
| | — | 按输入角度沿逆时针方向旋转源切特征 | | |

【填充阵列】主要用于不规则表面的阵列，对于一些化工类产品的建模有着重要的作用。

## 4.6.10　变量阵列

【变量阵列】用于根据给定的表格条件对源对象进行阵列。单击【特征】/【变量阵列】，其属性栏如图 4 - 115 所示。

（1）【要阵列的特征】　用于选择需要阵列的源对象。【要驱动源的参考几何体】可以是点、草图、参考轴、面等，需要注意的是，所选对象必须是源对象的关联对象。

（2）【表格】　用于输入阵列条件，阵列表格是【变量阵列】的核心内容。例如，图 4 - 116a 所示特征为源特征，阵列过程中其尺寸"15""20"及夹角"0°"为变化量，"15"和"20"两个值变化时，会引起草图形状的变化，而角度值的变化用于形成圆周方向的阵列。单击【创建阵列表格】，在弹出对话框后选择上述三个尺寸值，在左下角的【要添加的实例数量】 中输入"19"后单击右侧的【添加实例】，此时表格区加上源对象的数值行后共有 20 行，按图 4 - 116b 所示输入相关值。该表格的操作与 Excel 表格类似，可充分利用相关快捷方法提高表格输入效率，如果不需要某些阵列对象，可选中该行的【要跳过的实例】，完成后单击【确定】，结果如图 4 - 116c 所示。

图 4 - 115　变量阵列

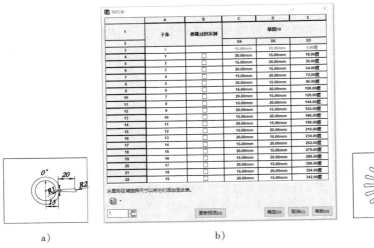

图 4-116 变量阵列示例

【变量阵列】生成的阵列对象都是独立的个体，当不需要某个对象时，直接在设计树中选中该实例对象并删除即可。

### 4.6.11 阵列例题

打开 4.5.7 节中孔例题完成的模型，添加图 4-117 所示的相关特征，优先使用阵列功能完成。

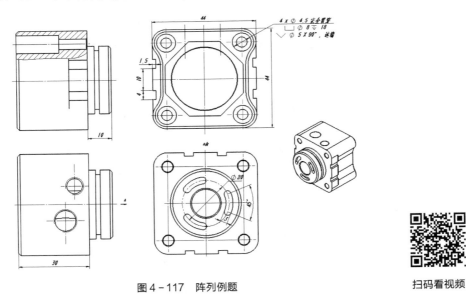

图 4-117 阵列例题

扫码看视频

#### 1. 建模分析

该模型在孔例题中生成了多个孔，在此将有规律的孔改为阵列，并增加所需的两个切除特征，再分别通过相应的阵列功能完成相同特征的创建。

#### 2. 操作步骤

1）打开 4.5.7 节孔例题所创建的模型。

2）在设计树中单击最后一个特征，选择关联工具栏中的【编辑特征】进入孔编辑，在此不更改【类型】参数，直接切换至【位置】选项卡，按键盘上的＜Esc＞键取消绘制"点"状态，选择四个点中的三个并删除，结果如图 4－118 所示。

3）单击【特征】/【线性阵列】，【方向 1】选择竖直方向的一条边线，【间距】为"32"，【实例数】为"2"；【方向 2】选择水平方向的一条边线，【间距】为"32"，【实例数】为"2"；【特征和面】选择上一步编辑的孔，结果如图 4－119 所示。

**提示**：线性阵列的方向参考边优先选用拉伸体的边线，尽量不用圆角、倒角后形成的边线，因为这些边线很容易因设计、工艺原因而修改，造成参考对象丢失报错问题。

4）以圆柱凸台顶面为基准面，绘制图 4－120 所示的槽草图。

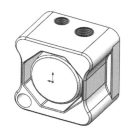

图 4－118　删除部分孔

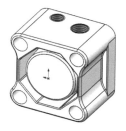

图 4－119　阵列孔

图 4－120　绘制槽草图

5）单击【特征】/【拉伸切除】，深度为"2"，结果如图 4－121 所示。

6）单击【特征】/【圆周阵列】，【方向 1】参考圆柱凸台外圆柱面（或内孔的面），等距方式选择【等间距】，【实例数】输入"3"，以上一步生成的槽进行阵列，结果如图 4－122 所示。

7）以圆柱凸台底面为基准面，绘制图 4－123 所示的矩形草图。

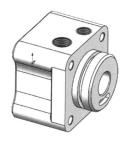

图 4－121　拉伸切除槽

图 4－122　圆周阵列槽

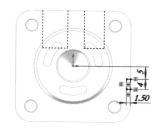

图 4－123　绘制矩形草图

8）单击【特征】/【拉伸切除】，【深度】选择【完全贯穿】，结果如图 4－124 所示。

9）单击【特征】/【镜向】，【镜向面/基准面】选择【上视基准面】，【要镜向的特征】选择上一步生成的矩形槽，结果如图 4－125 所示。

10）单击【特征】/【镜向】，【镜向面/基准面】选择【右视基准面】，【要镜向的特征】选择两个矩形槽，结果如图 4－126 所示。

【阵列】是提高建模效率的有效工具，要注意分析特征之间的关联性，尤其是对于外形不完全相同但相似的特征，找到规律并使用【阵列】可极大地提高效率。

图 4 - 124　切除矩形槽

图 4 - 125　镜向矩形槽

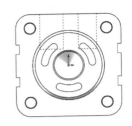

图 4 - 126　镜向两个矩形槽

## 4.7　参考几何体

### 4.7.1　基本定义

【参考几何体】用于定义建模过程中的参考对象，包括基准面、基准轴、坐标系和点。

### 4.7.2　基准面

基准面是 SOLIDWORKS 中的基本元素之一，作为基本特征的 2D 草图必须是基于基准面创建。系统中有三个默认的基准面，在零件和装配体中均可以根据需要创建新的基准面。基准面除了用来绘制草图外，还可用于生成模型的剖面视图、拔模特征中的中性面、镜向时的参考面等。

单击【特征】/【参考几何体】/【基准面】 ◫，其属性框如图4 - 127 所示，系统提供三个参考项，均用于选择参考对象，根据所选对象的不同将出现不同的下级选项。

【第一参考】可选择的对象包括点、线、面等，系统会根据所选对象自动列出关联的选项，主要选项见表 4 - 3。

图 4 - 127　基准面

表 4 - 3　【基准面】选项

| 序号 | 图标 | 定义 | 描述 |
|---|---|---|---|
| 1 | 人 | 重合 | 基准面与所选点重合 |
| 2 | ∥ | 平行 | 与选定的参考面平行 |
| 3 | ⊥ | 垂直 | 与选定的参考对象（草图线、边线、空间线）垂直 |
| 4 | ⊥ | 投影 | 将单个对象（如点、顶点、原点、坐标系）投影到空间曲面上 |
| 5 | ◫ | 平行于屏幕 | 平行于当前视向 |
| 6 | ♂ | 相切 | 相切于所选对象（圆柱面、圆锥面、曲面等） |
| 7 | ⌐ | 两面夹角 | 与所选对象（平面、基准面）形成一定夹角，需输入角度值 |
| 8 | ⌂ | 偏移距离 | 与所选对象（平面、基准面）偏移一定距离，需输入距离值 |
| 9 | ↯ | 反转法线 | 翻转基准面的正交向量 |
| 10 | ≡ | 两侧对称 | 在所选两个对象（平面、基准面）中间生成基准面 |

有些基准面功能需要选择【第二参考】甚至【第三参考】，如三点基准面需要选择三个参考点。SOLIDWORKS 中的【基准面】为智能创建模式，系统会根据所选择对象的不同，自动匹配相应的基准面创建功能，无须先决定采用何种方式创建基准面，大部分生成方式只需选择合适的参考对象即可。

**提示：** 基准面的默认大小与所选参考对象有关，当大小不合适时，可选中基准面，用鼠标拖动其边界控制点来更改大小。

由于基准面是 SOLIDWORKS 中重要的特征参考，基准面是否合理将直接影响到模型的参数化修改、可编辑性等，所以在创建基准面时通常要遵循以下原则，以减少不必要的麻烦：

1）优先选用系统默认的三个基准面，默认基准面不会被删除，能最大化地减少出错。

2）当现有特征平面能用作草图基准面时，尽量不生成新的基准面。

3）基准面的参考对象优先选用修改较少的对象。

4）基准面的参考对象优先选用基本特征生成的对象，不用或少用扫描、放样、曲面等作为参考对象。

5）减少基准面间的串联参考，否则会影响模型的重建效率。

6）如果模型较复杂、基准面较多，则需对基准面进行规范的命名，以方便管理和利于理解建模思路。

### 4.7.3 基准轴

【基准轴】命令用于创建基准轴，基准轴可以用作建模的参考，如创建基准面、阵列方向等。

单击【特征】/【参考几何体】/【基准轴】，其属性框如图 4 – 128 所示，系统提供五种基准轴的创建方法。

【参考实体】用于选择生成基准轴的参考对象，系统根据所选对象自动切换至合适的定义工具，例如，选择一个平面时，会自动切换至【两平面】。【基准轴】的创建方法见表 4 – 4。

图 4 – 128　基准轴

表 4 – 4　【基准轴】的创建方法

| 序号 | 图标 | 定义 | 描述 |
|---|---|---|---|
| 1 |  | 一直线/边线/轴 | 选择草图直线、实体边线 |
| 2 |  | 两平面 | 选择两个平面，可以是实体表面，也可以是基准面 |
| 3 |  | 两点/顶点 | 选择两个点生成基准轴，可以是点、顶点、中点等 |
| 4 |  | 圆柱/圆锥面 | 选择一个圆柱或圆锥面，其回转轴即为基准轴 |
| 5 |  | 点和面/基准面 | 选择一个点及一个面，生成过该点垂直于所选面的基准轴，这个面可以是曲面 |

### 4.7.4 坐标系

【坐标系】用于定义零件或装配体的坐标系。坐标系在 SOLIDWORKS 中主要用作评估工具与相对参考，如测量零件的重心，或作为装配的配合基准；另一个重要的用途是当文档输出为 IGES、STL、ACIS、STEP、Parasolid、VRML 和 VDAFS 格式时，可用于选择参考坐标系，此时在【另存为】对话框下方有一个【选项】按钮，单击该按钮将弹出图 4-129 所示对话框，可在下方列表中选择所需的输出坐标系。

单击【特征】/【参考几何体】/【坐标系】 ⚓，其属性框如图 4-130 所示。坐标系的创建较为简单，选择一点作为原点，再选择合适的直线作为轴的参考方向，该直线可以是草图线或实体边线；三条轴向参考线只需选择两条即可，所选参考线要互相垂直，如果方向相反，单击对应的【反转方向】即可改变方向。

图 4-129　输出坐标系

图 4-130　坐标系

### 4.7.5　点

生成点用作建模参考，可作为特征距离参考点，也可作为基准轴、基准面的构造要素。

单击【特征】/【参考几何体】/【点】 ▪，其属性框如图 4-131 所示，系统提供六种点的创建方法。

【参考实体】用于选择生成点的参考对象，系统根据所选对象自动切换至合适的定义工具，如选择一个平面时会自动切换至【面中心】。【点】的创建方法见表 4-5。

图 4-131　点

表 4-5　【点】的创建方法

| 序号 | 图标 | 定义 | 描述 |
|---|---|---|---|
| 1 | ⊙ | 圆弧中心 | 在所选圆弧或圆的中心生成参考点 |
| 2 | 🗔 | 面中心 | 在所选面的中心生成参考点，可以是平面或非平面 |
| 3 | ✕ | 交叉点 | 在两个所选对象的交点处生成参考点 |
| 4 | ⚓ | 投影 | 将所选点投射到所选的面上，可以是平面、基准面或曲面 |
| 5 | ╱ | 在点上 | 将草图上的点转换为参考点，可以是草图点或线的端点 |
| 6 | ⚒ | 参数点 | 参数点是【点】中最复杂的一个功能，其有三个子选项：【距离】是以所选线的端点为参考按设定的距离生成点；【百分比】是按所选线的总长为参考，从其端点按输入的百分比生成点；【均匀分布】是在所选线上均匀分布所输数量的点 |

### 4.7.6　质心

【质心】用于生成零件或装配体的质量中心点，又称"COM"点。单击【特征】/【参考几何体】/【质心】 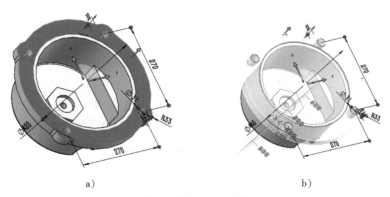，系统在当前模型中显示质心图标，并在设计树上的"原点"下方增加一个"质心（COM）"节点。质心只能生成一次，生成后当前模型中该功能不再可用，除非删除已生成的质心。对于质心有要求的设计，生成质心后可以实时观察到设计变更所引起的质心位置变化。

参考几何体作为不可或缺的辅助要素，在较复杂的模型中应用较为普遍，需要熟悉各种参考元素的生成条件，以便选择合适的功能生成相关参考。

## 4.8　特征编辑

建模过程中不可能总是按部就班地创建，而是会因为思路、设计、工艺等各种原因对已创建的内容进行修改，如何使模型有利于修改、如何提高修改效率是本节要讲解的主要内容。

### 4.8.1　Instant 3D

【Instant 3D】是在三维环境下直接对模型尺寸进行修改的工具开关，利用【Instant 3D】功能，可对特征尺寸进行快速的编辑修改。

该工具默认为打开状态，无须操作，其位置为【特征】/【Instant 3D】 。在图形区域选择所需修改尺寸的特征，如图 4 - 132a 所示，此时与所选对象相关的尺寸均会显示出来，包括草图尺寸与特征尺寸，注意尺寸界线的较大圆点，在相应圆点上单击鼠标左键并拖动可以快速修改相关尺寸，如图 4 - 132b 所示。

技巧：在拖动过程中，系统会出现图 4 - 132 b 所示的标尺提示，此时如果将光标移至标尺上，尺寸将按标尺刻度进行变化；如果光标不在标尺上，则尺寸将无级变化。

a)　　　　　　　　　　　　　　　　b)

图 4 - 132　Instant 3D

### 4.8.2　删除特征

在建模过程中，当不再需要某个已有特征时，可以将其删除。任何特征均可以从模型中删除，但由于三维软件的参数关联性，需删除的对象有可能被其他特征所引用，即存在父子关系。在删除前可以查看相关的父子关系，在需要查看的特征上单击鼠标右键，弹出图 4 - 133a 所示快捷菜单，选择【父子关系】后，弹出图 4 - 133b 所示对话框，在该对话框中列出了所选特征的父子关系，如果删除该特征，则其子特征将会受到影响。

a)             b)

图 4 - 133   父子关系

SOLIDWORKS 提供了更便捷的查看父子关系的方法，即在设计树的根节点上单击鼠标右键，弹出图 4 - 134a 所示的工具栏，选择其中的【动态参考可视化（子级）】，此时在设计树上选择特征后，系统将实时显示其子关系，如图 4 - 134b 所示。

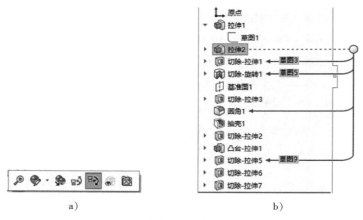

a)             b)

图 4 - 134   动态参考可视化

确定要删除某个特征时通常有两种方法：一种方法是在该特征上单击鼠标右键，在快捷菜单中选择【删除】；另一种方法是选择该特征后，直接按键盘上的 < Delete > 键。本例中选择图 4 - 135a 中的"拉伸 2"进行删除，此时会弹出图 4 - 135b 所示对话框，用于进一步确认所需删除对象。注意：在该对话框中除了所选特征外，还有一个【以及所有的相关项目】列表，其中列出了关联删除的特征，依赖关系的特征将被自动删除，如本例中的圆角完全依赖于该特征，该特征删除后，圆角没有了依赖对象，所以只能删除。除此之外还有两个重要选项：【删除内含特征】用于删除该特征的内含特征，如果勾选该选项，该特征的相关草图将出现在列表中，如图 4 -135c 所示；【默认子特征】用于同时删除所有子特征，如果勾选该选项，该特征的所有子特征均会出现在列表中，如图 4 - 135d 所示，列表中的内容将同时被删除。

　　a)　　　　　　　　　　b)　　　　　　　　　　c)　　　　　　　　　　d)

图 4 - 135　删除

**提示**：删除该特征后，设计树上会出现一定的错误提示，这是由于这些特征受到了删除特征的影响，需要进行问题查找并修复。可见，在复杂模型中创建得越早的特征，删除时所造成的影响越大，所以一定要注意理顺建模思路，并减少不必要的父子关系。

### 4.8.3　重命名特征

　　SOLIDWORKS 在设计树中的默认命名方式均为命令名加上序号，但这种命名方式对于模型理解、特征查找和参数引用均十分不利，此时可以根据需要对设计树中的特征按一定规律进行重命名，为其赋予具有一定意义且易于理解的名称。

　　对特征的重命名有多种操作方式：一是在特征上单击鼠标右键，在弹出的快捷菜单中选择图 4 - 136a 所示的【特征属性】，在【特征属性】对话框中输入所需的名称，如图 4 - 136b 所示；二是在设计树上慢速单击两次鼠标左键，进入名称修改状态，输入新名称即可，如图 4 -136c 所示；三是在设计树上选择需要重命名的特征，按键盘上的 < F2 > 键进入修改状态。

　　a)　　　　　　　　　　　　b)　　　　　　　　　　　　c)

图 4 - 136　重命名

**技巧**：当重命名特征成为一种习惯时，在新建特征时就可以同时对其进行重命名，单击【选项】/【系统选项】/【Feature Manager】，勾选【特征创建时命名特征】选项，新建特征时系统将自动进入重命名状态，输入所需的名称即可。

### 4.8.4　冻结栏

　　对于较复杂的模型，为了减少对模型的误操作，可以将已完成的部分进行冻结，如

图4-137所示，冻结的特征不可修改，且不能重建，这对于提高大模型的处理速度有一定帮助。冻结栏默认为未启用，可在【选项】/【系统选项】/【普通】中勾选【启用冻结栏】选项，之后在设计树中模型名称的下方将出现表示冻结栏的黄色横线，将光标移至该横线处，按住左键拖动至所需冻结的特征处即可。

### 4.8.5 退回特征

退回特征是 SOLIDWORKS 中一个非常重要的功能，通常是在最后一个特征之后插入新特征，当需要在中间某个部分插入新特征时可以使用该功能，以便在期望的特征后插入需添加的特征。操作方法为将光标移至设计树最下方的退回控制棒上，此时光标指针会变成手的形状，按住鼠标左键，拖动控制棒至需退回的特征下方后松开鼠标，控制棒下方的特征均被压缩，如图4-138所示。

图4-137　冻结特征　　　　　图4-138　退回特征

退回控制棒下方的特征将被压缩，且不再重建，需要再次显示这些特征时，将退回控制棒向下拖动即可。通过该功能也可以快速了解已有模型的建模思路。

### 4.8.6 重新排序

建模过程中如果需要调整特征的先后顺序，可在该特征上按住鼠标左键并拖动，将其放置在目标特征的后面。需要注意的是，该操作受制于父子关系，即不能将父特征拖至子特征的后面，同样也不能将子特征拖至父特征的前面。

### 4.8.7 复制特征

在建模过程中有很多特征是相似的，比如一个模型中有很多不同尺寸的孔、倒角等，当其规律性较强时，可以通过各种【阵列】功能完成；如果没有规律，除了新建特征以外，还可以对类似特征进行复制，后续只需要更改相关尺寸即可，大大提高了建模的效率。

复制特征有多种方法，操作步骤如下：

方法一：找到需要复制的特征，如图4-139a所示，找到【切除-拉伸5】所示的特征，将该孔复制到法兰面上。按住键盘上的 <Ctrl> 键，同时按住鼠标左键拖动上一步所选择的特征，将其拖到法兰面上，此时出现特征预览，同时光标右下角会出现"+"提示符，如图4-139b所示，松开鼠标左键再松开键盘上的 <Ctrl> 键。

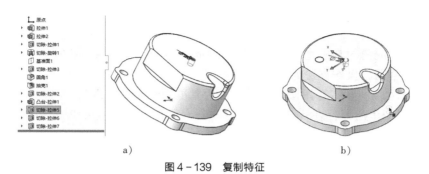

图 4 - 139　复制特征

由于原有特征在草图或特征中的几何关系、尺寸关系引用过模型中的其他对象，而复制到新位置后这些对象可能变得不可引用，系统会弹出图 4 - 140a 所示的【复制确认】提示框。如果选择【删除】，有问题的外部引用将被自动删除；如果选择【悬空】，则这些问题会保留在特征中，后续再行修改。选择其中一个选项后，系统将该孔复制至法兰面上，如图 4 - 140b 所示。后续根据需要进行修改即可。

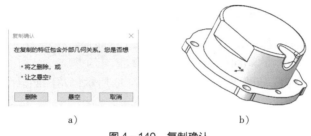

图 4 - 140　复制确认

方法二：找到需要复制的特征，按键盘上的 < Ctrl ＋ C > 键，选择复制到的新参考面，然后按键盘上的 < Ctrl ＋ V > 键，根据需要在出现的【复制确认】对话框中选择合适的选项，复制完成。

方法三：找到需要复制的圆角，并选择该圆角所形成的面，注意必须选择面而不能选择边线，如图 4 - 141a 所示，此时会在选择的地方看到一个较大的白点，按住键盘上的 < Ctrl > 键，同时按住鼠标左键拖动该白点至需复制圆角的边线上，如图 4 - 141b 所示，然后松开鼠标，复制完成，结果如图 4 - 141c 所示。

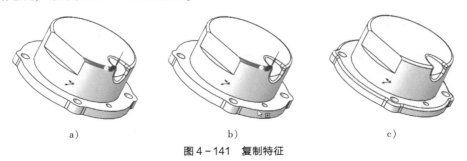

图 4 - 141　复制特征

**注意**：只有基础特征才可以复制，阵列、镜向、比例缩放等不可复制。方法三仅在复制圆角、倒角时有效，不适用于其他特征。

### 4.8.8　更改草图基准面

草图建立在基准面的基础之上，但有时基准面选择得并不合理，此时就需要更改基准面，而不是重新绘制草图。操作方法如下：

1）如图 4-142a 所示，草图圆是以上表面为基准面绘制的，现需要将侧面转为基准面。

2）在设计树中单击鼠标左键选择需要更改基准面的草图，在出现的快捷工具栏中选择【编辑草图平面】，如图 4-142b 所示。

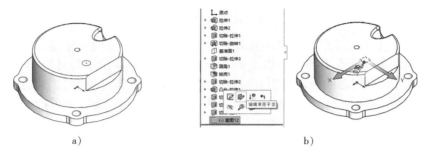

a)　　　　　　　　　　　　　　　　　　b)

**图 4-142　选择草图**

3）系统弹出图 4-143a 所示的【草图绘制平面】对话框。

4）选择图 4-143b 所示的侧面作为新的基准面。

5）单击【确定】后完成基准面修改，如图 4-143c 所示，草图圆已附加在新的基准面上。

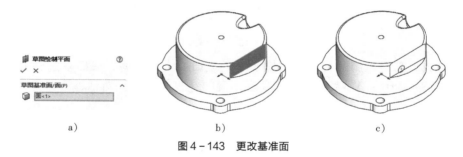

a)　　　　　　　　　　　b)　　　　　　　　　　　c)

**图 4-143　更改基准面**

☀️ **注意：**

1）由于新的基准面与原有基准面的草图原点不一样，有时会出现草图位置偏差较大的情况，应根据需要进行修改。

2）如果原草图的几何关系或尺寸参考了模型边线，由于新的基准面不一定与原有参考保持同一关系，会造成报错，应根据需要进行修改。

## 4.9　常见错误

模型创建过程中难免会出现各种问题，如因参数不合理而无法生成模型、因父特征的修改引起子特征错误等，不管是什么样的问题，作为一个完整的模型文件而言，均需要查找到相关问题并做相应的修改。SOLIDWORKS 提供了一系列用于辅助查找并修复相关错误的工具。

扫码看视频

打开配套的"4-9 常见错误"模型，可以发现其中有许多错误提示，如图 4-144 所示。SOLIDWORKS 中的错误分为两种：一种是"错误" ⊗，用红色提示，会引起特征创建失败，无法建立几何体，属于严重问题；另一种是"警告" ⚠，为一般错误，如悬空的参考、过定义的草图等，用黄色提示。

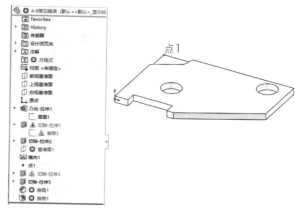

图 4-144　错误提示

要修改错误，首先要知道是什么错误。在设计树的根节点上单击鼠标右键，在快捷菜单中单击【什么错?】，如图 4-145a 所示，系统弹出图 4-145b 所示的【什么错】对话框，其中列出了当前模型的所有错误，并列出了每个错误产生的具体原因，每个错误后还带有帮助符号 ⑦，单击该符号后会出现进一步的帮助信息，用于判断问题产生的原因，对于初学者相当友好。

a)

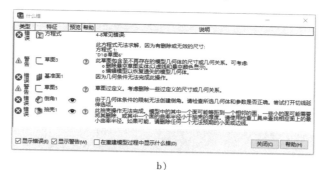

b)

图 4-145　什么错

当模型存在问题时，【什么错】是否在每次模型重建时均显示，受系统选项控制，【选项】/【系统选项】/【信息/错误/警告】中的【每次重建模型时显示错误】为该对话框的控制项，可根据需要进行选择。

**技巧**：为了减少运算量、提高效率，SOLIDWORKS 每次重建时实际只运算受当前修改影响的特征，在复杂的模型中就有可能出现修改之后模型并未实时更新的现象，这种问题通过【重建】是无法解决的，此时可以按键盘上的 < Ctrl + Q > 键进行强制重建模型以彻底更新模型。

一旦模型出现错误，修改错误的最好方式是从第一个错误开始修复。配套的错误模型包含了常见的错误，下面以此为例进行修复。

1）首先修改"方程式"错误。在方程上单击鼠标右键，选择【管理方程式】后进入对话框会发现方程式的引用尺寸是错误的，如图 4-146a 所示，模型中该引用尺寸已不再存在，此时如果该尺寸不再需要方程式，可直接在该方程式上单击鼠标右键，选择【删除方程式】；如果需要引用其他尺寸，可在错误的引用尺寸上单击鼠标右键，选择【替换参考】，弹出图 4-146b 所示对话框，在该对话框中重新选择新的参考尺寸再【确定】即可。在此选择【删除方程式】。

a)

b)

图 4 - 146　方程式错误

2）找到第一个错误特征"切除 - 拉伸 1"，其黄色警告标志是一个向下的箭头 ⚠，表示其问题出在下一级子特征上，展开该特征，将光标放在展开的"草图 3"上会出现具体的错误提示，选择该草图并【编辑草图】，如图 4 - 147a 所示，草图的两个尺寸显示为黄色，是问题尺寸，当选择问题尺寸时会出现红点，如图 4 - 147b 所示，表示该尺寸原有的参考对象已不存在。此时通常的做法是用鼠标拖动红色的参考点至新的参考对象处，再根据需要修改成所需的尺寸值，如图 4 - 147c 所示。

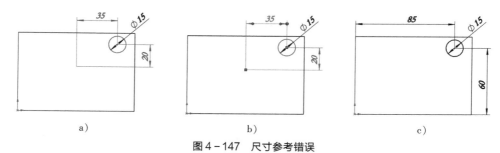

a)

b)

c)

图 4 - 147　尺寸参考错误

👉 **技巧**：为了修改方便，通常会拖动"退回控制棒"至所需修改的特征下方，这样可以有效地减少模型重建时间。

3）选择错误的基准面——"基准面 1"，可以看到该基准面的预览，如图 4 - 148a 所示。编辑该基准面，出现提示"当前参考引用和约束的组合无效"，而只有【第一参考】有一个参考面，结合图 4 - 148a 显示的基准面及参考面，会发现缺少参考轴线，需要通过【基准轴】创建一参考轴线，而由于参考对象必须位于当前特征之前，所以需要将"退回控制棒"拖至"基准面 1"的前面。新建图 4 - 148b 所示轴线，再将"退回控制棒"拖至"基准面 1"下方，再次编辑"基准面 1"，将新建的轴线作为【第二参考】，如图 4 - 148c 所示，单击【确定】完成基准面的修复。

a)

b)

c)

图 4 - 148　错误的基准面

提示：当前不再需要查看的对象要及时隐藏，如这一步生成的基准轴，以使模型变得简洁，便于查看。

4）特征"切除－拉伸3"也是草图有错误。进入草图编辑，草图如图4－149a所示，全部草图对象均为黄色及红色，在下方的状态栏中可以看到提示"过定义"，要分析该草图存在的问题，需要花费很多时间，SOLIDWORKS提供了【SketchXpert】工具，用于草图问题的诊断和修复。单击状态栏的【过定义】图标，弹出【SketchXpert】对话框，单击【诊断】，系统显示结果并提出可能的解决方案，如图4－149b所示，单击解决方案的左右向箭头，可以看到不同方案的预览，图4－149c所示为其中一种方案。如果某个方案是所需要的，则单击【接受】，再单击【确定】 ✓，系统将自动完成草图更改，再根据需要更改相关尺寸，即可完成草图修复。

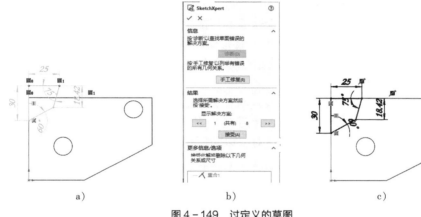

图4－149　过定义的草图

5）编辑"倒角1"特征，可以看到倒角参数不合理，尺寸太大，已超过圆孔，造成无法完成倒角，将倒角尺寸更改为"10"，结果如图4－150所示。

6）虽然【抽壳】命名并没有讲过，但可以用已学内容来推导问题所在，这也是自我学习的一部分，要勇于探索未学内容。编辑"抽壳1"发现其厚度为"5"，这个厚度指的是保留下来的厚度值，而查看一下整个模型的拉伸高度，会发现总高度为"5"，显然无法完成该特征。此时应根据设计需要确定是模型高度小了还是抽壳厚度大了，在此通过【Instant 3D】将模型高度变更为"20"，结果如图4－151所示。

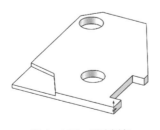

图4－150　更改倒角

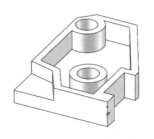

图4－151　更改模型高度

虽然学习过程中大多是按已有图样进行模型的创建，所有尺寸要素均是确定的，出现错误的可能性较小，但从设计角度而言，错误是不可避免的，因此训练排除错误的能力也是必不可少的。训练时可对已有模型故意设置一些错误，然后同学之间交换这些模型互相排错，以提升解决问题的能力。

## 4.10　材质赋予

材质是模型的基本要素，模型只有在指定了材质后才具备相应的物理特征与外观特性，如密度、重量、重心、光泽度等。后续学习有限元分析时，其相关基本参数也是依附于材质的，可以说，模型没有材质是没有灵魂的。在 SOLIDWORKS 中可以通过【编辑材料】功能对现有模型进行材料赋予，SOLIDWORKS 中已包含了常用的材料类型，可以直接选用。

### 4.10.1　材质的选用

可以在建模过程中的任何时候对材质进行选用或更改，取决于何时确定选用什么样的材质。依图建模时可首先定义材质，以减少遗漏的可能性，而设计建模取决于设计过程。

选用材质的操作步骤如下（打开"4-8特征编辑"模型）：

1）在设计树中的【材质】上单击鼠标右键，在弹出的快捷菜单中选择【编辑材料】，如图4-152所示。

2）系统弹出图4-153所示的【材料】对话框，在该对话框中选择所需的材料，在此选择"SolidWorks materials/钢/合金钢"，选择后在右侧的属性栏中会列出所选材料的相关特性参数，设计过程中有必要对其参数进行核对，以防所选材料与实际参数不相符。

📣 **提示**：系统自带的材料参数无法修改，如参数与所需不相符，可以通过自定义新建所需材料。

图4-152　编辑材料

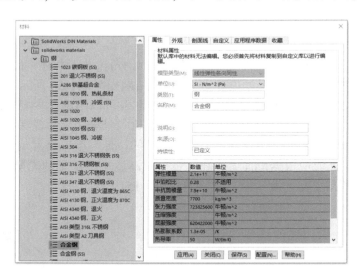

图4-153　选择材料

3）选择完所需的材料后单击【应用】，再单击【关闭】，即可完成材质的赋予，系统会同步更新模型的外观特性，包括剖面线等与所选材料有关联的特性。

### 4.10.2　自定义材料

实际应用过程中所需材料千差万别，而系统所带材料有限，此时可根据需要添加自定义材料。

☀ **注意**：SOLIDWORKS 中的自定义材料库以文件形式保存，每一个材料库（根目录）均对应着一个文件，可将此文件复制到其他计算机上供调用，通过【选项】/【系统选项】/【文件位置】/【材质数据库】添加文件所在的文件夹即可。

自定义材料的操作步骤如下：

1）通过【编辑材料】进入【材料】对话框。

2）在【材料】对话框空白处单击鼠标右键，在弹出的菜单中单击【新库】，如图 4 - 154 所示。

3）系统弹出【另存为】对话框，如图 4 - 155 所示，选择合适的位置与名称保存该新建的材料库，输入所需的库名称"机械工业出版社"后单击【保存】。

图 4 - 154　创建新库

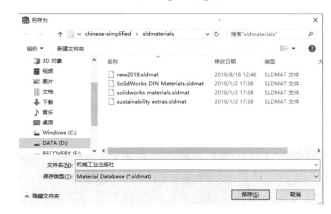

图 4 - 155　保存材料库

4）新创建的材料库"机械工业出版社"出现在列表中，在此库上单击鼠标右键，在弹出的菜单上选择【新类别】，如图 4 - 156 所示。

5）输入新类别的名称，如"金属"，如图 4 - 157 所示，输入完成后按键盘 ＜Enter＞ 键。

6）在刚创建的类别上单击鼠标右键，在弹出的菜单中单击【新材料】，如图 4 - 158 所示。

图 4 - 156　创建新类别

图 4 - 157　输入新类别名称

图 4 - 158　创建新材料

7）输入新材料的名称，如"A3"，如图 4 - 159 所示，输入完成后按键盘 < Enter > 键。

8）输入新材料的参数，如图 4 - 160 所示，其中"质量密度"是基本参数，应按实际值输入，其余值与分析有关，可以省略，如果模型需要做相关分析，则必须输入相应的参数。

9）切换至【外观】选项卡，如图 4 - 161 所示，定义该材料的默认外观，在应用该材料时将以此处定义的外观赋予模型。

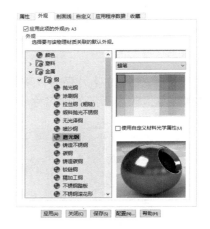

图 4 - 159　输入新材料名称　　　图 4 - 160　输入新材料参数　　　图 4 - 161　定义外观

10）切换至【剖面线】选项卡，如图 4 - 162 所示，定义材料的默认剖面线形式，在生成二维工程图时将默认按此剖面线剖切。

11）根据需要编辑【自定义】和【应用程序数据】选项卡。【收藏】选项卡用于将当前材料【添加】至收藏夹，如图 4 - 163 所示，收藏夹中的材料将出现在设计树上"材质"的右键列表中，可对常用材料快速选用而无须进入【材料】对话框。

图 4 - 162　定义剖面线　　　　　　图 4 - 163　添加至收藏夹

**提示**：当启用 SOLIDWORKS Simulation 插件时，还会增加【表格和曲线】和【疲劳 SN 曲线】选项卡。

12）参数输入后单击【应用】，再单击【关闭】即可。

技巧：由于材料参数较多且位数较多，输入时容易出错，而一旦参数错误会影响产品的设计分析，后果非常严重。为了减少这种情况，可在原有材料的基础上复制一类似材料到该类别下，然后再行修改。

## 4.11 评估

在 SOLIDWORKS 中，【评估】是一个工具集，包括【测量】、【质量属性】、【剖面属性】、【传感器】、【性能评估】等工具，这些工具可以从各个维度对模型进行评估。本节示例模型为"4-8 特征编辑.sldprt"。

### 4.11.1 测量

【测量】可以在草图、模型、装配体或工程图中测量距离、角度和半径等。单击【评估】/【测量】 ，系统弹出图 4-164 所示对话框，该对话框为驻留对话框，可以在不关闭该对话框的状态下进行模型的其他操作。当再次需要测量时，只需在该对话框上单击一下鼠标即可。

选择对象之后，对象的相关测量数值就会出现在【测量】对话框中，如图 4-165 所示，系统会根据所选对象的不同列出不同的测量结果。如果选择的是一条边线，会出现该边线的长度值；如果选择了一个面，会出现该面的面积、周长的值；如果选择的是两平行面，会出现两面间的距离、总面积等。当所选的组合不合理时，系统会提示"所选的实体为无效的组合"，此时需要重新选择对象。

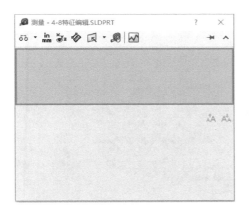

图 4-164 【测量】对话框

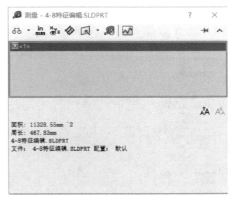

图 4-165 选择对象

技巧：如果所选对象不合理，可以单击模型区域空白处，以便快速清空所有的已选对象，而无须使用【测量】对话框中的【消除选择】或退出该命令。

当测量对象是"圆/圆弧"时，可以通过图标 的下拉列表选择测量模式，系统提供四种测量模式，分别为【中心到中心】、【最小距离】、【最大距离】和【自定义距离】，可以在选择被测对象后再更改测量模式，测量数据将随之改变。图 4-166a、b 所示分别为同一对象【最小距离】与【最大距离】模式下的测量结果。

【单位/精度】 用于自定义测量单位和精度。

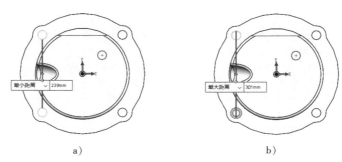

a)                    b)

图 4 – 166    测量模式

## 4.11.2   质量属性

【质量属性】根据模型几何体与材料信息计算模型的质量、体积、表面积、重心、惯性矩等属性。

单击【评估】/【质量属性】 ，系统弹出图 4 – 167 所示对话框，【质量属性】可以在零件中使用，也可以在装配体中使用。注意：系统默认计算当前显示的对象，不包括隐藏对象，如果需要包括隐藏对象，可以在【质量属性】对话框中勾选【包括隐藏的实体/零部件】选项。

【选项】用于更改测量数值的单位、精度等。

【覆盖质量属性】可以用输入值覆盖测量值，并使这些输入值参与到后续运算中，单击该选项后出现图 4 – 168 所示对话框，根据需要选择要覆盖的属性值。

※ **注意**：如果是设计过程中临时性地覆盖相关属性值，在设计完成后必须将其恢复成默认值，以免造成后续计算不准确。

图 4 – 167    质量属性

图 4 – 168    覆盖质量属性

**技巧**：对于多实体零件或装配体，当只想查看其中某个对象而非整个零部件的质量属性时，在设计树中选中该对象后单击【评估】/【质量属性】，即可仅查看该对象的质量属性。

系统默认的结果均是以默认坐标系为参考基准，如果需要参考其他坐标系，在【报告与以下项相对的坐标值】下拉列表中选择所需坐标系即可，该列表列出了当前模型中的所有坐标系供选择。

### 4.11.3　剖面属性

【剖面属性】用于测量草图、平面、剖面的属性值，最主要的属性是面积与重心。

单击【评估】/【剖面属性】 ，系统弹出图 4 - 169 所示对话框，选择需评估的对象，如果是草图，可以在设计树上选取，选取后如果属性框没有出现数值，可单击【重算】。注意：【截面属性】也需选择参考坐标系。

该命令支持评估由【剖面视图】所产生的剖面，需要注意的是，如果由【剖面视图】所生成的剖面不是连续的，则不连续的面均需选择。例如，图 4 - 170 所示的剖面需要选择两次才能包括整个【剖面视图】所生成的剖面。

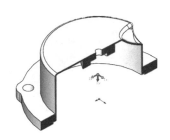

图 4 - 169　剖面属性　　　　　　图 4 - 170　剖面选择

☀ **注意**：当所选对象是多个面时，这些面应为互相平行的面，系统不支持同时评估不平行的面。

### 4.11.4　传感器

【传感器】是参数化设计过程中一个非常重要的工具，通过【传感器】可以监测各类设计数据，并在数据超过设定范围时发出相应的警报。

扫码看视频

单击【评估】/【传感器】 ，系统弹出图 4 - 171 所示对话框，该对话框内容取决于【传感器类型】，不同的类型其选项也不同，包括"Simulation 数据""质量属性""尺寸""干涉检查""测量""接近""Costing 数据""Motion 数据"，所涉及的知识面相当广，在此以"质量属性""尺寸"和"测量"为例进行介绍。

图 4 - 171　传感器

☀ **注意**：部分传感器需在特定条件下才可使用，如"干涉检查"需在装配体环境下、"Motion 数据"需在启动 Motion 插件时才可使用。

打开"4-8 特征编辑"模型，操作方法如下：

1）单击【评估】/【传感器】，默认的【传感器类型】为"质量属性"，【属性】默认为"质量"，可根据需要选择其他选项。【属性】栏下方显示了当前模型的质量，勾选【提醒】，在【大于】下方输入"28000"，如图 4-172a 所示，其目的是当模型在更改过程中质量超过该值时提醒设计者注意。输入完成后单击【确定】，此时该传感器会出现在设计树中，如图 4-172b 所示。

图 4-172　质量传感器

2）单击【评估】/【传感器】，将【传感器类型】更改为"尺寸"，此时模型的所有尺寸均会显示出来供选择，如图 4-173a 所示。选择法兰的高度尺寸"32"后，该高度尺寸的尺寸变量名"D1@拉伸 1"会出现在【属性】栏中；勾选【提醒】，在【大于】下方输入"35"，如图 4-173b 所示，其目的是当该尺寸超过"35"时提醒设计者，输入完成后单击【确定】。

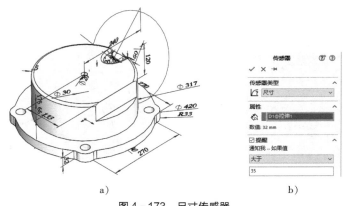

图 4-173　尺寸传感器

3）单击【评估】/【传感器】，将【传感器类型】更改为"测量"，系统弹出【测量】对话框，选择台阶表面与法兰上表面，如图 4-174a 所示。单击【测量】对话框中的【创建传感器】，在【测量】栏选择"垂直距离：77mm"；勾选【提醒】，选择【小于】，值为"75"，如图 4-174b 所示，其目的是当该尺寸小于"75"时提醒设计者，输入完成后单击【确定】。

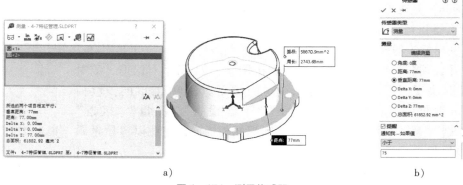

图 4-174　测量传感器

4）此时设计树上有了三个传感器节点，对模型进行修改，当将法兰高度变更为"36"时，触发了两个传感器，分别为"尺寸传感器"与"测量传感器"，并显示出当前值，如图 4 -175a 所示。将光标移至警告项上时会弹出具体的警告内容，如图 4 -175b 所示。而质量由于没有超过触发条件，仍保持原有状态。

a)　　　　　　　　　　　　　b)

图 4 -175　触发传感器

添加适当的传感器可以减少对模型的关注度，让系统进行监测，以便及时发现设计过程中的问题，能大大提高设计效率，尤其是在新产品设计过程中，关键尺寸控制、零件间的配合、强度校核等均可交由传感器完成，而无须设计者在每次更改后查看更改所带来的影响，也可在一定程度上降低设计者的工作强度。

### 4.11.5　性能评估

用于直观地查阅当前模型的性能状况。单击【评估】/【性能评估】![icon]，弹出图 4 -176 所示对话框，其中列出了当前模型的特征细节。从其打开所占的时间比及时间上，可以看出当前模型主要的性能瓶颈是哪些特征，可以作为建模思路的一个参考。

设计过程中选择合适的评估工具评估当前模型，能有效地减少模型错误，而不是等模型全部创建完成后再行检查，越到后期发现问题，解决起来将越困难。

图 4 -176　性能评估

## 4.12　建模例题

创建图 4 -177 所示模型。第一步按步骤创建模型，要求创建三个全局变量"R""L""d"，其值分别为"58""120""20"，"R"对应的是主视图中的尺寸"R58"，"L"对应的是主视图中两孔的中心距，主视图中尺寸"R48"为"R - 10"，主视图中右侧孔直径"ϕ20"关联"d"；第二步将模型材质赋予 Q235A，密度为 7860kg/m^3，查询模型的质量，以及未加工螺纹孔、旋转环槽、键槽、ϕ3mm 小孔时的零件质量；第三步删除第四个特征"切除 - 拉伸 2"，找到模型报错特征并进行修复；第四步恢复第一步所完成的模型，并思考如果要将模型的质量降至 0.8kg 以下，应如何修改当前模型。

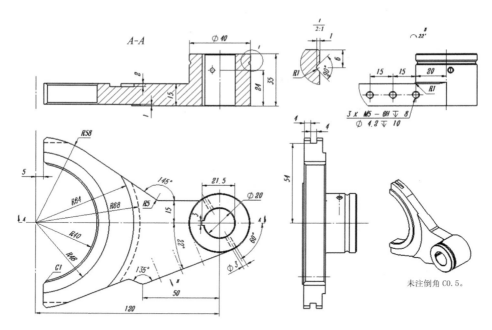

图 4-177　建模例题

### 1. 建模分析

该例题涉及本章讲到的【拉伸】、【旋转】、【孔】、【阵列】、【倒角】、【评估】、【修复】等功能，为综合应用例题。在查看操作步骤之前，应先思考一下如果是自己建模会采用何种思路，再对比本节的操作步骤，比较两者的优劣。操作步骤中先创建圆柱凸台作为基准，再拉伸出主体特征，然后按由主到次、由大到小的思路进行创建，这也是常规的建模思路。

### 2. 操作步骤

第一步——

1）通过【方程式】创建三个全局变量"R""L""d"并分别赋值，如图 4-178 所示。

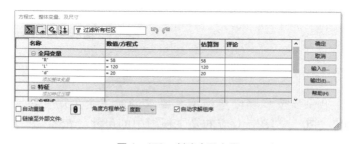

图 4-178　创建全局变量

扫码看视频

2）以"前视基准面"为基准新建草图，绘制图 4-179 所示草图圆。

3）对草图进行【拉伸凸台/基体】，深度为"35"，结果如图 4-180 所示。

4）以"前视基准面"为基准新建草图，绘制图 4-181 所示草图，注意两圆中心距与全局变量"L"关联，大圆弧半径与全局变量"R"关联，要求草图完全定义。

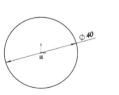

图 4 - 179　绘制圆草图 1

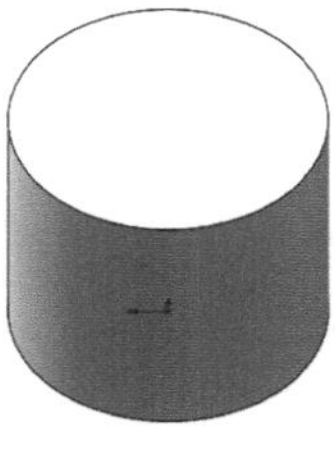

图 4 - 180　拉伸圆柱凸台

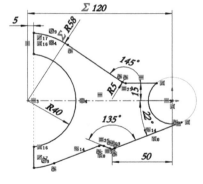

图 4 - 181　绘制草图 1

5）对草图进行【拉伸凸台/基体】，深度为"15"，结果如图 4 - 182 所示。

6）以上一步拉伸凸台的上表面为基准面，绘制图 4 - 183 所示圆环草图，注意小圆半径等于"R - 10"。

⏩ **提示**：SOLIDWORKS 默认整圆标注的是直径，非整圆标注的是半径，由于设计需要，可以在两者之间自由切换。在需切换的尺寸上单击鼠标右键，在弹出的快捷菜单中选择【显示选项】/【显示成半径】即可，【显示选项】中还有其他几种标注形式，可以逐一尝试。

7）【拉伸切除】圆环草图，深度为"2"，结果如图 4 - 184 所示。

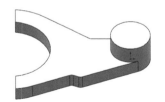

图 4 - 182　拉伸凸台

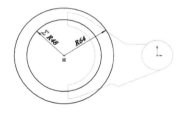

图 4 - 183　绘制圆环草图

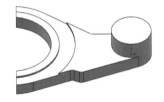

图 4 - 184　拉伸切除圆环草图

8）以已有模型的底面为基准面绘制圆草图，如图 4 - 185 所示。

9）【拉伸切除】圆草图，深度为"1"，结果如图 4 - 186 所示。

10）绘制【基准轴】，参考对象为圆柱凸台外表面，结果如图 4 - 187 所示。

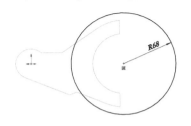

图 4 - 185　绘制圆草图 2

图 4 - 186　拉伸切除圆草图

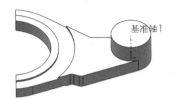

图 4 - 187　绘制基准轴

11）生成【基准面】，参考对象为"上视基准面"及上一步生成的"基准轴"，并将【第一参考】的选项切换至【两面夹角】，角度为"150"，结果如图 4 - 188 所示。

☀ **注意**：如果面方向与期望的相反，可单击【反转等距】，由于参考对象不同，有时输入角度为所需角度的补角。

12）以新建基准面为基准，绘制图 4 - 189 所示圆草图。

13）拉伸切除圆柱孔，【终止条件】选择【完全贯穿-两者】，结果如图 4 - 190 所示。

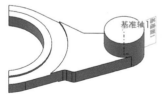

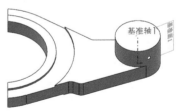

图 4 - 188　基准面　　　　图 4 - 189　绘制圆草图 3　　　　图 4 - 190　切除通孔

**提示**：由于新建的基准轴与基准面在后续特征中不再使用，可以将其隐藏，以使工作区简洁，易于查看。

14）以圆柱凸台上表面为基准面，绘制图 4 - 191 所示草图。

15）【拉伸切除】草图，深度选择【完全贯穿】，结果如图 4 - 192 所示。

16）以"上视基准面"为基准，绘制图 4 - 193 所示草图，由于该草图是为下一步【旋转切除】准备的，所以需绘制一条中心线用于旋转切除。

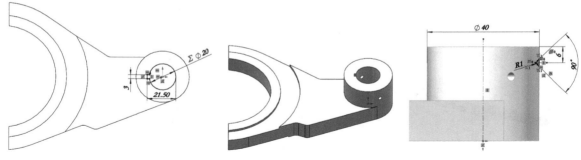

图 4 - 191　绘制草图 2　　　　图 4 - 192　拉伸切除草图　　　　图 4 - 193　绘制草图 3

17）【旋转切除】圆环槽，结果如图 4 - 194 所示。

**技巧**：如果草图中没有绘制中心线，可通过【前导视图】工具栏中的【隐藏/显示项目】/【观阅临时轴】显示临时轴，此时可选择圆柱凸台的临时轴作为回转轴。

18）使用【异形孔向导】生成螺纹孔，【孔类型】选择"直螺纹孔"，孔规格为"M5"，盲孔深度为"10"，螺纹线深度为"8"，位置如图 4 - 195 所示，结果如图 4 - 196 所示。

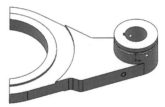

图 4 - 194　切除圆环槽　　　　图 4 - 195　孔定位　　　　图 4 - 196　生成螺纹孔

**技巧**：如果草图的视向与期望的不一致，可按键盘上的 <Shift> 键 + 光标键，每按一次，视图转向 90°。

19）以孔所在面的侧面线为方向参考阵列螺纹孔，【间距】为"15"，【实例数】为"3"，结果如图 4 - 197 所示。

20）对半圆环四个侧边倒角，倒角参数为"2 × 45°"，结果如图 4 - 198 所示。

21）对半圆环上下两圆弧边倒角，倒角参数为"1 × 45°"，结果如图 4 - 199 所示。

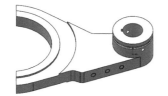 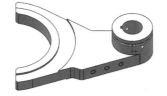 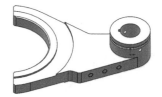

图 4 - 197 阵列螺纹孔　　　　图 4 - 198 半圆环倒角　　　　图 4 - 199 圆弧边倒角

22）以半圆环侧面为基准面，绘制图 4 - 200 所示矩形草图。

23）【拉伸切除】矩形槽，结果如图 4 - 201 所示。

24）以"上视基准面"为镜向面，镜向矩形槽，结果如图 4 - 202 所示。

图 4 - 200 绘制矩形草图　　　　图 4 - 201 切除矩形槽　　　　图 4 - 202 镜向矩形槽

25）对圆柱凸台的上表面外圆边线及内孔的上下边线倒角，倒角参数为"0.5 × 45°"，结果如图 4 - 203 所示。

26）对圆柱凸台与基本体相接部位的边线圆角，圆角半径为"1"，结果如图 4 - 204 所示。

27）对 φ3mm 小孔倒角，倒角参数为"0.5 × 45°"，结果如图 4 - 205 所示。

  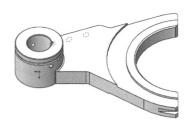

图 4 - 203 圆柱凸台倒角　　　　图 4 - 204 圆柱凸台圆角　　　　图 4 - 205 φ3mm 小孔倒角

第二步——

28）进入【编辑材料】对话框，发现已有材料库中并没有所需的
"Q235A"材料。

29）新建"Q235A"材料，如图 4-206 所示，质量密度为 7860kg/m^3，
由于不涉及其他参数的应用，因此其他参数保持默认值即可。

30）保存新建的材料并赋予当前模型，单击【应用】并关闭【材料】对话框。

31）单击【评估】/【质量属性】，在图 4-207 所示对话框中可以查看到模型的质量
为 0.844kg。

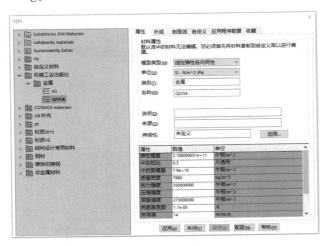

图 4-206　新建材料　　　　　　　　图 4-207　查询质量

32）根据需要压缩部分特征，会发现建模过程中键槽与圆孔是在一个特征中完成，而例
题只要求压缩键槽，所以需要单独处理键槽。可以回到原有特征将其单独形成一草图进行拉
伸切除，也可以对键槽进行填充，为了不影响原有建模思路，在此选择对键槽进行填充。将
"退回控制棒"拖至键槽孔下方，新增一草图用于填充，结果如图 4-208 所示。

33）压缩其他要求的特征，结果如图 4-209 所示。

📢 提示：操作时会发现，查找要压缩的对象不是一件轻松的事情，当模型复杂程度增加时，
这一问题将更为突出。因此，应认识到模型管理的重要性，在建模过程中对相关特征适
当命名或增加备注将会大大提高查找的效率，这也是保证模型健壮性的一个重要方面。

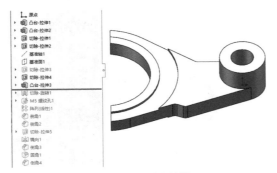

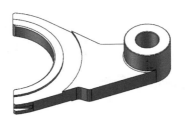

图 4-208　填充键槽　　　　　　　　图 4-209　压缩相关特征

34）再次【评估】模型的质量属性，可以得到模型质量为 0.852kg。

第三步——

35）删除第四个特征"切除‐拉伸 2"，系统提示错误时选择"继续"，结果如图 4‐210 所示，特征已被删除，留下了相应草图，同时设计树中有了错误提示。

扫码看视频

36）找到报错特征，其问题出在对应的草图中，编辑草图，可以看到其中一个尺寸由于参考了被删除的对象而出错，如图 4‐211 所示，更改错误的参考。

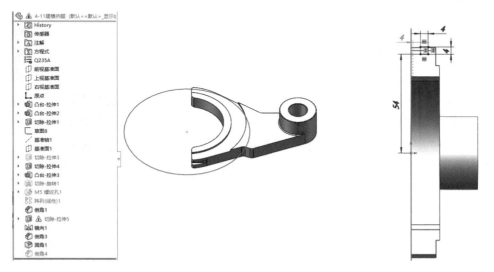

图4‐210 删除特征　　　　　　　　　　　　　图4‐211 错误的参考

37）完成修改后退出草图，错误信息消失。

第四步——

38）撤销第二步与第三步对模型的修改后，模型的质量超过给定值，需对模型进行减重。这也是设计中一个比较重要的内容，各种设备、产品都有减小负载、降低功耗的要求，由于其涉及设计内容，在这里不做太多讨论，可以思考一下，在不改变主体特征要求（孔、半圆孔）的前提下，应如何降低该模型的质量，以及如何验证更改的合理性。图 4‐212 给出了几种不同的减重方案供参考，后续可带着这些疑问学习，以期找到更为合理的方案。

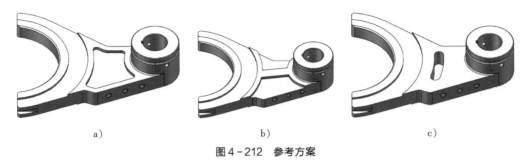

a)　　　　　　　　　　　　b)　　　　　　　　　　　　c)

图4‐212 参考方案

从该案例中可以看出参数化建模过程中规范化的必要性以及模型健壮性的重要性。

## 4.13 零件工程图生成

工程图作为设计人员之间传递设计信息的载体、部门间沟通信息的纽带、加工生产的主要依据，在工程领域有着不可或缺的地位。虽然三维设计已有全面的应用场景，近年来 MBD 技术也有了长足的发展，但在很多情况下，仍需要通过工程图来表达三维软件所不便表达的信息，如尺寸精度、几何公差、加工要素、工艺要求等。因此，创建合理、合规的工程图仍是对工程技术人员的基本能力要求。

### 4.13.1 快速入门

本节将通过一个简单模型快速生成所需的工程图，以了解工程图最基本的创建方法。

扫码看视频

打开"4-1-2设计意图规划.sldprt"模型，单击标准工具栏上的【新建】/【从零件/装配体制作工程图】，弹出图4-213所示的工程图模板选择对话框。

📢 **提示**：在打开模型时，如果该模型已有对应的工程图，系统会提示"是否打开已有文件"，如果单击【是】则打开已有的工程图文件，如果单击【否】则新建一工程图。

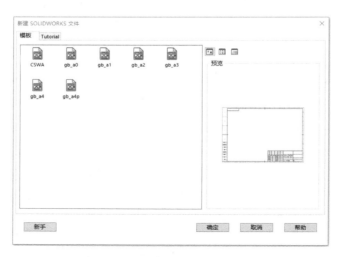

图4-213　模板选择

选择"gb_a3"模板，系统进入工程图环境并在任务栏打开【视图调色板】，如图4-214所示。选择合适的视图作为主视图，在这里选择"右视"作为主视图，并将其拖至工程图区域，生成主视图后自动进入【投影视图】操作，移动光标会看到相应的视图预览。如果视图与期望的一致，则单击鼠标左键即可生成主视图，然后生成俯视图、左视图、轴测图，结果如图4-215所示；如果位置有差异，可在单击【确定】✓后再通过鼠标拖动进行调整。

📢 **提示**：为了使得图片最大化，在此省略了图框部分。

（1）生成尺寸　单击【注解】/【模型项目】，【来源】选择"整个模型"，单击【确定】✓，生成图4-216所示尺寸。

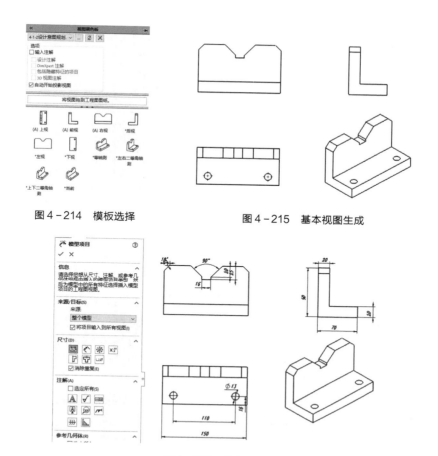

图 4－214　模板选择　　　　　　图 4－215　基本视图生成

图 4－216　生成尺寸

此时可以发现尺寸标注比较杂乱，这是因为尺寸排列默认的是参考模型中尺寸的位置，如果模型中的尺寸标注注意规范，那么自动生成的尺寸也将较为规范。

框选所有尺寸，松开鼠标时出现图 4－217a 所示的尺寸编辑图标，将光标移至该图标上，会展开该图标，如图 4－217b 所示，单击左下角的【自动排列尺寸】，系统将按【文档属性】中定义的规则自动排列尺寸，结果如图 4－217c 所示，此时的尺寸排列已较为规范。

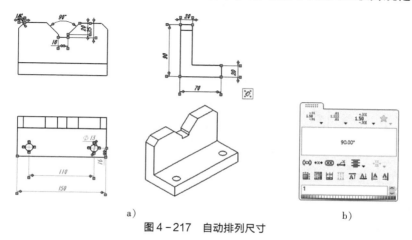

a)　　　　　　　　　　　　　　　　　　b)

图 4－217　自动排列尺寸

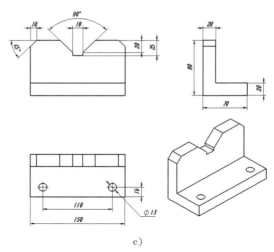

图 4-217　自动排列尺寸（续）

通过【模型项目】生成的尺寸将保持与模型的双向关联性，在模型中更改尺寸时，工程图中的尺寸也会相应更改；同样，在工程图中也可对尺寸进行更改，更改后会驱动模型中的尺寸同步更改，这也是参数化建模的一大优势。虽然大部分尺寸均可通过【模型项目】生成，但不是每一个尺寸均符合标注要求，此时就需要在【选项】/【文档属性】/【绘图标准】中进行定义，具体操作方法在附录的模板定义中讲述。

（2）标注调整　工程图中可能存在个别尺寸不合理需要删除并重新标注的情况，在此将倒角的标注删除并通过【注解】/【智能尺寸】/【倒角尺寸】 进行标注，结果如图 4-218 所示。部分尺寸标注所对应的视图可能需要调整，如图 4-218 中的总长尺寸"150"需要移至主视图中表达，此时可以按住键盘上的 <Shift> 键，再用鼠标将其拖至主视图中；如需复制，则按键盘上的 <Ctrl> 键再拖动尺寸。

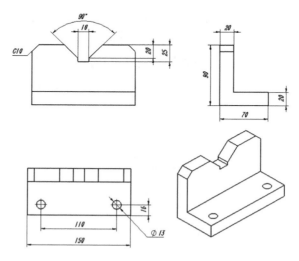

图 4-218　倒角标注

（3）尺寸公差　尺寸公差是工程图中一项非常重要的内容，在此需要对尺寸"110"标注公差。单击该尺寸，在【尺寸】属性栏的【公差/精度】中选择所需的公差形式，如

图 4-219a 所示，这里选择"对称"，并在下方输入公差值"0.06"，结果如图 4-219b 所示。

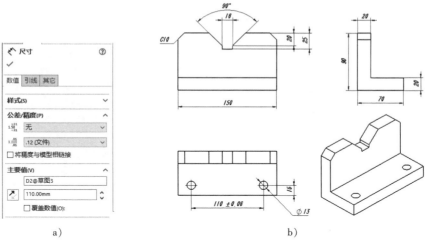

图 4-219　尺寸公差标注

（4）几何公差　在标注位置公差前，需要先标注基准特征符号，单击【注解】/【基准特征】，弹出图 4-220a 所示属性框，选择所需的参数后，在图形区域选择基准特征符号的参考线并放在合适的位置，如图 4-220b 所示，标注完成后单击【确定】退出。

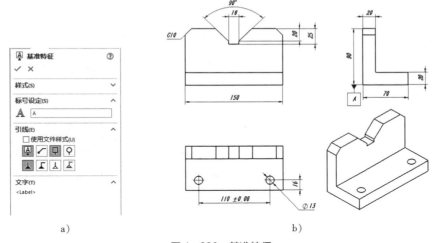

图 4-220　基准特征

单击【注解】/【形位公差】，弹出图 4-221a 所示对话框，【符号】选择"垂直"，【公差 1】输入值"0.08"，【主要】中输入"A"，输入时图形区域会实时显示结果的预览，注意此时不要退出【形位公差】对话框，可以将其移至一侧，选择需标注的位置后再单击【确定】退出。如果位置不合理，可直接用鼠标拖动调整而无须再次进入【形位公差】对话框，结果如图 4-221b 所示。

（5）表面粗糙度　单击【注解】/【表面粗糙度符号】，在其属性栏中选择所需的"符号"并输入所需值，如图 4-222a 所示；输入相关值后，在图形区域选择表面粗糙度符号的标注位置，如图 4-222b 所示；标注完成后单击【确定】退出。

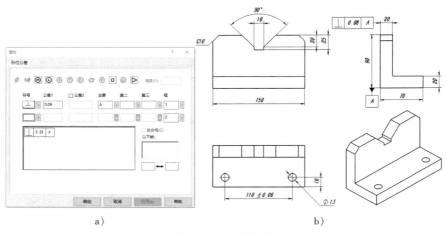

图 4 - 221　形位公差

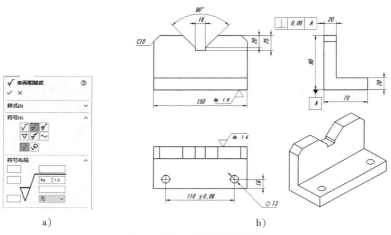

图 4 - 222　表面粗糙度符号

（6）注释　工程图中的技术要求等文字说明内容可通过【注释】标注，单击【注解】/【注释】$\mathbf{A}$，在图形区域选择标注位置后输入所需的注释文字，如图 4 - 223 所示，可以通过【格式化】工具栏对当前所输文字进行格式定义。

图 4 - 223　注释

标题栏可以按"注释"方法进行填写，也可以在定义工程图模板时将标题栏信息关联至模型的对应信息。

（7）保存　工程图完成后可直接【保存】，其默认格式为".slddrw"，是 SOLIDWORKS 中的三种基本文件格式之一。保存后的文件与模型文件保持关联，如果模型文件被删除或找不到，在打开该工程图时也将报错。【保存】时也可选择其他的格式保存，如".pdf"等。

技巧：由于工程图与模型的关联性，某些场合会造成不便，如模型较大、传输较困难、保密问题等，此时在保存时【保存类型】可选择"分离的工程图"，这样可以使工程图临时性地脱离与模型的关联，无需模型也可正常打开。当需要与模型关联时，只需在打开的对话框中选择【装入模型】或打开后在视图上单击鼠标右键，选择【装入模型】即可。

## 4.13.2　视图布局

SOLIDWORKS 提供了生成各种视图的工具，全部归集在工具栏的【视图布局】中，在同一工程图中可以根据需要生成多种形式的视图。本节以配套的"4 - 13 - 2.1 轴类零件 . sldprt"与"4 - 13 - 2.2 盘类零件 . sldprt"为例，学习时打开相应的文件。

技巧：当同时打开了多个文档时，可按键盘上的 < Ctrl + Tab > 键在文件间进行快速切换。

（1）标准三视图　为新建的工程图生成模型的三个相关的默认正交视图。单击【视图布局】/【标准三视图】，系统弹出图 4 - 224a 所示对话框，可从列表中选择当前打开的模型，或单击【浏览】选择未打开的模型，选择好模型后单击【确定】，生成图 4 - 224b 所示的标准三视图。所使用的视图方向基于零部件中的视向，视向固定且无法更改。

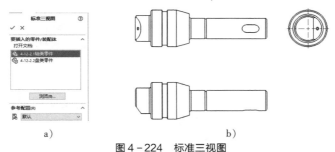

图 4 - 224　标准三视图

（2）模型视图　根据所选零部件生成标准视图。该功能与【标准三视图】类似，但其视图方向可以任意选择，生成后系统自动进入投影视图状态，以便生成其他视图。单击【视图布局】/【模型视图】，弹出图 4 - 225a 所示对话框；选择模型后单击【下一步】，如图 4 - 225b 所示，根据需要选择作为主视图的视图，可以选择【预览】以便实时查看所选视图的结果；在图形区域单击鼠标左键以确定视图放置位置，放置后自动进入视图投影状态，如图 4 - 225c 所示，根据需要选择其余视图即可。

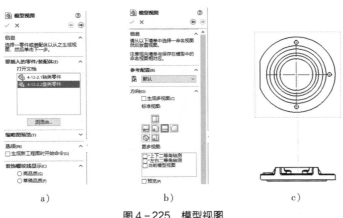

图 4 - 225　模型视图

（3）投影视图　通过选择工程图中的已有视图来生成其余所需的正交投影视图。单击【视图布局】/【投影视图】 🖳，选择参照的视图后移动光标，系统根据光标位置生成相应的视图，如图 4 - 226 所示，与所需一致时可单击鼠标左键以确定。

（4）辅助视图　辅助视图类似于投影视图，但辅助视图是垂直于现有视图中参考边线的投影生成的视图，参考边线既可以是视图中已有的直线，也可以是通过草图功能绘制的直线。如图 4 - 227a 所示，需表达斜面上的孔，此时通过该斜面生成对应的视图是最好的表达方式，单击【视图布局】/【辅助视图】 ⬚，并选择斜边作为参考边，生成图 4 - 227b 所示视图。

👉 **技巧**：辅助视图生成的位置与所选参考线平行，但通常需要的是水平或垂直方向，此时在【选项】/【文档属性】/【视图】/【辅助视图】的【视图指示】中，将【将视图旋转为水平对齐图纸】选项选中，即可自动旋转放置视图。

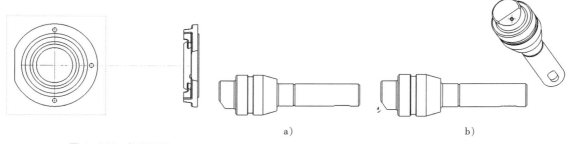

图 4 - 226　投影视图　　　　　　　图 4 - 227　辅助视图

（5）剖面视图　剖面视图是较为常用的一种视图形式，它是使用剖切线切割已有视图而生成的。常见的剖面视图有全剖视图、半剖视图、阶梯剖视图和旋转剖视图，剖切线可以在生成时指定位置，也可以通过草图功能预先绘制，剖切线还可以包括圆弧。如果零部件模型中包含【筋】特征，可以在视图属性中加以排除。

如图 4 - 228a 所示，为了清楚地表达右侧的键槽及中心孔，需要通过全剖方式表达。单击【视图布局】/【剖面视图】 🗘，如图 4 - 228b 所示，在属性框中选择【竖直】项，在图形区域单击鼠标左键选择合适的位置后出现剖面视图的预览，将其放置在合适的位置，结果如图 4 - 228c 所示。

📑 **提示**：①如果生成的视图方向不正确，可在属性栏中单击【反转方向】进行更改；②如果仅需显示剖切的截面，可选择【横截剖面】选项。

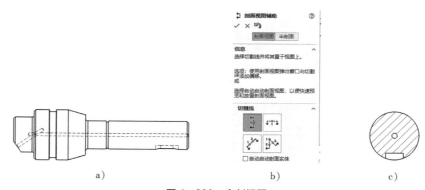

a)　　　　　　　　　　　b)　　　　　　　　　　　c)

图 4 - 228　全剖视图

如图 4 – 229a 所示视图，需要通过剖视表达上方安装孔及右下角凸台孔，此时应采用旋转剖。进入【剖面视图】命令后选择【对齐】 🔁，然后选择大圆圆心，接着确定第一个方向，选择上方安装孔中心；再确定另一个方向，选择右下角凸台孔中心；单击【确定】 ✓，生成图 4 – 229b 所示视图。

🔄 提示：可以在【选项】/【文档属性】/【视图】/【剖面视图】的【线条样式】中修改表达剖切位置的剖切线的样式。

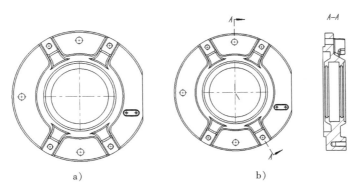

图 4 – 229　旋转剖视图

如图 4 – 230a 所示视图，需要通过剖视表达上方安装孔及左下角腰形孔，此时应采用阶梯剖。由于【剖面视图】中没有阶梯剖选项，可以先将阶梯剖位置通过草图绘制出来，如图 4 – 230b 所示，选中绘制的草图并单击【视图布局】/【剖面视图】，生成图 4 – 230c 所示视图。

👉 技巧：如果视图角度不合适，而"视图调色板"中也没有所需角度的视图，可以在生成视图后通过【前导视图】/【旋转视图】对视图进行旋转操作。

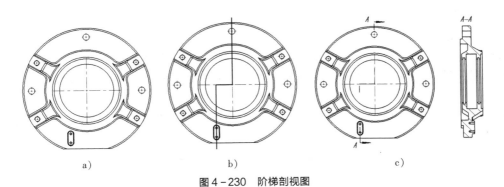

图 4 – 230　阶梯剖视图

【剖面视图】中还有一个选项为【半剖面】，其属性框如图 4 – 231a 所示，选择合适的【半剖面】形式，然后在图形区域选择剖切的中心位置，结果如图 4 – 231b 所示。

（6）局部视图　局部视图用来显示一个视图的某个局部（通常是以放大比例显示）。此局部视图可以是基本视图、轴测图、剖面视图、剪裁视图、爆炸装配体视图或另一局部视图，放大的区域默认使用圆进行范围界定。

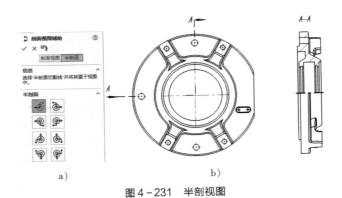

图 4-231　半剖视图

如图 4-232a 所示，需对中间环槽进行局部放大表示。单击【视图布局】/【局部视图】🔍，然后在图形区域绘制包含需放大区域的圆，再将出现的放大视图放置在所需的位置，结果如图 4-232b 所示。

所需放大的比例可选中该局部视图，在属性框的【比例】中进行调整。放大区域也可用其他闭合轮廓进行范围界定，使用其他闭合轮廓时需先通过草图功能绘制闭合轮廓，选中该轮廓后再使用该命令。

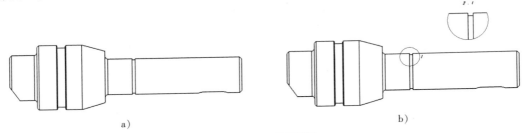

图 4-232　局部视图

（7）断开的剖视图　用于在工程视图中剖切零部件的部分区域，以显示其内部特征，断开的剖视图在现有工程视图上产生，不另外生成视图，为现有工程视图的一部分。该功能通过闭合轮廓进行断开范围的界定，系统默认是样条曲线，也可以是其他闭合轮廓，使用其他闭合轮廓时，需先通过草图功能绘制闭合轮廓，选中该草图轮廓后再使用【断开的剖视图】功能。

断开的剖视图的深度可以设定一个数值或在工程视图中选取一参考几何体来指定深度，参考几何体可以是当前视图的对象，也可以是其他视图的对象，如果选择直线，则以该直线所处位置为剖切深度；如果选择圆，则自动以圆的中心为参考位置。

如图 4-233a 所示，需在左视图中剖开一区域用于表达主视图左上角的孔特征。单击【视图布局】/【断开的剖视图】🖼，在图形区域需剖开位置绘制由样条曲线构成的封闭环，系统弹出图 4-233b 所示属性框，再选择主视图左上角的孔作为【深度】参考，单击【确定】✔，结果如图 4-233c 所示。

👉 **技巧：**剖切时有时会发现螺纹线显示不合理，造成未剖位置也显示了螺纹线。此时可在该视图的属性框中将【装饰螺纹线显示】选项更改为"高品质"，但高品质螺纹线会额外增加计算负担，因此未出现不合理显示的螺纹线时应使用"草稿品质"。

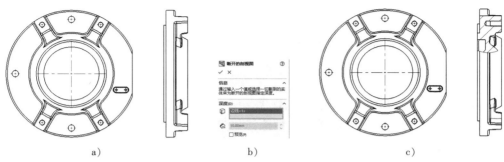

图 4 - 233　断开的剖视图

（8）断裂视图　可以使用断裂视图对形状较单一且较长的零部件视图进行截断，只显示其两端部分，这样可以不用为全部显示该类零件而将视图缩得过小。断裂区域相关的模型尺寸反映的还是实际模型的数值，断裂视图在现有工程视图上产生，不另外生成视图。断裂视图有竖直方向与水平方向两种形式。

如图 4 - 234a 所示，视图右侧较长且形状单一，可以通过截断方式表达。单击【视图布局】/【断裂视图】　，其属性框如图 4 - 234b 所示，系统提供两种【切除方向】——"竖直"与"水平"，在此按默认"竖直"，【缝隙大小】输入"5"，【折断线样式】按默认值，在图形区域选择断开的范围，结果如图 4 - 234c 所示。

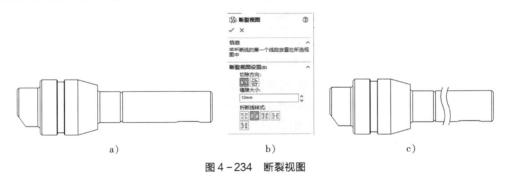

图 4 - 234　断裂视图

（9）剪裁视图　通过隐藏所定义范围之外的内容来对已有视图进行剪裁，剪裁视图是对现有工程视图进行剪裁，不另外生成视图。可以通过任意闭合的轮廓进行剪裁范围的界定，先绘制闭合轮廓，选中该轮廓后再使用【剪裁视图】功能，除了局部视图、断裂视图和已用于生成局部视图的视图之外，可以剪裁其他任何工程视图。

如图 4 - 235a 所示视图，现只需要表达其左上角部分，通过草图【样条曲线】功能绘制图 4 - 235b 所示封闭草图，在选中草图的状态下单击【视图布局】/【剪裁视图】　，结果如图 4 - 235c 所示。

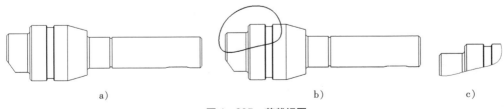

图 4 - 235　剪裁视图

通常在一个工程图中会用到多个视图命令，这取决于工程图所需的表达方案，而三维软件所生成的工程图是按模型投影方式生成的，某些表达方式与以二维为基础所制定的标准表达方式不一定相同，实际使用时需结合两方面情况选择合理的表达方案。

### 4.13.3　常用编辑功能

（1）隐藏线表达　如图 4-236a 所示视图，需表达其中间孔的隐藏线。选择该视图后，在图 4-236b 所示属性栏的【显示样式】中选择"隐藏线可见"，结果如图 4-236c 所示。

图 4-236　隐藏线表达

（2）切边不可见　如图 4-237a 所示视图，其右下角的键槽切边是显示的，但国家标准里是不需要显示的，可单击菜单【视图】/【显示】/【切边不可见】，系统将隐藏切边，结果如图 4-237b 所示。

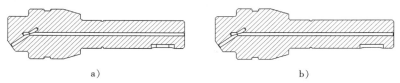

图 4-237　切边不可见

（3）剖面线更改　如图 4-237b 所示剖面线需要更改，单击需要更改的剖面线，出现图 4-238a所示属性框，取消勾选【材质剖面线】选项，此时剖面线为可改状态，根据需要将剖面线更改为"ISO（Aluminum）"，结果如图 4-238b 所示。

**提示**：不连续的剖面线无法一起选择，需多次选取。

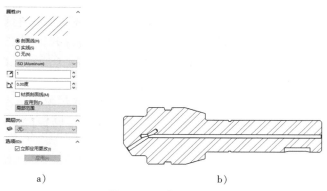

图 4-238　剖面线更改

（4）增加中心线　如图 4-239a 所示，视图生成时没有中心线，键槽也没有相关中心线，单击【注解】/【中心线】，选择轴的两投影边生成中心线，单击【注解】/【中心符号线】，选择键槽，结果如图 4-239b 所示。

注意：【中心符号线】的生成形式有多种，可在属性栏中选择。

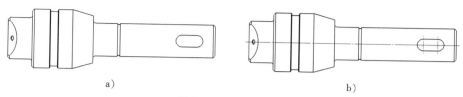

图 4 - 239　增加中心线

（5）线型更改　【线型】是一个工具组，可在工具栏中单击鼠标右键，选择【线型】使其显示，如图 4 - 240a 所示，其中包括【图层工具】、【线型工具】、【隐藏/显示边线】、【线色】等，可在选择对象后单击所需工具。由于模型投影的部分线条有时是不需要的，所以【隐藏/显示边线】功能使用得较多，所选对象被隐藏后的效果如图 4 - 240b 所示。当需要再次显示已隐藏的线时，可先单击该命令，已隐藏的线将以橙色显示，再次单击时即可重新显示。

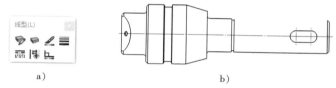

图 4 - 240　线型更改

要生成符合规范的工程图，除了要熟练掌握各项功能外，对于较复杂的工程图还需要有一定的耐心，虽然少数操作较为烦琐，但只有使用软件自身的工程图功能生成所需二维图，才可以保证参数化的关联性。

 **练习题**

**一、简答题**

1. 简述创建基准面的基本准则。
2. 简述草图常见错误的类型。
3. 工程图中包含哪些常见要素？

**二、操作题**

1. 按图 4 - 241 所示图样分别创建模型，并给模型赋予材料"1050"，密度为2700kg/m³，评估其质量。

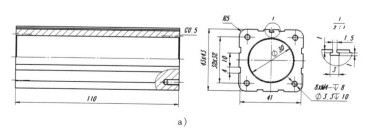

a)

图 4 - 241　操作题 1

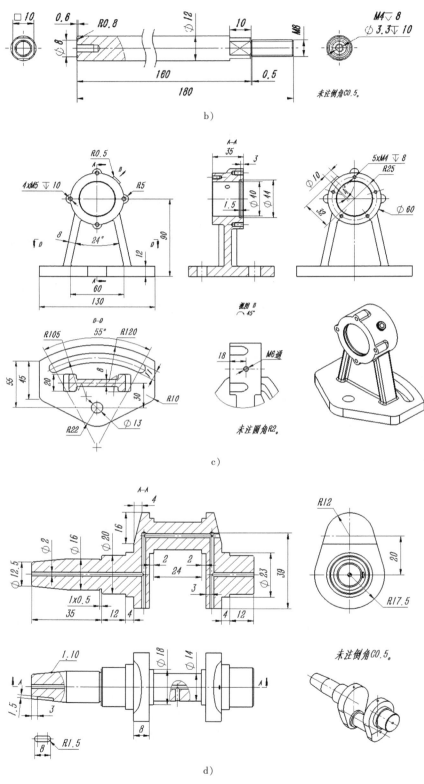

图 4 - 241　操作题 1（续）

2. 将配套模型"4-6-11 阵列例题.sldprt"按图4-242所示工程图进行更改，并另存为新的文件名"4 操作题2.sldprt"，未表达的尺寸与原模型相同。

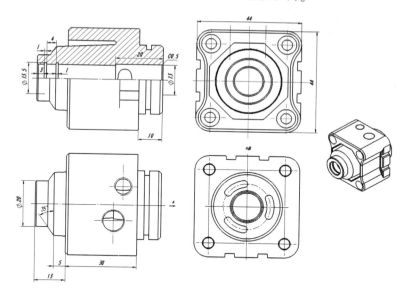

图4-242 操作题2

3. 将配套模型"4-13-2.1 轴类零件.sldprt"与"4-13-2.2 盘类零件.sldprt"生成合适的工程图并做相应标注，再按自己的思路对其重新建模。

4. 将配套模型"4-12 建模例题.sldprt"生成工程图，要求视图合理，尺寸含一定的工艺、加工、配合要求，工程图基本要素完整。

### 三、思考题

1. 如何降低模型出错的概率？

2. 打开配套模型"4 思考题2.sldprt"，对图4-243中标注为1、2、3、4的四条边进行圆角，半径为"3"，找出最佳的圆角方法。

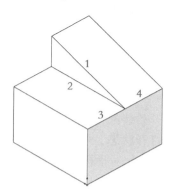

图4-243 思考题2

# 第 5 章

# 装配体

## 学习目标

1) 熟悉装配过程中零件的各种调入方法。
2) 理解各种配合关系并能熟练使用，能通过合理的配合关系对零件进行装配。
3) 能通过【质量属性】查询装配体的质量、重心等数据。
4) 熟悉基本的装配体评估方法，能查找并修改设计问题。

## 5.1 装配体的创建

扫码看视频

### 5.1.1 装配体快速入门

图 5-1 所示为一连杆滑块机构，其零件已创建完成，需按示意图进行装配并以回转轮回转驱动。观察机构动作过程，评估装配中不合理的设计。

装配涉及众多零件，通常先装入基准零件，接着装入驱动零件，然后装入空间位置确定的零件，再装入空间位置由其他零件确定的零件，最后装入标准件等辅件。总体上是设计件中自由度低的先装入，自由度高的后装入，最后装入选用件。快速入门示例主要用于快速理清装配的基本操作，不涉及标准件等选用件，操作过程如下：

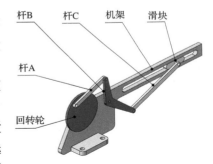

图 5-1 连杆滑块机构

1) 单击【新建】，系统弹出图 5-2 所示的对话框，选择【装配体】并单击【确定】，即可进入新装配体的编辑状态。

2) 系统弹出图 5-3 所示的【开始装配体】对话框，该对话框中列出了当前已打开的模型清单。如果待装入的零部件处于打开状态，则直接在该对话框中选择即可；如果不在列表中可单击【浏览】，则在弹出的【打开】对话框中选择所需装入的零部件。

3) 该装配体以机架为装配基准，选择"机架"作为首装零件，选择后该零件吸附在光标上，随光标移动，注意此时不要在图形区域单击鼠标，而是应在【开始装配体】对话框中单击【确定】✓，结果如图 5-4a 所示。此时设计树上也可看到该零件的节点，如图 5-4b 所示，其名称前有"固定"字样，代表此零件是固定的，不能移动。

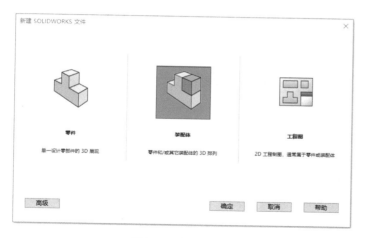

图 5-2 新建装配体

图 5-3 开始装配体

**提示**：由于第一个零件通常是装配基准，所以在装入时要保证其坐标原点与装配体坐标原点重合，当在图形区域不单击鼠标而直接单击【确定】 ✔ 时，系统将自动重合并固定原点。

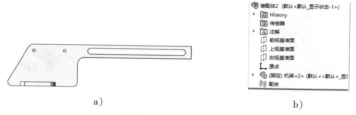

a)                                        b)

图 5-4 装入首零件

4）单击【装配体】/【插入零部件】 ，插入第二个零件"回转轮"，在图形区域中合适的位置单击鼠标左键放置零件，结果如图 5-5a 所示，此时设计树上该零件名前显示的是"–"，如图 5-5b 所示，代表该零件为欠定义状态。

**注意**：该步操作后由于每个人放置的位置不同，所以之后的零件位置示意图与实际操作可能存在差异。

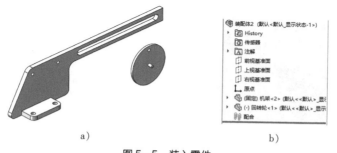

a)                                        b)

图 5-5 装入零件

**技巧**：如果零件位置不理想，可在该零件上按住鼠标左键拖动来移动该零件，按住右键来旋转该零件。

5）单击【装配体】/【配合】 ，弹出【配合】属性框，选择"回转轮"中心凸台圆柱面及"机架"左上角的小孔内表面，SOLIDWORKS 自动切换至最佳配合关系【同轴心】，且所选对象不可能生成的配合关系，会自动变成不可选状态，以提高选择效率，如图 5-6 所示，单击【确定】 ✓，完成【同轴心】配合。

📢 提示：如果位置相反，可以单击属性栏中的【反向对齐】 🔧，或在关联工具栏上选择【反向】 ↗。

6）完成一个配合后，【配合】命令不会退出，可以继续添加下一个配合。选择"回转轮"凸台侧大平面与"机架"侧面，如图 5-7 所示，系统切换至【重合】配合，单击【确定】 ✓，生成【重合】配合，此时拖动"回转轮"，"回转轮"可以绕轴旋转。

📢 提示：当配合完成暂不使用时，可再单击一次【确定】 ✓或按键盘＜Esc＞键退出【配合】命令。

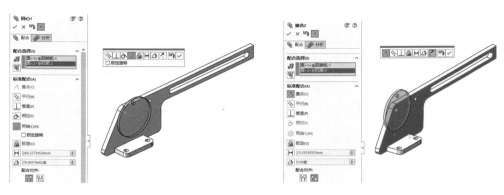

图 5-6 【同轴心】配合　　　　　　　　图 5-7 【重合】配合

7）插入零件"滑块"，"滑块"顶面与"机架"槽孔顶面【重合】，"滑块"侧面与"机架"侧面【重合】，结果如图 5-8 所示，此时拖动"滑块"，其可以在"机架"槽内前后滑动。

8）插入零件"杆 B"，其中间的孔与"机架"右侧小孔【同轴心】，由于暂时无法确定其前后位置，所以先不考虑与前后位置相关的配合，等相关零件装配后再进行配合，结果如图 5-9 所示。

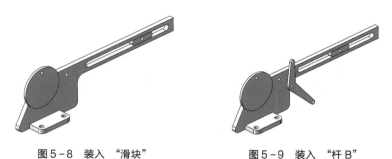

图 5-8 装入"滑块"　　　　　　　　图 5-9 装入"杆 B"

9）插入"杆 A"，其一端孔与"回转盘"孔【同轴心】，另一端孔与"杆 B"上端孔【同轴心】，侧面与"回转盘"侧面【重合】。此时可以确定"杆 B"的前后位置，使其侧面与"杆 A"侧面【重合】，结果如图 5-10 所示。

10）插入"杆 C"，其一端孔与"杆 B"下端孔【同轴心】，另一端孔与"滑块"孔【同轴心】，侧面与"杆 B"内侧面【重合】，结果如图 5-11 所示。

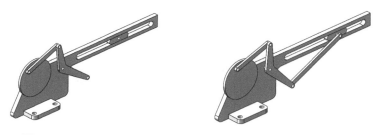

图 5-10　装入"杆 A"　　　　　　　　图 5-11　装入"杆 C"

11）此时可以看到，由于零件初始颜色相同，全部装配在一起后查看起来不够直观，当零件数量增加时，这种情况更为明显。最直观的方法是将不同的零件更改为不同颜色以方便区分，单击需要更改颜色的零件，在关联工具栏上选择【外观】，如图 5-12a 所示；单击最下面的【回转轮】，在图 5-12b 所示的【颜色】属性框中选择所需的颜色；单击【确定】✔，完成颜色的更改。然后根据需要更改其余零件的颜色。

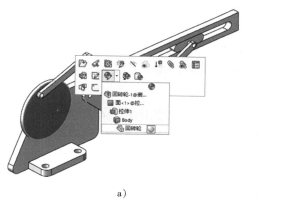

a)　　　　　　　　　　　　　　　　　　　b)

图 5-12　更改颜色

提示：由于【渲染】功能不是本书的重点，所以只讲述简单的颜色更改功能，如需进一步学习，可参考其他学习资料。SOLIDWORKS 提供了专业级的渲染工具 Visualize，可参考机械工业出版社出版的《SOLIDWORKS Visualize 实例详解（微视频版）》（ISBN：978-7-111-60945-2）一书。

12）装配完成后，为了表达该装配的工作原理，可以通过动画表现，单击工作区域下侧的"运动算例 1"，出现图 5-13 所示的运动算例界面。

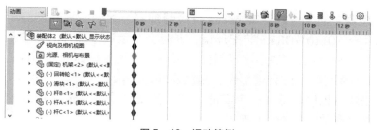

图 5-13　运动算例

13）单击【马达】 🔊，出现【马达】属性框，【马达类型】选择"旋转马达"，将【运动】速度更改为"10 RPM"，选择"回转轮"侧面，如图 5 - 14 所示，完成后单击【确定】 ✓。

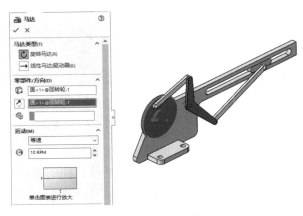

图 5 - 14    添加马达

14）单击运动算例界面上的【计算】 📖，计算完成后单击【播放】 ▶，可以看到机构的工作状况。

🔊 **提示**：虽然对于简单的动画来讲，不【计算】也可以获得正确的结果，但对于较复杂的动画，尤其是在 Motion 分析中，则必须【计算】才可获得正确的结果，所以在完成条件添加后进行【计算】是一种良好的习惯。

15）保存该装配体，后续学习过程中将会继续使用该示例。

从快速入门示例中可以看到，基本装配的操作比较简单，但对于复杂的装配而言，其零部件间的相互关系比较复杂，装配关系不合理会造成整个装配无法按预期计划运动，此时不但需要进行装配，而且需要对不合理的部分进行编辑修改。为了交流方便，还需对配合关系进行适当的管理，这些将在后文中逐步展开。

### 5.1.2    插入零部件

装配体需要插入各种所需零部件进行装配，SOLIDWORKS 提供了多种插入零部件的方法。

（1）新建时插入    新建装配体时，系统会默认弹出【打开】对话框，选择所需的零部件即可插入。勾选属性栏中的【生成新装配体时自动浏览】选项后，新建装配体时会自动弹出【打开】对话框，而不用再单击【浏览】。后续操作需要再次插入零部件时，单击【装配体】/【插入零部件】，系统会再次弹出【打开】对话框，以选择需要装入的零部件。

（2）资源管理器中插入    打开 Windows 资源管理器，找到所需装配的零部件，按住鼠标左键拖动该零部件至 SOLIDWORKS 装配环境，此时会显示该零部件的预览，同时光标一侧有"＋"提示，如图 5 - 15 所示。如果该零部件为第一个装入装配体的零部件，则系统默认其为"固定"状态；如果装配体中已有零部件，则该零部件默认为"浮动"状态。

通过这种方法还可以同时选择多个零部件插入装配体中，当需要插入的零部件在同一目录下时，该方法可以有效提高插入的效率。

（3）文件探索器中插入  【文件探索器】 📁 在 SOLIDWORKS 右侧的任务栏中，它类似于资源管理器中的文件夹目录，但其内容更为丰富，列出了最近文档、当前打开的文档、桌面、我的电脑等内容，在其中找到所需装配的零部件后按住鼠标左键拖动该对象至装配环境即可，如图 5-16 所示。

文件探索器中插入零部件的默认状态与从资源管理器中插入的默认状态相同，而且也支持选择多个零部件同时插入。

💬 **提示**：首零部件默认为固定状态，如果需要取消其固定状态，可以在设计树中的该零部件上单击鼠标右键，在弹出的快捷菜单中选择【浮动】，如图 5-17 所示。

图 5-15  资源管理器中插入　　图 5-16  文件探索器中插入　　图 5-17  固定/浮动切换

（4）直接拖放插入  当所需插入的零部件处于打开状态时，可将该零部件与装配体同时在窗口中显示，按住鼠标左键拖动待插入零部件到装配体中即可，如图 5-18 所示。

图 5-18  直接拖放插入

（5）相同零部件的复制  当需要多个同一零部件时，按住键盘上的 < Ctrl > 键同时用鼠标选中零件并拖动即可进行快速复制。当待复制的是部件时，可以按住键盘上的 < Ctrl > 键，在设计树中用鼠标选中该部件并拖动进行复制，在设计树中的操作同样适用于零件。

采用哪种方式插入零部件主要取决于便捷性，在一个装配体中通常会用到多种方法。

## 5.1.3  标准件的使用

装配体中常常涉及各种标准件，为了减少不必要的标准件建模时间，SOLIDWORKS 提供了专业的标准件工具 Toolbox，其中包含常用的螺栓、螺母、垫片、键、轴承等。启用 Toolbox 的方法有两种：一种方法是在标准工具栏上单击【选项】/【插件】，弹出图 5‑19a 所示的【插件】对话框，选中"SOLIDWORKS Toolbox Library"；另一种方法是在右侧的任务栏的设计库中选择"Toolbox"，如图 5‑19b 所示，然后在下方单击【现在插入】即可。当 Toolbox 启用后，在任务栏的设计库中会出现图 5‑19c 所示的标准件清单列表。

a)

b)

c)

图 5‑19　启用 Toolbox

当需要使用相关标准件时，可在任务栏中找到对应的标准件，如图 5‑20a 所示，用鼠标将其拖放至工作区域，会出现相应的参数对话框，如图 5‑20b 所示，选择所需的参数后单击【确定】 ✔ 即可。系统默认的是继续插入相同的标准件，如果需要继续插入则再次单击鼠标左键，如果不需要可单击【取消】或按键盘上的 <Esc> 键。

标准件品种规格相当庞大，Toolbox 不可能全部囊括，此时可以按普通零件进行建模或使用第三方开发的标准件插件工具。

图 5‑20　插入标准件

## 5.2　常用配合关系及其编辑

每个零部件在空间均有 6 个自由度（3 个平移自由度与 3 个旋转自由度），【配合】用于在零部件之间生成约束关系，以限制零部件的自由度。在快速入门示例中，已经知道了最为基本的配合关系【同轴心】与【重合】，本节将继续介绍其他配合关系及其添加与编辑方法。

### 5.2.1　常用配合关系

在 SOLIDWORKS 中，配合有标准配合、高级配合和机械配合三大类型，配合关系众多，同一个装配体中难以全部涉及，接下来将以列表方式配合相应的单一示例进行描述。

（1）标准配合（见表 5 - 1）

表 5 - 1　标准配合

| 序号 | 符号 | 名称 | 描述 | 示例 | 示例说明 |
|------|------|------|------|------|----------|
| 1 | ⋏ | 重合 | 两个对象处于重合状态，没有间隙，对象可以是点、线、面 | | 三棱体的棱边与长方体的侧面"重合"、顶面"重合"，此时三棱体可以移动并可绕重合边旋转 |
| 2 | ∥ | 平行 | 两个对象处于平行状态，距离任意，对象可以是直线、平面 | | 三棱体的侧面与长方体的侧面"平行"、顶面"平行"，此时三棱体可以移动，但不可旋转 |
| 3 | ⊥ | 垂直 | 两个对象处于垂直状态，夹角为 90°，对象可以是直线、平面、曲面 | | 三棱体的侧面与长方体的侧面"垂直"，三棱体可以移动，非垂直限制方向可以旋转。注意：这里容易产生误解，所选面默认为无限大，并不受限于其形状，这也是示例看起来是斜的的原因 |
| 4 | ♂ | 相切 | 两个对象处于相切状态，可以旋转，对象可以是线、平面、曲面、回转面 | | 圆柱面与长方体侧面"相切"，相切限定的径向方向无法移动，无法绕切平面的切边垂线旋转 |
| 5 | ◎ | 同轴心 | 两个对象处于同轴状态，可轴向移动，对象可以是直线、回转面 | | 圆柱面与长方体圆弧槽"同轴心"，圆柱体可以轴向移动及旋转 |
| 6 | 🔒 | 锁定 | 两个对象完全相关，无法做相对运动，对象任意 | | 圆柱体与长方体"锁定"，任何移动旋转均同步，无相对运动 |
| 7 | ⊢ | 距离 | 两个对象间的距离固定，距离尺寸为 0 时与"重合"作用相同，对象可以是点、线、面 | | 圆柱体与长方体侧面"距离"固定，距离方向无法移动与旋转，当选择对象为回转体时，距离以回转体中心轴为参考 |
| 8 | ⊿° | 角度 | 两个对象间的夹角固定，当角度为 90°时与"垂直"作用相同，对象可以是直线、平面 | | 三棱体侧面与长方体侧面"角度"固定，角度定义的方向不能旋转，其他任意 |

(2) 高级配合（见表 5-2）

表 5-2　高级配合

| 序号 | 符号 | 名称 | 描述 | 示例 | 示例说明 |
|---|---|---|---|---|---|
| 1 | ⊙ | 轮廓中心 | 将矩形和圆形轮廓互相中心对齐，并完全定义 | | 圆柱体端面与长方体顶面"轮廓中心"配合，可以设定偏距及是否锁定旋转自由度 |
| 2 | ⌀ | 对称 | 使两个所选对象在平面两侧对称 | | 三棱柱侧面与长方体侧面按基准面"对称"，注意面的大小不限，即三边平面与四边面也可以对称 |
| 3 | ▥ | 宽度 | 零件居中，约束在两个平面中间 | | 圆柱体表面与长方体两侧面"宽度"配合，圆柱体在两侧面中间，配合还可以是两个零件的四个平面 |
| 4 | ✔ | 路径配合 | 将零部件上所选的点沿路径约束 | | 小球球心（点）与曲线"路径配合"，小球只能沿曲线移动，可以设定小球在曲线上的位置 |
| 5 | ↙ | 线性耦合 | 在两个零部件之间建立几何关系，使得两零部件的移动距离按输入的比率变化 | | 两圆柱体顶面相对于参考体长方体按 1:3 的比率设定关系，如其中一个移动 1mm 时，另一个移动 3mm |
| 6 | ⊢⊣ | 距离限制 | 零部件在设定的距离范围内移动 | | 圆柱体顶面与长方体顶面设定"距离限制"，圆柱体只能在限定的距离内移动 |
| 7 | ◿ | 角度限制 | 零部件在设定的角度范围内旋转 | | 圆柱体轴线与长方体槽边线设定"角度限制"，圆柱体只能在限定角度内旋转 |

（3）机械配合（见表 5 - 3）

表 5 - 3　机械配合

| 序号 | 符号 | 名称 | 描述 | 示例 | 示例说明 |
|------|------|------|------|------|----------|
| 1 | ⬭ | 凸轮 | 使圆弧面、基准面、点与一系列相切的拉伸面重合或相切 | | 顶杆顶面与凸轮周面"凸轮"配合，凸轮旋转时，顶杆顶面为保持与凸轮周面相切而上下运动 |
| 2 | ⬭ | 槽口 | 将圆柱面、槽口约束在槽口孔内 | | 圆柱柱面与槽口"槽口"配合，圆柱体只能在槽口内移动，可以设定圆柱体在槽口中的具体位置 |
| 3 | ⬭ | 铰链 | 将零部件限制在一定的角度内旋转 | | 铰链圆柱面与轴圆柱面同轴且下侧面重合"铰链"配合，并限定只在 30° 范围内旋转；如果不限制角度，则可以绕轴任意旋转 |
| 4 | ⬭ | 齿轮 | 齿轮配合，两圆柱体按一定比率相对旋转 | | 两齿轮"齿轮"配合，其中一个齿轮旋转时，另一齿轮按一定比率旋转，配合参考选择分度圆 |
| 5 | ⬭ | 齿条小齿轮 | 齿轮齿条配合，齿轮的旋转带动齿条线性平移，反之亦然 | | 齿轮与齿条"齿条小齿轮"配合，齿轮旋转时，齿条按设定的比率平移 |
| 6 | ⬭ | 螺旋 | 将两个零部件约束为同轴心，旋转时同时沿轴向移动 | | 螺母与螺柱间"螺旋"配合，螺母在旋转的同时沿轴向按设定参数移动 |
| 7 | ⬭ | 万向节 | 两个轴绕各自轴线同步旋转，一个为驱动轴，另一个为从动轴 | | 两个零件使用"万向节"配合，任意一个旋转均可带动另一个同步旋转 |

在装配过程中，一个零部件通常涉及多种配合关系，有时多种配合方案均可以满足要求，要从设计的工作原理、主从驱动、减少冗余的角度考虑采用哪些配合关系。

### 5.2.2　配合关系的添加

SOLIDWORKS 提供了多种添加配合关系的方法，可以根据需要选择合适的方法。

1）单击【装配体】/【配合】，弹出图 5 - 21 所示【配合】属性框，在【配合选择】栏中选择所需配合的对象，然后选择所需的配合关系，再单击【确定】 ✓，完成配合关系的添加。当所选对象不适合某种配合关系时，该配合关系会自动变为灰色不可选状态。

2）按住键盘 < Ctrl > 键，同时单击鼠标左键选择待装配零部件的配合参考对象，选择完成后松开键盘 < Ctrl > 键，此时会弹出图 5 - 22所示的配合关联工具栏。根据需要选择配合关系即可完成配合，选择对象不同，则关联工具栏中可选的配合关系也不同，取决于所选对象的性质。

图 5 - 21　【配合】属性框

图 5 - 22　配合关联工具栏

☀️**注意**：某些配合关系需要选择两个以上的对象才能完成操作，如"对称"需要选择三个对象，"宽度"需要选择三个或四个对象。

3）按住键盘 < Alt > 键，在待装配零部件的配合面上按住鼠标左键并拖动零部件，此时光标上会出现配合图标，如图 5 - 23a 所示。将光标移至要配合零件的配合面上后松开鼠标，此时弹出图 5 - 23b 所示的关联工具栏，系统会自动选中最佳的配合关系。如果该关系与需要的配合匹配，直接单击【确定】 ✓即可完成该配合；如果不匹配，可选择合适的配合再单击【确定】 ✓。

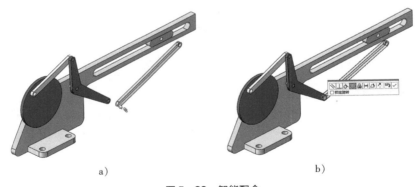

a)　　　　　　　　　　　　　　b)

图 5 - 23　智能配合

实际操作中这几种添加方式通常混合使用，为了选择方便，会配合使用放大、旋转等有利于选择配合参考对象的操作。

### 5.2.3　配合关系的编辑

已完成的配合因为各种原因可能需要修改，此时应找到所需的配合关系，如果不需要该配合关系可以直接删除，如果是参考对象有误，可以对其进行编辑修改，方法如下：

1）找到设计树中的"配合"节点并展开，找到所需编辑的配合，单击该配合，此时系统会弹出图 5 – 24a 所示的关联工具栏，单击【编辑特征】 即可进入该配合的编辑对话框，如图 5 – 24b 所示，在该对话框中既可更改配合对象，也可以重新选择配合关系。在配合关系较多时，采用该方法查找需编辑的配合较为费时。

2）在设计树中找到需编辑配合关系的零部件，单击该零部件，系统弹出图 5 – 25a 所示的关联工具栏，单击【查看配合】 ，工作区域会出现与该零部件相关的所有配合列表，如图 5 –25b 所示，在该列表中单击所需编辑的配合关系，弹出与方法一中相同的关联工具栏，单击【编辑特征】进入配合编辑对话框对其进行编辑修改。该方法以需要修改的零部件为对象查找配合，能快速定位配合关系，且无配合关系的零部件会自动隐藏，在零部件较多的情况下尤其有利。

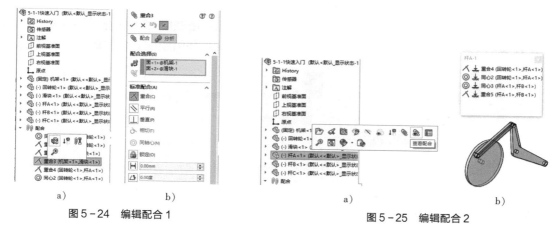

图 5 – 24　编辑配合 1　　　　　　　　图 5 – 25　编辑配合 2

3）在图形区域选择需编辑配合的零件，系统弹出图 5 – 26a 所示的关联工具栏，在其中选择【查看配合】，弹出图 5 – 26b 所示的相关配合列表，选择所需修改的配合进行编辑即可。该方法与方法二类似，但这种方法只能选择零件，而第二种方法还可以选择部件。

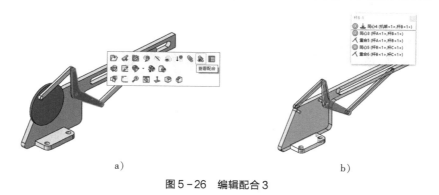

图 5 – 26　编辑配合 3

需要注意的是，一旦出现配合错误，应该尽快修复，添加新的配合不能修复先前配合的问题，只会让问题变得更严重。

## 5.2.4　配合的优先顺序

虽然配合关系有时可以互相替换，如"重合"配合可以用距离为 0 的"距离"配合替换，但需要判断哪种配合关系更合适。在设计过程中，如果重合的两个零件间需要加垫片，则应采用"距离"配合；若中间不会出现其他零件，则应采用解算速度更快的"重合"配合。这说明装配与零件建模一样，实际使用时也应遵循一定的规则，以提高配合的可编辑性和装配效率。

下面了解一下配合关系的解算速度优先级，这样有利于选用效率更高的配合关系。常用配合关系的优先级由高至低排列为：

- 关系配合（重合、平行）。
- 逻辑配合（宽度、凸轮、齿轮）。
- 距离/角度配合。
- 限制配合。

作为装配基准的零件要先行装入，且应将其固定。如果可能，应尽量将所有零部件配合到一个或尽量少的固定零部件或参考上，如图 5 - 27a 所示；串联零部件配合关系求解的时间更长，且易产生配合错误，如图 5 - 27b 所示；应避免出现循环引用配合，如图 5 - 27c 所示。

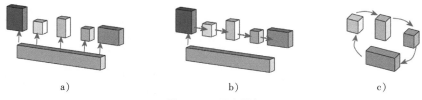

a)                          b)                          c)

图 5-27　配合层次

对于具有大量配合关系的零件，使用基准轴、基准面作为配合对象，可使配合方案清晰，不容易产生错误，如图 5 - 28a 所示；采用统一的基准时，配合条理清晰、易于理解，而图 5-28b 所示配合方案则会使解算时间增加，所有零件是否同轴需要判断多次。

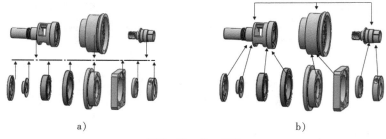

a)                                    b)

图 5-28　统一基准

合理的配合关系也是保证模型健壮性的一个重要指标，而不是简单地将各零部件装在一起，学习过程中要加以注意。

## 5.3　装配体的管理

随着装配体所包含零部件的增多，其设计树会越来越复杂，配合关系的数量也会同步增加，必须对其进行有效的管理，以保持其结构的友好性，使其易于理解。同时由于沟通交流的需要，为保持装配的完整性，在修改关联零件、发送文件等环节均需要遵循一定的操作规范，否则会带来不必要的麻烦。

### 5.3.1　设计树管理

装配体设计树的"配合"文件夹中包含了当前装配的所有配合关系，由于配合关系远多于当前层级零部件的数量，将给后续的查找带来较大困难，而合理的配合关系有利于沟通、修改，因此有必要对其进行适当的管理。对配合关系的管理主要体现在两个方面：一是配合关系名称的更改，系统默认是按配合名称加序号的方式命名，这对查看非常不利，此时可以连续单击两次该配合直接重新命名，或在该配合关系上单击鼠标右键，选择【属性】，在【属性】对话框中进行更改；二是对有关联的配合关系创建配合文件夹，进行分类管理。具体方法是选择有关联的配合关系，单击鼠标右键，如图 5 - 29a 所示，在弹出的快捷菜单中选择【添加到新文件夹】，系统会将所选的配合关系全部移至新建的文件夹中，合理地为该文件夹命名，结果如图 5 - 29b 所示。也可以不选择任何配合关系，直接单击鼠标右键，在快捷菜单中选择【生成新文件夹】，生成一空白配合文件夹，后续再拖动配合关系至该文件夹中，如图 5 - 29c 所示，将配合关系拖至相应的文件夹后松开鼠标，即可完成配合关系的移动。

对于设计树中的零部件节点，也可以参照管理配合关系的方法进行管理。

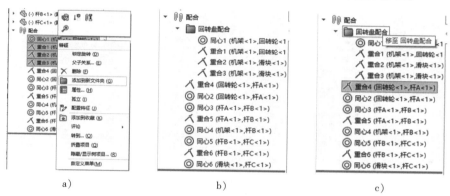

a)　　　　　　　　　　b)　　　　　　　　　　c)

**图 5 - 29　配合文件夹**

**技巧**：SOLIDWORKS 中快捷菜单默认采用缩略方式，即只显示常用的菜单项，如果未找到某个菜单项，可单击该菜单下方的展开图标 ⌄，以展开当前菜单的所有内容。如果某个被隐藏的菜单项使用频率较高，可以单击最下方的【自定义菜单】，如图 5 - 30 所示，此时菜单项变为自定义状态，勾选该菜单项后，将默认显示其内容。需要注意的是，不同对象所包含的快捷菜单项也有所不同。

**图 5 - 30　自定义菜单**

### 5.3.2　子装配体

当装配体零件较多时，应尽量按照产品的层次结构使用子装配体组织产品，避免把所有零件添加到一个装配体内，子装配体结构示意图如图 5 - 31 所示。使用子装配体，一旦设计有变更，只有需要更新的子装配体才会被更新，否则，装配体内所有配合都将被更新，会造成更新效率低下。

SOLIDWORKS 的装配体中可以直接插入已有装配体作为子装配体，如果在装配过程中需要通过子装配进行管理，可单击【装配体】/【插入零部件】/【新装配体】，系统将在当前节点新增加一装配体，如图 5-32a 所示，将需要放入该子装配体的零部件通过鼠标拖动放入即可，如图 5-32b 所示。

图 5-31　子装配体结构示意图　　　　　　　　图 5-32　子装配体

新建的子装配体在保存时默认在当前装配体中，不新生成文件，如果需要为该装配体生成单独的文件，可在该装配体上单击鼠标右键，如图 5-33a 所示，在快捷菜单中选择【保存装配体（在外部文件中）】，弹出【另存为】对话框，如图 5-33b 所示，选择保存位置并指定文件名称，再单击【确定】完成保存。

图 5-33　子装配体保存

### 5.3.3　零部件复制

当同一零件需要多个时，除了前面讲的重复插入与快速复制外，SOLIDWORKS 还提供了多种复制方法，见表 5-4，用于根据一定规律复制零部件。

表 5-4　零部件复制

| 序号 | 符号 | 名称 | 描述 | 示例 | 示例说明 |
|---|---|---|---|---|---|
| 1 | 🔳 | 线性零部件阵列 | 在装配体中的一个或两个方向生成零部件线性阵列 | | 销钉沿基体零件的两个方向阵列 |
| 2 | ✛ | 圆周零部件阵列 | 生成零部件的圆周阵列 | | 销钉绕轴圆周阵列 |

（续）

| 序号 | 符号 | 名称 | 描述 | 示例 | 示例说明 |
|---|---|---|---|---|---|
| 3 | | 阵列驱动的零部件阵列 | 根据一个现有的零件阵列特征生成零部件阵列 | | 销钉按基体已有的孔阵列为参考阵列，此时是看不到阵列参数的，因其完全依赖于所参考的零件特征 |
| 4 | | 草图驱动的零部件阵列 | 通过含点的 2D、3D 草图阵列零部件 | | 销钉以草图为参考阵列，草图可以是零件草图，也可以是装配体草图 |
| 5 | | 曲线驱动的零部件阵列 | 利用连续相切线的 2D、3D 草图阵列零部件 | | 销钉以草图曲线为参考阵列，当草图曲线起点不是零件参考点时，系统按该曲线平移至参考点作为参考 |
| 6 | | 链零部件阵列 | 沿着开环或闭环路径阵列零部件 | | 销钉参考草图环阵列，应注意位置参考面的选择 |
| 7 | | 镜向零部件 | 通过平面或基准面对零部件进行复制，复制后的对象可以是源对象的复制版本或相反方位版本 | | 销钉通过前视基准面镜向 |

零部件复制相关功能的参数与零件中特征复制的相关参数含义基本相同，可相互参照学习。

### 5.3.4 零件编辑

有些建模或设计问题在装配时才被发现，这就需要对零件进行编辑修改，SOLIDWORKS 提供多种在装配体中编辑零件的方式。

1）在装配体中选择所需编辑的零件，如图 5 - 34 所示，在关联工具栏中选择【打开零件】，该零件将单独打开，根据需要对其进行编辑，编辑完成后保存并关闭该零件，回到装配体中该零件将自动更新。

提示：在图形区域选择该零件上的任意对象可执行相同操作。

图 5 - 34 打开零件修改

2）在装配体中选择所需编辑的零件，如图 5 - 35a 所示，在关联工具栏中选择【编辑】，此时除所编辑零件外，其余零件均变为半透明状态，如图 5 - 35b 所示，修改完成后退出【编辑】即可。这种方式有利于编辑时参考其他零件，可直接引用关联特征对象。

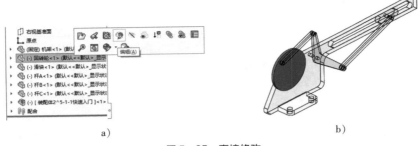

图 5-35 直接修改

3）在装配体中选择所需编辑的零件，单击鼠标右键，如图 5-36a 所示，在快捷菜单中选择【孤立】，此时其他零件均隐藏，只显示所选零件，再对该零件进行编辑，编辑完成后单击图 5-36b 所示的【退出孤立】完成修改。

图 5-36 孤立零件修改

由于参数化关联原因，编辑零件后可能会造成装配体报错，主要原因是所做修改已影响到关联零件或装配关系，应及时更改相关错误。

### 5.3.5 重命名

在学习三维软件之前对文件进行重命名时，只要在 Windows 的资源管理器中直接重新命名即可，但在使用三维软件时切不可任意更改文件名，否则会造成关联丢失、零件打开报错、装配体无法显示零件、工程视图丢失等一系列问题，应按 SOLIDWORKS 提供的方法进行重命名。

1）在设计树中直接重命名零件。两次单击或在需修改的零件上单击鼠标右键，如图 5-37 所示，在快捷菜单中选择【重命名零件】，输入新的零件名，当再次保存时，将会以新的文件名覆盖原有文件名。使用该重命名方式时，需在【选项】/【系统选项】/【FeatureManager】中勾选"允许通过 FeatureManager 设计树重命名零部件文件"选项才可以操作。

2）在 Windows 的资源管理器中找到需要重命名的文件，单击鼠标右键，如图 5-38a 所示，在快捷菜单中选择【SOLIDWORKS】/【重新命名】，弹出图 5-38b 所示对话框，在该对话框中输入新的文件名，系统会自动更改所引用处。

图 5-37 在设计树中重命名

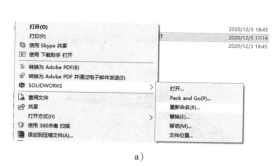

a)　　　　　　　　　　　　　　　　　b)

图 5-38　在资源管理器中重命名

### 5.3.6　打包

在需要将装配复制到其他计算机上时，如果只是复制装配体文件而没有包含相关零部件，打开时将会因缺少文件而报错，如图 5-39 所示，且无法加载相关零件。此时，需要在复制时找到相关零部件一起复制，相关零部件集中时可以复制文件夹；当文件位置比较分散时，可采用以下方法：

1）打开装配体，单击菜单【文件】/【Pack and Go】，弹出图 5-40 所示对话框，所有相关零部件均在列表内，如果有工程图需要同步复制，则勾选【包括工程图】选项，可以将所有文件保存到统一目录下，或是直接生成压缩包文件，这样就可以确保复制装配时包含了所有相关的零部件。

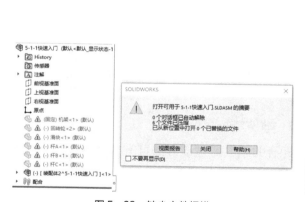

图 5-39　缺少文件报错

图 5-40　Pack and Go

2）在 Windows 的资源管理器中找到需打包的装配体文件，单击鼠标右键，如图 5-41 所示，在快捷菜单中选择【SOLIDWORKS】/【Pack and Go】，弹出与图 5-40 相同的对话框，操作方式也相同。

### 5.3.7　替换零部件

打开 "5-1-1 快速入门.SLDASM"，现其中的

图 5-41　资源管理器中打包

"杆 B"有了新的设计方案，由图 5 – 42a 变更为图 5 – 42b，由于该方案并没有最终确定，需要试装后再行研判。此时不能在原有零件上编辑修改，而需要新建或将原有零件复制一份附本再行修改，修改完成后通过【替换零部件】来实现快速替换，而无须重新配合装配关系。

图 5-42　设计变更

在设计树上找到"杆 B"，单击鼠标右键，如图 5 – 43a 所示，在快捷菜单中选择【替换零部件】，弹出图 5 – 43b 所示【替换】对话框，单击【浏览】，找到新方案的零件，单击【确定】✓，出现【配合的实体】对话框，如图 5 – 43c 所示，系统会自动匹配相关的配合参考对象，这对于在原零部件复制附本的基础上编辑修改的新零部件尤其有效，单击【确定】✓，完成替换，结果如图 5 – 43d 所示。

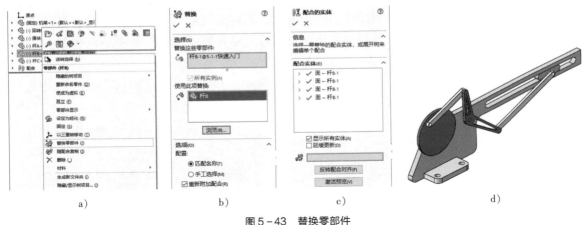

图 5-43　替换零部件

完成替换的零部件会取代原有零部件的配合关系，通过该方法可有效地减少二次配合的时间，提高设计验证的效率。

## 5.3.8　爆炸视图

爆炸视图是装配体一种较常见的表达方式，在 SOLIDWORKS 中可以很容易地创建这种视图，可以在装配状态与爆炸状态间自由切换，并且可以用爆炸视图生成二维工程图。具体操作方法如下：

1）打开"5 – 1 – 1 快速入门 . SLDASM"装配体。

2）在设计树中切换至【配置】栏，如图 5 – 44a 所示，在【默认】配置上单击鼠标右键，在快捷菜单中选择【新爆炸视图】，如图 5 – 44b 所示，系统弹出图 5 – 44c 所示的【爆炸】属性栏。

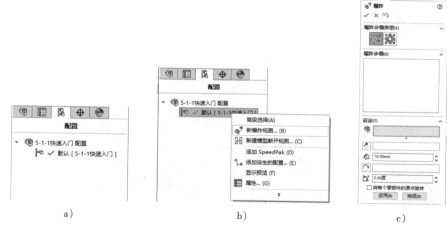

a)　　　　　　　　b)　　　　　　　　c)

图 5-44　切换至配置

3）选择所需爆炸的零部件，该零部件上出现"移动操纵杆"，如图 5-45a 所示，拖动对应方向的平移控标至合适的位置，如图 5-45b 所示，该零件已移至当前位置（在爆炸中零部件的位置是不受"配合关系"约束的），同时在【爆炸】属性栏中记录下当前的爆炸步骤。

提示：通过拖动旋转控标可对零部件进行旋转操作。

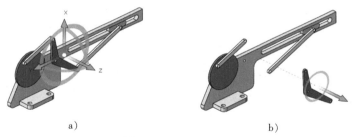

a)　　　　　　　　　　　　　　　　b)

图 5-45　移动零部件

4）按同样的方法继续移动其余零件，结果如图 5-46 所示。

提示：可以同时选择多个零部件进行同步移动或旋转。

5）移动完成后单击【确定】✓，此时【配置】属性栏中记录下了所有的移动操作步骤，如图 5-47a 所示，如需对爆炸步骤进行编辑修改，可在生成的【爆炸视图】上单击鼠标右键，如图 5-47b 所示，在快捷菜单中选择【编辑特征】重新进入【爆炸】属性栏进行修改。

图 5-46　移动其余零件

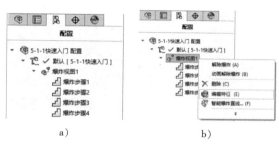

a)　　　　　　　　b)

图 5-47　配置栏显示

151

技巧：在移动零部件时，其默认的移动控标在零部件的重心位置且方向与系统坐标系对齐，实际使用时为了参考方便，有时会参考其他参考点及方向，此时可在控标原点上单击鼠标右键，如图 5-48a 所示，在快捷菜单中选择【移动到选择】更改控标位置，如图 5-48b 所示，选择【对齐到】选择一边线作为参考，通过这两个方式可以更改控标的位置与方向。

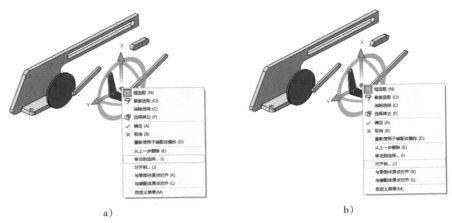

a) b)

图 5-48　移动控标

6）为了直观地表现爆炸过程，可以将爆炸过程通过动画方式播放。在【爆炸视图】上单击鼠标右键，如图 5-49a 所示，在快捷菜单中选择【动画解除爆炸】，此时出现图 5-49b 所示的【动画控制器】，单击【播放】▶可以看到整个爆炸的动态过程。动画可以通过【保存动画】 功能保存成视频格式，在图 5-49c 所示的界面中选择合适的参数进行保存。

注意：快捷菜单中的【动画解除爆炸】与【动画爆炸】是动态命令，取决于当前爆炸视图的状态，如果是爆炸状态，则显示的是【动画解除爆炸】；如果是装配状态，则显示的是【动画爆炸】。

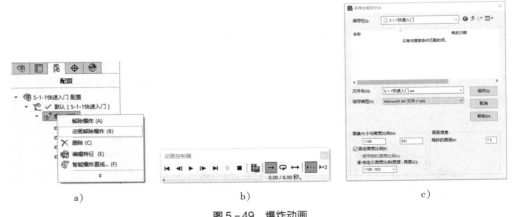

a) b) c)

图 5-49　爆炸动画

7）为了在静态图上表达零部件的爆炸方向，可以采用爆炸直线。在【爆炸视图】上单击鼠标右键，如图 5-50a 所示，在快捷菜单中选择【智能爆炸直线】，弹出图 5-50b 所示属性栏，并在图形区域显示爆炸直线的预览，属性栏中的"零部件"列表中有所有爆炸直线对应的爆炸过程。对于同轴、同方向的多个零件，通常只需要一根爆炸直线来表达，此时可以选择不需要的步骤将其删除。

a)

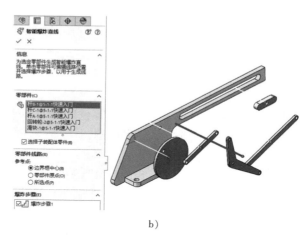
b)

图 5-50　爆炸直线

8）单击【确定】 ✓ 生成爆炸直线，如图 5-51 所示。

9）需要对爆炸直线进一步修改时，在图 5-52a 所示的快捷菜单中单击【解散智能爆炸直线】，解散生成的爆炸直线，使其转换为普通直线，如 5-52b 所示。再次单击鼠标右键时选择【编辑草图】，可根据需要修改爆炸直线。

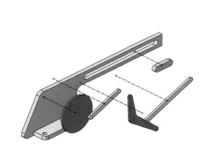

图 5-51　生成爆炸直线

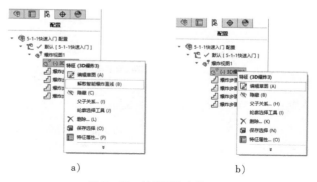
a)　　　　　　　　　　　　b)

图 5-52　编辑爆炸直线

装配体管理包含各种工具，应本着易于理解、便于编辑的原则使用相应的工具与适当的步骤对装配体进行各种管理类操作。

## 5.4　评估

在没有生产实物之前，需要使用各种评估工具来获取所需的各种数据并验证设计的合理性，同时有效地减少设计返工问题。

### 5.4.1　质量属性

装配体的质量通常取决于各零件的质量，所以要使装配体的质量准确有效，就要保证各零件质量的准确性。在评估装配体的质量属性时，最需要注意的是坐标系的选择，因为在评估重心、惯性矩等数值时都依赖于坐标系的选择。如果当前装配体具有多个坐标系，则评估质量属性时，应在图 5-53 所示对话框的【报告与以下项相对的坐标值】中选择相应的坐标系，以获得正确的数据。

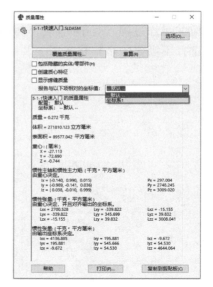

图 5-53 质量属性

## 5.4.2 干涉检查

为保证设计的合理性，在装配体中，零件间没有干涉是最基本的要求（设计性干涉除外）。可以通过干涉检查分析装配体是否存在干涉，操作方法如下：

1）打开 "5-1-1 快速入门.SLDASM" 装配体。

2）单击【评估】/【干涉检查】，弹出图 5-54 所示属性栏，系统默认是选中整个装配体，如果需要对其中部分零部件进行检查，可在【所选零部件】栏中单击鼠标右键，选择【消除选择】后，再选择需检查的相关零部件。

3）单击【计算】，在【结果】框中列出了有干涉的零部件，如图 5-55 所示，选中干涉项后会在图形区域高亮显示干涉位置，展开干涉项后会列出具体干涉的零件名称。

☀ **注意**：根据干涉提示修改相应零件并保存，这会影响到下一功能的操作。

图 5-54 干涉检查

图 5-55 计算结果

4）如果是设计上的干涉，可以选择该干涉项后单击下方的【忽略】，当有忽略项时，会在【结果】栏下方提示 "n 忽略的干涉"，其中 n 为忽略的数量。

5）由于标准件的特殊性，通常外螺纹是按大径建模而内螺纹是按小径建模，所以必然存在干涉。对标准件而言，可以选中【选项】中的【生成扣件文件夹】，以将其区别于其他干涉。

📢 **提示**：为了快速查看干涉的零部件，可以将 "非干涉零部件" 选择 "隐藏"，系统将隐藏不干涉的零部件，方便聚焦干涉零部件。

### 5.4.3 动态干涉检查

除静态干涉外，对于一个产品而言，在运动过程中是否有干涉直接影响到该产品是否能正常工作，而这可以通过【移动零部件】 中的功能进行验证，操作方法如下：

1）打开"5 - 1 - 1 快速入门 . SLDASM"装配体。

2）单击【装配体】/【移动零部件】，出现图 5 - 56 所示对话框，将【选项】更改为【碰撞检查】，并选中【碰撞时停止】选项。

3）单击鼠标左键拖动"回转轮"，当移动过程中有碰撞时，系统会给出反馈声音并高亮显示当前碰撞的面。当需要知道碰撞的起始位置时，可将选项【碰撞时停止】选中，此时在移动零件时会在碰撞的起始位置停止，如图 5 - 57 所示。

🔊 **提示**：当装配体存在静态干涉时，选中【碰撞时停止】选项时会弹出图 5 - 58 所示提示，并关闭该选项，如在 5.4.2 节的操作中没有修改相关零件，则在执行该操作时就会有此提示。

图 5 - 56 移动零部件

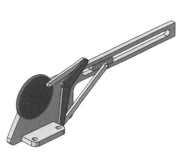

图 5 - 57 碰撞提示

图 5 - 58 干涉警告

在设计过程中要适时地进行评估分析，而不是等全部设计完成后再做相关工作，以减少错误的累积，从而避免增大后期的修改工作量。

## 5.5 装配体例题

扫码看视频

图 5 - 59 所示为装配体的爆炸视图，按此结构生成相应的装配体，其零件来源为第 4 章所创建的模型，分别为"4 - 3 - 5 旋转例题""4 - 6 - 11 阵列例题""4 操作题 1a""4 操作题 1b"和"4 操作题 2"，所需零件已集中存放在配套目录中。要求装配合理，并根据需要装配合适的标准件（暂不考虑密封件的装配），装配完成后对零件进行重命名，并生成爆炸视图，然后打包至其他计算机验证打开是否正常。

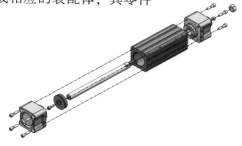

图 5 - 59 装配体例题

**1. 装配分析**

对于装配体而言，首先需要确定作为装配基准的零件，插入基准零件后，再按工艺顺序装配前端盖、活塞杆、后端盖等，所需标准件选用【Toolbox】中的标准件。由于活塞的行程受限于腔体长度，需要测量出其行程范围并给定【距离限制】配合，最后生成爆炸视图。

**2. 操作步骤**

1）新建装配体并保存为"气缸 . sldasm"。

2）插入作为基准的零件"气缸体"，如图 5 - 60 所示，其原点默认与装配体原点重合并固定。

3）插入前端盖，回转部分与气缸体腔体"同轴心"，端面与气缸体端面"重合"，侧面"平行"，结果如图 5 - 61 所示。

4）插入活塞杆，与气缸体腔体"同轴心"，如图 5 - 62 所示。

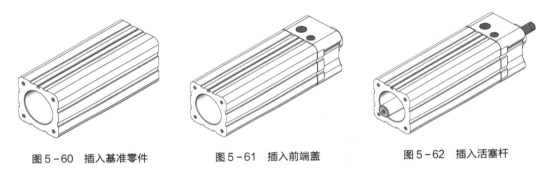

图 5-60　插入基准零件　　　　图 5-61　插入前端盖　　　　图 5-62　插入活塞杆

5）插入活塞，与活塞杆"同轴心"，"$\phi12$"孔的端面与活塞杆端面"重合"，如图 5 - 63所示。

6）随着装入零件的增多，单一的零件颜色已不便于查看，会影响操作效率，应将零件更改为便于观察的颜色，如图 5 - 64 所示。

7）启用【Toolbox】，选用"GB/screws/凹头螺钉/内六角圆柱头螺钉"，将其拖放至活塞的沉孔中，选用"M4×10"规格，如图 5 - 65 所示。

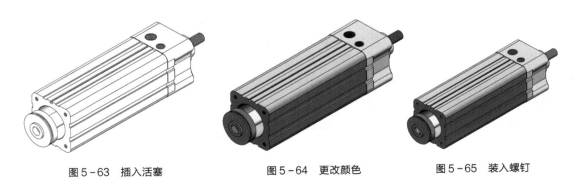

图 5-63　插入活塞　　　　　　图 5-64　更改颜色　　　　　　图 5-65　装入螺钉

提示：在图形区域选择零件表面修改颜色时，【外观】下拉
列表中有多个选项，如图 5-66 所示。表示修改所选零件
装配体下的颜色，而其零件仍保持原有颜色；表示只更改
所选面的颜色；表示修改所选面所对应特征的颜色；表
示修改所选面所对应实体的颜色，如果是单一实体，则与修
改零件颜色效果相同；表示修改所选对象的零件颜色，其
颜色的优先级依次递减，即优先级高的颜色会覆盖优先级低
的颜色；表示清除对应项的颜色。

图 5-66　外观选项

8）此时活塞杆、活塞、螺钉已形成一个整体，通过鼠标拖动其中一个移动，其余零件
也会同步移动，将活塞移至气缸体的腔体内，如图 5-67 所示。

9）装入后端盖，回转部分与气缸体腔体"同轴心"，端面与气缸体端面"重合"，侧面
"平行"，结果如图 5-68 所示。

10）选用【Toolbox】中的标准件"GB/screws/凹头螺钉/内六角圆柱头螺钉"，将其拖放
至后端盖的沉孔中，选用"M4×16"规格，如图 5-69 所示。

图 5-67　移动活塞

图 5-68　装入后端盖

图 5-69　装入后端盖螺钉

11）通过【阵列驱动零部件阵列】阵列上一步装入的螺钉，阵列参考后端盖的孔阵列特
征，如图 5-70 所示。

技巧：此处用【线性零部件阵列】与【圆周零部件阵列】同样可以达到所需效果，之所
以采用了【阵列驱动零部件阵列】，是由于孔距是随着设计的变化更改可能性较高的一个
尺寸，而这些更改会完全反映在后端盖的零件中，使用【阵列驱动零部件阵列】时，后
续相关的修改就可以减少对装配参数的修改。

12）选用【Toolbox】中的标准件"GB/screws/凹头螺钉/内六角圆柱头螺钉"，将其拖放
至前端盖的沉孔中，选用"M4×16"规格，如图 5-71 所示。

13）通过【阵列驱动零部件阵列】阵列上一步装入的螺钉，阵列参考前端盖的孔阵列特
征，如图 5-72 所示。

图 5-70　阵列螺钉 1

图 5-71　装入前端盖螺钉

图 5-72　阵列螺钉 2

14) 选用【Toolbox】中的标准件"GB/螺母/1 型六角螺母",将其拖放至前活塞杆螺纹段,选用"M8"规格,如图 5-73 所示。

15) 为了方便活塞的配合,单击【前导视图】的【剖面视图】,参考"右视基准面"进行剖切,使活塞与后端盖端面"重合",如图 5-74 所示。

16) 单击【评估】/【干涉检查】,系统检查出有干涉问题,但部分干涉是由标准件引起的,选中【生成扣件文件夹】选项,此时只有一处有干涉,即活塞与后端盖的干涉,如图 5-75 所示。

图5-73 装入螺母　　图5-74 配合活塞　　图5-75 干涉检查

17) 修改活塞尺寸,将其凸台直径更改为"φ11",如图 5-76 所示,再次进行【干涉检查】时已没有干涉。

18) 为了获取活塞的行程,通过【评估】/【测量】测得活塞右端面与前端盖内侧面的距离为"82.5mm",如图 5-77 所示。

19) 通过高级配合中的【距离限制】配合,将活塞右端面与前端盖内侧面的距离限制在"0~82.5"之间,此配合关系与第15步的"重合"配合关系是有冲突的,因为活塞在行程范围内移动时不可能与后端盖保持"重合"关系,将该"重合"关系【压缩】或删除,结果如图 5-78 所示。

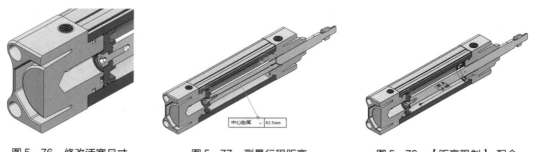

图5-76 修改活塞尺寸　　图5-77 测量行程距离　　图5-78 【距离限制】配合

20) 退出【剖面视图】,拖动活塞杆,活塞杆可以在限定范围内移动,拖动过程中会发现螺母位置变得不合理了,如图 5-79 所示,这是因为在装入螺母时并没有给其轴向配合定位。

21) 给螺母与活塞杆端面添加"距离"配合,使螺母在螺纹的中间位置,如图 5-80 所示。

提示:此时会发现活塞杆与螺母的角度比较随意,虽然这并不影响装配体的功能性表达,但从美观的角度来讲并不理想,可以选择一个合适的参考平面与气缸体进行【平行】配合,使装配体看起来更为规范。

图 5-79　移动活塞杆

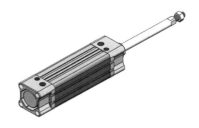

图 5-80　配合螺母

技巧：在装配过程中，有时会出现小的零件在大零件的实体内，造成配合时无法选择参考对象的问题。此时可在设计树中的该零件上单击鼠标右键，如图 5-81a 所示，选择【以三重轴移动】，所选零件上会出现图 5-81b 所示的三重轴，拖动三重轴箭头为移动、圆环为旋转，可将所选零件移至合适位置以方便操作。

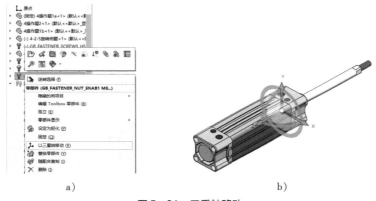

a)　　　　　　　　　　　　　　　　　　b)

图 5-81　三重轴移动

22）单击【装配体】/【移动零部件】，选择【碰撞检查】，由于标准件包含需检查的干涉，所以将检查范围更改为在【这些零部件之间】，并选择除标准件以外的其他零件，如图 5-82 所示，拖动活塞杆检查干涉。

23）保存并关闭装配体，在 Windows 的资源管理器中找到装配中零件所在的文件夹，选择零件并单击鼠标右键，在快捷菜单中选择【SOLIDWORKS】/【重新命名】，将文件名更改为相应的新文件名，如图 5-83a 所示，分别更改为"气缸体""前端盖""后端盖""活塞"和"活塞杆"，更改完成后再次打开装配体，设计树中的零件名称已变更为新的名称，如图 5-83b 所示。

图 5-82　碰撞检查

a)　　　　　　　　　　　　　　　　b)

图 5-83　文件重命名

24）为了更好地管理该装配体，将活塞、活塞杆、M4×10 螺钉生成一个子装配体，单击【装配体】/【新装配体】，生成一新的子装配体，并将三个零件通过鼠标拖放至该子装配体下，如图 5-84a 所示。将新生成的子装配体保存成外部文件，与装配体在同一文件夹中，文件名更改为"活塞杆装配"，如图 5-84b 所示。

25）在【配置】栏生成新的爆炸视图，爆炸步骤与装配步骤相反，结果如图 5-85 所示，通过动画播放验证爆炸顺序是否合理。

26）单击菜单【文件】/【Pack and Go】，弹出图 5-86 所示对话框，将装配体打包成压缩包形式，并复制至其他计算机上验证打开是否正常。

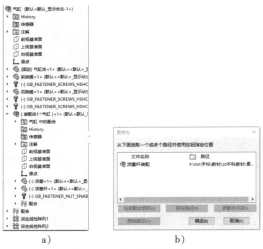

图 5-84 生成子装配体

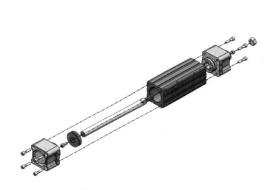

图 5-85 生成爆炸视图

图 5-86 打包装配体

装配过程中比较容易出问题的是配合关系之间的冲突，操作过程中要注意合理使用配合关系，规划好子装配，发现问题及时修复。

## 5.6 装配体工程图生成

装配体工程图的基本视图生成与零件工程图相同，只是多了一个【交替位置视图】，标注方面增加了零件序号与材料明细表。

### 5.6.1 交替位置视图

单击【视图布局】/【交替位置视图】，该功能通过将可动作零部件在不同位置显示来表示装配体零部件的极限操作范围，系统以双点画线在原有视图上层叠显示一个或多个交替位置视图。该功能针对装配体，而且会在装配体中

扫码看视频

生成一个新的配置来记录新的位置状态。使用该功能时将切换至模型环境，以便对位置需要变化的零部件进行位置上的调整。

1）打开"5.5 节"气缸的最终装配体，生成图 5-87 所示工程图。

2）单击【视图布局】/【交替位置视图】并选择生成的视图，弹出图 5-88 所示对话框。

3）单击【确定】✓后转入模型空间，如图 5-89 所示。

图 5-87　气缸基本视图　　　图 5-88　交替位置视图　　　图 5-89　模型空间

4）用鼠标拖动活塞杆移动至另一极限位置，如图 5-90 所示。

5）单击【确定】✓，系统自动切换至工程图环境，同时生成交替位置视图，如图 5-91 所示。

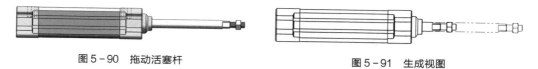

图 5-90　拖动活塞杆　　　　　　　图 5-91　生成视图

【交替位置视图】还可用于多配置零部件的视图叠加，在学到多配置零部件时可以尝试使用。

## 5.6.2　零件序号

零件序号用于表示零件的编号，通常与材料明细表配套使用。

1）新建一工程图，生成图 5-92 所示视图。

扫码看视频

🔊 提示：在用【剖面视图】剖切装配体视图时，会有部分零件无须剖切，如图 5-92 中的标准件、轴，此时可以在该视图上单击鼠标右键，选择【属性】，在图 5-93 所示对话框中切换至【剖面范围】选项卡，然后选择排除不剖的零件，再单击【确定】✓即可。

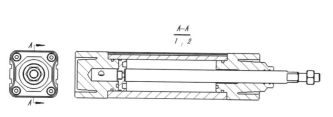

图 5-92　基本视图

图 5-93　排除不剖的零件

2）单击【注解】/【自动零件序号】 ，在出现的属性框中选择所需的【阵列类型】，如图 5 - 94 所示，序号默认是按装配的先后顺序生成。

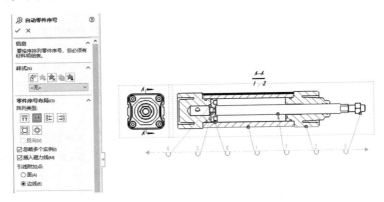

图 5 - 94　选择参数

3）单击【确定】 ，生成图 5 - 95 所示零件序号。

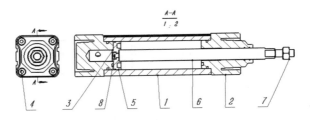

图 5 - 95　生成序号

除了【自动零件序号】外，系统还提供了【零件序号】，用于单个零件序号的生成。

### 5.6.3　材料明细表

材料明细表用于表达装配零部件的具体信息，如代号、名称、材料等，其内容与零件序号一一对应。

扫码看视频

1）单击【注解】/【材料明细表】 ，提示选择材料明细表关联的视图，如果当前图样的所有视图属于一个装配件，则任意选择一个视图即可。

2）在【材料明细表】的【表格模板】中选择 "gb-bom-material" 模板，如图 5 - 96 所示。

3）单击【确定】 ，出现明细表预览，将其放在合适的位置，如图 5 - 97 所示。

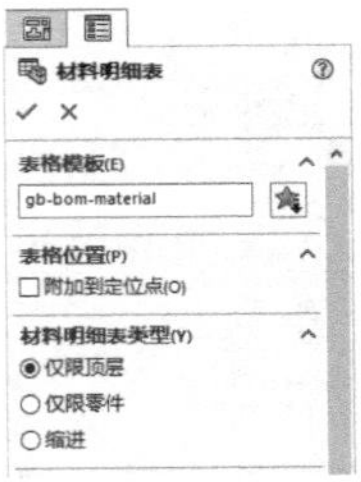

图 5 - 96　选择模板

| 8 | GB/T 70.1-2000 | 内六角圆柱头螺钉 | 1 | | 0.00 | 0.00 | M8x10 |
|---|---|---|---|---|---|---|---|
| 7 | GB/T 6176-2000 | I型六角螺母 | 1 | | 0.00 | 0.00 | |
| 6 | TEST-005 | 活塞杆 | 1 | A3 | 0.00 | 0.00 | |
| 5 | TEST-004 | 活塞 | 1 | 1060 合金 | 0.00 | 0.00 | |
| 4 | GB/T 70.1-2000 | 内六角圆柱头螺钉 | 8 | | 0.00 | 0.00 | M8x16 |
| 3 | TEST-003 | 后端盖 | 1 | 1060 合金 | 0.00 | 0.00 | |
| 2 | TEST-002 | 前端盖 | 1 | 1060 合金 | 0.00 | 0.00 | |
| 1 | TEST-001 | 气缸体 | 1 | 1060 合金 | 0.00 | 0.00 | |
| 序号 | 代号 | 名称 | 数量 | 材料 | 单重 | 总重 | 备注 |

图 5 - 97　生成明细表

明细表中包含的信息较多，其来源均为零部件的属性信息。如果零部件属性信息规范准确，则明细表生成后无须再做修改；如果需要修改，可返回零部件修改相应属性，也可在明细表中双击需修改的内容，此时出现图 5 - 98 所示的警告，询问修改是否与零部件属性保持关联，如果选【否】则继续关联，且修改信息会反馈至相应零部件的属性信息中，如果选【是】则断开关联。

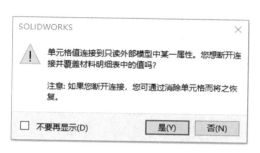

图 5 - 98　明细表修改

关于零部件与标准件的属性，附录中有进一步的使用说明。

## 练习题

### 一、 简答题

1. 简述装配过程的基本规则。
2. 合理地使用子装配管理装配体有哪些好处？
3. 描述自己在装配操作过程中出现的错误并说明是如何解决的。

### 二、 操作题

1. 用提供的零件模型按图 5 - 99 所示装配示意图进行装配，并补充"压盖"与"阀杆"之间用于填充间隙的虚拟零件"填料"，最后生成相应的二维工程图。

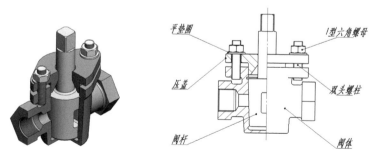

图 5 - 99　操作题 1

2. 用提供的零件模型按图 5 - 100 所示装配示意图进行装配，并生成相应的爆炸视图。

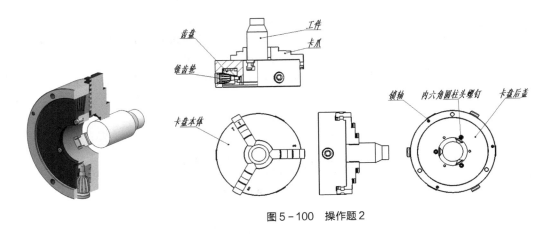

图 5-100  操作题 2

### 三、思考题

1."装配体例题"两端盖的标准件规格相同,是否可以用【镜向零部件】功能生成两端盖?有什么优缺点?

2.对"操作题 2"完成的装配进行干涉检查,如果发现干涉,则思考产生干涉的原因,如何排除该干涉?有哪几种方案?每种方案的优缺点是什么?

# 第6章

# 高级建模

 | 学习目标 |

1）熟悉 SOLIDWORKS 中的高级建模功能，包括扫描、放样、筋、拔模、抽壳等。

2）学会分析模型中何处需要使用高级建模功能，并熟悉其编辑修改方法。

3）掌握系列零件的生成方法。

## 6.1　扫描

### 6.1.1　基本定义

【扫描】是将一轮廓沿着给定的路径扫过而形成实体。例如，图6-1a所示形状是由草图圆沿着空间"8"字形草图生成的扫描结果，如图6-1b所示。如果路径为一直线，则其结果与拉伸类似。

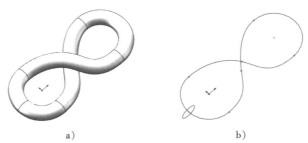

a)　　　　　　　　　　　　　　b)

图6-1　基本定义

### 6.1.2　创建步骤

1）分析模型，确定需通过扫描生成的特征，如轮廓单一、路径较复杂的特征。

2）分析轮廓与路径所需的草图。

3）分别绘制草图，通过几何约束与尺寸约束进行草图定义。

4）单击【特征】/【扫描】 ⌒ 或【扫描切除】 ⌒ 功能，选择轮廓与路径相应的草图。

5）单击【确定】 ✓ 完成扫描操作。

6）若需对草图进行修改，则在设计树中展开相应的扫描特征，找到对应草图，在关联工具栏中选择【编辑草图】进入草图环境进行修改。

7）若需对特征参数进行修改，则在设计树中选择生成的特征，在出现的关联工具栏中单击【编辑特征】进行参数修改。

### 6.1.3 【扫描】参数

【扫描】主要包括【轮廓和路径】、【引导线】、【选项】、【起始处和结束处相切】和【薄壁特征】五组参数，如图6-2所示（【选项】在选择扫描对象后才会出现）。

（1）【轮廓和路径】 用于设定轮廓和路径。轮廓可以是一草图，也可是实体表面（平面），但必须封闭；路径可以是开环也可以是闭环，支持草图、空间线、模型边线作为路径。如果草图为单一圆，则可以不绘制草图，直接选择【圆形轮廓】，再输入所需直径即可。定义【轮廓和路径】时，要保证轮廓在沿路径扫描过程中不出现自相交现象，否则会导致生成失败，如图6-3所示，由于轮廓尺寸过大，在路径圆弧处转弯时会发生自相交现象，造成无法生成扫描特征。

路径要以轮廓所在平面为起点或穿过轮廓所处平面与其相交，当路径与轮廓平面相交时，会出现图6-4所示选项，用于选择轮廓是沿路径的一个方向扫描还是沿两个方向同时扫描。

（2）【引导线】 在轮廓按路径扫描的同时受【引导线】控制变化相应尺寸值。如图6-5a所示，圆形轮廓草图沿中心的路径扫描，一侧的草图作为引导线，在引导线尺寸相对于路径变化时，轮廓圆直径也同步变化，结果如图6-5b所示。引导线可以有多根。

图6-2 【扫描】基本参数

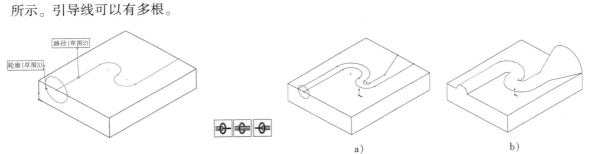

图6-3 不合理的轮廓和路径　　图6-4 方向选择　　图6-5 引导线

（3）【选项】

1）【轮廓方位】用于控制轮廓相对于路径的方向。如图6-6a所示，矩形轮廓沿弯曲边线扫描，选择【随路径变化】选项时，轮廓保持相对于路径的方向，结果如图6-6b所示；选择【保持法线不变】选项时，轮廓始终平行于原始轮廓草图，结果如图6-6c所示。注意终止截面的差异。

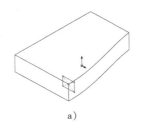

a)

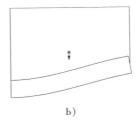

b)

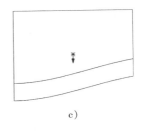

c)

图6-6 轮廓方位

2）【轮廓扭转】用于控制轮廓在扫描过程中自身的变化，主要是角度上的变化。图 6-7a 所示为选择【指定扭转值】且【扭转控制】为"2"圈时的结果，轮廓绕路径扫描过程中同时旋转。图 6-7b 所示为选择【指定方向向量】且参考一条斜线时的结果，轮廓扫描时参考指定对象扭转相应角度。图 6-7c 所示为选择【与邻面相切】时的结果，轮廓始终保持与相邻面相切。

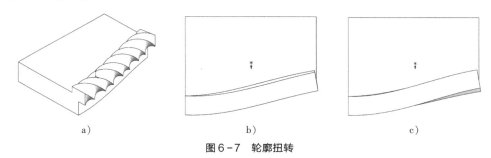

图 6-7　轮廓扭转

3）【与结束端面对齐】用于控制自动与路径结束处的面平齐。注意其与【轮廓方位】中【保持法线不变】选项的区别，该选项在【轮廓方位】"随路径变化"时会填充结束处与路径结束面间的空隙，将自动切除多出结束面的部分，以保证结束面处平滑。图 6-8 所示为未选该选项与选择该选项的差异。

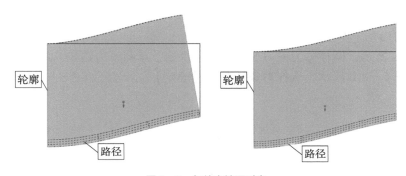

图 6-8　与结束端面对齐

（4）【起始处和结束处相切】　用于控制轮廓在起始处与结束处的状态。如图 6-9a 所示，草图圆为轮廓，中间直线为路径，右侧样条线为引导线，未选择【起始处和结束处相切】时，其结果如图 6-9b 所示；选择【起始处和结束处相切】中的【路径相切】时，结果如图 6-9c 所示，在结束处系统强制修正轮廓在此处的状态，以使形成的模型与路径在末端相切，如图 6-9d 所示，末端处轮廓已不与引导线重合，被修正为相切状态。

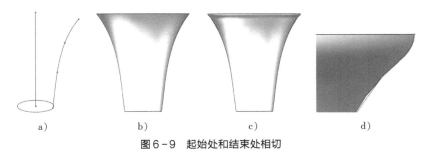

图 6-9　起始处和结束处相切

（5）【薄壁特征】 用于将轮廓保留一定壁厚再扫描，扫描结果是空心的，对于水管、空调风管之类的零件可以起到简化草图的作用。如图 6-10a 所示，轮廓草图为一矩形，选择【薄壁特征】并给定合适参数后，可得到图 6-10b 所示的结果，而无须在草图中绘制出环状矩形草图。

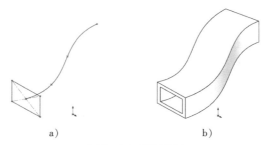

a)　　　　　　b)

图 6-10　薄壁特征

由于【扫描】参数较多，有些参数是基于所选对象才会出现，如【轮廓扭转】中的【随路径和第一引导线变化】选项，需在有"引导线"时才可选。有些参数对结果影响较小，在更改参数时需要仔细对比各参数的差异，这也是用好该功能的关键。

## 6.1.4　扫描切除

【扫描切除】将扫描的过程用于去除材料，其选项与【扫描】相比增加了【实体轮廓】，如用于模拟铣刀沿预定路径铣削材料。

如图 6-11a 所示，圆柱体为铣刀形状的实体模型，草图线为路径，选择【实体轮廓】选项，属性栏如图 6-11b 所示，选择对象后单击【确定】✔，结果如图 6-11c 所示。

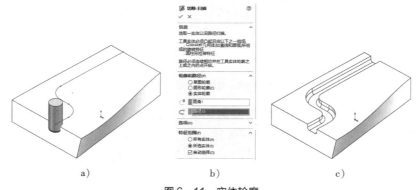

a)　　　　　　b)　　　　　　c)

图 6-11　实体轮廓

🔜 **提示**：此处铣刀实体为单独的实体，在建模过程中如果已有实体特征对象，新建特征时如果取消勾选【合并实体】，新生成的实体即为独立实体，这样产生的模型又称为多实体模型。

【扫描切除】的其余选项可参照【扫描】选项。

## 6.1.5　扫描例题

创建图 6-12 所示模型。要求创建一个全局变量"L"=120，对应左视图的中心距尺寸，且所有草图均完全定义。

扫码看视频

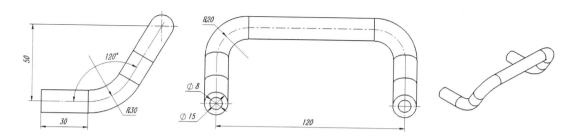

图 6-12 扫描例题

### 1. 建模分析

创建该模型的难点是扫描路径的生成，在未学习空间曲线之前应如何生成该路径是主要难点。由于扫描路径可以是模型边线，利用这一原理，先创建出符合条件的实体，然后拾取实体边线作为条件生成【扫描】路径，实现"曲线救国"。

### 2. 操作步骤

1）新建一零件，并选择"gb_ part"作为模板。

2）通过【方程式】创建一个全局变量"L"并赋值，如图 6-13 所示。

图 6-13 全局变量

3）以"前视基准面"为基准绘制图 6-14 所示草图。

**提示：** 由于在这里主要需要的是与路径尺寸相符的部分，所以其他尺寸可以任意，符合拉伸基本条件即可。

4）单击【特征】/【拉伸凸台/基体】，拉伸深度为全局变量"L"，结果如图 6-15 所示。

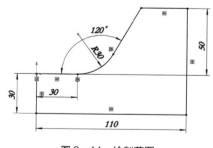

图 6-14 绘制草图

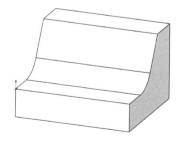

图 6-15 拉伸凸台

5）单击【特征】/【圆角】，对实体的两顶面侧边圆角，半径值为"20"，结果如图6-16所示。

6）以实体前侧面为基准面绘制草图圆环，圆心与顶点重合，如图6-17所示。

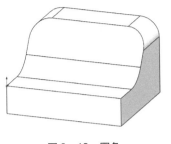

图6-16 圆角

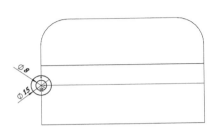

图6-17 绘制圆环

☞ **技巧**：扫描时选择"圆形轮廓"并输入直径，再配合【薄壁特征】选项，可以不用绘制该草图，以简化操作过程。

7）单击【特征】/【扫描】，选择圆环草图作为轮廓，此时的路径需要选取一系列边线，显然无法直接选取，在【路径】选取框中单击鼠标右键，在快捷菜单中选择【SelectionManager】，如图6-18a所示。选择后会在图形区域出现选择工具栏，如图6-18b所示，选择第一条边线后，会出现【相切】图标，系统将自动选择首尾相连且相切的边线，如图6-18c所示，选择完成后单击【确定】。

a）

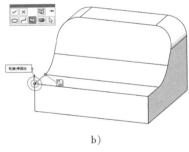

b）

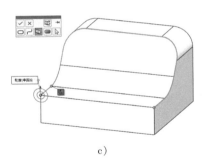

c）

图6-18 路径选择

⬅ **提示**：【SelectionManager】在 SOLIDWORKS 中是一个较重要的选择工具，主要应用在【扫描】、【放样】、【边界曲面】、【路径配合】等功能的对象选择中，其主要有五个选择子工具：①【选择闭环】▢，选择闭环轮廓，可以是2D草图、3D草图和曲面边线；②【选择开环】⌐，选择开环轮廓，可以是2D草图和3D草图；③【选择组】🖑，依次选择一个或多个草图、实体边线对象，可自动选择连续的相切边线；④【选择区域】▬，选择2D草图中的某个区域，类似于基本特征中【所选轮廓】选项的选择；⑤【标准选择】▷，基本选择工具，一次选择一个对象，与不使用【SelectionManager】时的选择操作相同。

8）此时在路径中显示的是"打开组＜1＞"，如图6-19a所示，取消选中【合并结果】选项，单击【确定】✓，结果如图6-19b所示。

☀ **注意**：取消选中【合并结果】选项后，生成的实体与原有实体不做【组合】操作，即两实体相交部分不合并，可以单独赋予材料，类似于将两个零件放在一个零件中。

9）选择用作参考的实体，在关联工具栏中选择【隐藏】 🚫，结果如图 6 - 20 所示。

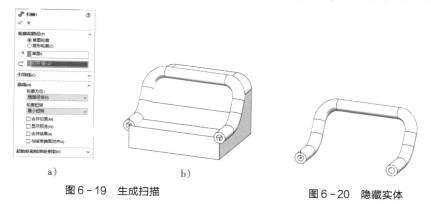

图 6 - 19　生成扫描

图 6 - 20　隐藏实体

## 6.2　放样

### 6.2.1　基本定义

　　【放样】是将一组多个不同的轮廓过渡连接而形成实体。例如，图 6 - 21a 所示形状是由三个草图轮廓生成的放样结果，如图 6 - 21b 所示，如果放样轮廓相同或相似仅是尺寸不一样，则其结果与【扫描】类似。

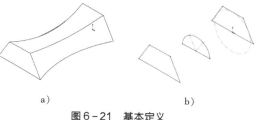

图 6 - 21　基本定义

### 6.2.2　创建步骤

　　1）分析模型，确定需通过放样生成的特征，如可以在不同的分段中提取出轮廓条件的模型。

　　2）分析所需的轮廓及位置。

　　3）分别创建基准面并绘制草图，通过几何约束与尺寸约束进行草图定义。

　　4）单击【特征】/【放样凸台/基体】 🔩 或【放样切割】 📦 功能，选择轮廓相应的草图。

　　5）单击【确定】 ✔ 完成放样操作。

　　6）若需对草图进行修改，则在设计树中展开相应的放样特征，找到对应草图，在关联工具栏中选择【编辑草图】进入草图环境进行修改。

　　7）若需对特征参数进行修改，则在设计树中选择生成的特征，在出现的关联工具栏中单击【编辑特征】进行参数修改。

### 6.2.3　放样凸台/基体

　　【放样凸台/基体】主要包括【轮廓】、【起始/结束约束】、【引导线】、【中心线参数】、【草图工具】、【选项】和【薄壁特征】七组参数，如图 6 - 22 所示。

图 6 - 22　放样基本参数

171

（1）【轮廓】 用于选择参与放样的轮廓，轮廓可以是草图、面、边线或点，各轮廓间不能相交，如图 6-23a 所示，否则会产生无法预料的结果，如图 6-23b 所示，或者完全无法生成放样。由于放样有时会用到多个轮廓，应按先后顺序选择各轮廓，如果顺序有误，可使用 ⬆ ⬇ 键上下调整轮廓顺序。

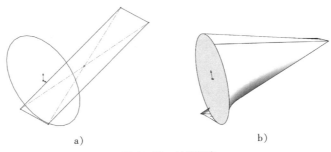

图 6-23 轮廓相交

☀ **注意**：*放样选择轮廓时会在轮廓上出现蓝点，该点为匹配点，选择时应注意该点的对应性。匹配点决定了各轮廓之间如何连接，匹配点不对应严重时会使放样无法完成，但有时会故意利用这个特性生成特殊的放样，如放样过程中产生扭转。*

（2）【起始/结束约束】 用于控制放样在起始与结束处的处理方式，共有【方向向量】、【垂直于轮廓】、【与面相切】和【与面的曲率】四个子选项，哪个选项可选取决于轮廓的特性，如果是已有实体的表面则四个选项均可选，如果是草图轮廓则只有前两个选项可选。

◀▶ **提示**：*起始/结束的判断以轮廓选择的先后顺序为依据，第一个选择的轮廓为起始，最后一个选择的轮廓为结束。*

如图 6-24a 所示，现在要将圆柱体顶面与椭圆草图放样，未选择【起始/结束约束】的结果如图 6-24b 所示，类似于圆柱与椭圆的直线连线所产生的结果；如果是两个以上的轮廓，则近似于多点样条线的连线。

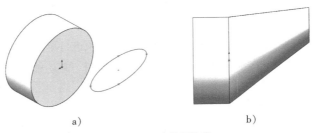

图 6-24 未选择约束

1）【方向向量】。通过参考对象来定义放样形状的走向。例如，图 6-25 所示为【开始约束】选择斜线作为参考，可以观察到起始处受该斜线的影响，沿斜线改变了方向。【方向向量】可以参考草图、实体边线或平面，可以通过【拔模角度】与【起始处相切长度】来调整受影响的程度。

2）【垂直于轮廓】。用于使放样与轮廓所处的面垂直。例如，图 6-26 所示为【开始约束】与【结束约束】均选择了【垂直于轮廓】，可以观察到起始/结束处的趋势是垂直于轮廓平面的。

3）【与面相切】。用于控制放样与相邻轮廓的相邻面相切，只有在轮廓是现有几何体时才可用。例如，图6-27所示为【开始约束】选择了【与面相切】而【结束约束】为【无】的结果，起始处与相邻的圆柱表面相切。

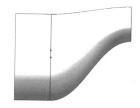

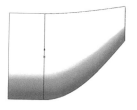

图6-25　方向向量　　　　图6-26　垂直于轮廓　　　　图6-27　与面相切

4）【与面的曲率】。用于控制放样与相邻轮廓的相邻面保持曲率连续，只有在轮廓是现有几何体时才可用。例如，图6-28所示为【开始约束】选择了【与面的曲率】而【结束约束】为【无】的结果，起始处与相邻的圆柱表面曲率连续，与【与面相切】相比，结果为曲率连续，过渡更为平滑美观。

（3）【引导线】　用于控制整个放样的形状走向，可以强迫放样走向依据所选参考线变化。如图6-29a所示，在前面条件的基础上增加了上方的样条线，现以这条线为【引导线】，其结果如图6-29b所示，可以观察到整个放样中间部分的形状根据【引导线】的形状产生了相应的变化。引导线应与轮廓相交，可以同时使用多条引导线。

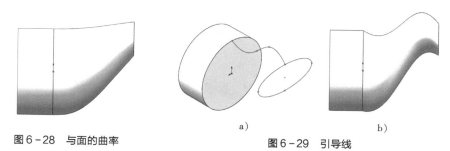

图6-28　与面的曲率　　　　a)　　　　b)　　　　图6-29　引导线

（4）【中心线参数】　用于控制整个放样的形状走向，其与【引导线】的区别是【中心线参数】所选中心线只需与轮廓所在平面相交，而不需要与轮廓相交，且一个放样只支持一条中心线。如图6-30a所示，以中间的样条线为中心线，其结果如图6-30b所示。

a)　　　　b)

图6-30　中心线

（5）【草图工具】　用于对草图进行拖动，放样实时更新。如图6-31所示，在【草图工具】中单击【拖动草图】后，即可在图形区域任意拖动草图而无须退出【放样】命令。

※ **注意**：【拖动草图】的对象只能是3D草图而不能是2D草图，如果该命令无法使用，可退出【放样】重新进入编辑状态。

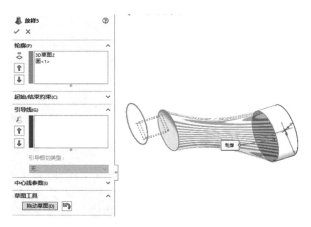

图6-31　草图工具

（6）【选项】/【闭合放样】　用于使起始轮廓与结束轮廓之间闭合形成封闭的环状放样结果。例如，对图6-32a所示的三个圆的草图进行放样，未选择【闭合放样】时的结果如图6-32b所示；选择【闭合放样】时的结果如图6-32c所示，形成了封闭的环状模型。

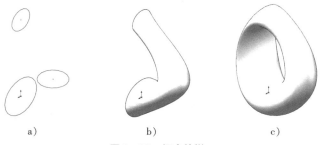

　　　　a)　　　　　　　　　　b)　　　　　　　　　　c)

图6-32　闭合放样

👉 **技巧**：由于放样中各轮廓并不仅仅是尺寸上不同，形状大多也不相同，如6.2.1节的示例，各轮廓的边数不同，为了能顺利完成操作，系统会强制性地以所有边数的最小公倍数分割所有轮廓，但很多时候这种自动分割的结果并不理想，此时就需要在轮廓绘制时进行分割，通过草图工具【分割实体】 进行分割并调整到合适的状态，这就是6.2.1节示例中间的圆要进行分割的原因。

（7）【薄壁特征】　与【扫描】的定义相同，用于生成具有一定壁厚的特征。

## 6.2.4　放样切割

基本参数与【放样凸台/基体】相同，不同的是【放样切割】用于切除已有实体。

## 6.2.5　放样例题

创建图6-33所示模型。此处齿轮以简化画法创建，下方视图分别为两端的草图，要求所有草图均完全定义，材料为"合金钢"。

扫码看视频

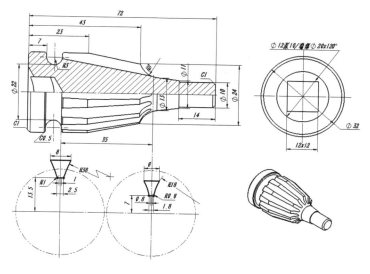

图 6-33　放样例题

### 1. 建模分析

该模型主体为旋转体，先旋转出主体特征，再生成端面内孔，创建齿形草图所需的基准面，分别绘制齿形草图，然后【放样切割】，最后再圆周阵列生成所有齿形。

### 2. 操作步骤

1）新建一零件，并选择"gb_part"作为模板。

2）以"前视基准面"为基准绘制图 6-34 所示草图。

3）单击【特征】/【旋转凸台/基体】，旋转生成图 6-35 所示回转体。

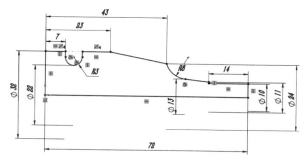

图 6-34　绘制草图

图 6-35　旋转特征

4）单击【特征】/【倒角】，对已有实体的上下两端倒角，倒角尺寸"1×45°"，结果如图 6-36所示。

5）单击【特征】/【倒角】，对已有实体的环槽倒角，倒角尺寸"0.5×45°"，结果如图 6-37 所示。

6）单击【特征】/【异形孔向导】，【孔类型】选择"孔"，【标准】为"GB"，【类型】为"钻孔大小"，【孔规格】为"12"。终止条件为【给定深度】，深度为"10"，选择"近端锥孔"，尺寸为"φ20×120°"，位置与已有旋转特征同心，结果如图 6-38 所示。

图 6-36　倒角 1　　　　　图 6-37　倒角 2　　　　　图 6-38　生成孔

7) 以大端面为基准面绘制图 6-39 所示的正方形草图，草图与上一步生成的孔相切，结果如图 6-39 所示。

8) 单击【特征】/【拉伸切除】，【方向 1】选择【成形到一面】，并选择孔的底面作为参考面，结果如图 6-40 所示。

9) 以环槽靠近小端面的侧面为基准面，绘制图 6-41 所示草图。

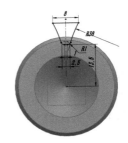

图 6-39　绘制正方形草图　　　图 6-40　拉伸切除　　　图 6-41　绘制放样草图 1

10) 单击【特征】/【参考几何体】/【基准面】，以环槽靠近小端面的侧面为参考，偏距 "35" 生成一新的基准面，如图 6-42 所示。

11) 以新创建的基准面为基准绘制图 6-43 所示草图。

12) 单击【特征】/【放样切割】，轮廓为刚创建的两个草图，选择时注意匹配点的对应性，结果如图 6-44 所示。

图 6-42　生成基准面　　　图 6-43　绘制放样草图 2　　　图 6-44　放样切割

13) 单击【特征】/【圆周阵列】，以回转体任一表面为 "阵列轴"，等间距阵列数量为 "12"，结果如图 6-45 所示。

14) 给零件赋予材料 "合金钢"。

请思考，该例中的【放样切割】后有少量区域并未切割完全，该如何处理？请带着这个问题学习 "第 7 章　曲线与曲面"。

图 6-45　阵列

## 6.3　筋

### 6.3.1　基本定义

　　筋是一种特殊的拉伸特征，可以从开环或闭环的草图轮廓向已有实体的方向填充材料生成特征，既可以平行于草图填充，也可以垂直于草图填充，草图轮廓可以不与现有实体相交，系统在生成筋时会自动延伸，可以使用最简单的草图来生成筋特征。图6-46a所示是最基本的筋特征，其所需草图如图6-46b所示，当草图延长线能与已有实体相交时，草图可以不完全绘制。

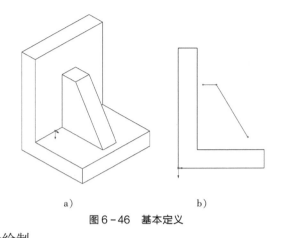

图6-46　基本定义

### 6.3.2　创建步骤

　　1）分析模型，确定需通过筋生成的特征，通常加强筋类的特征或单一厚度的特征均可通过筋特征进行创建。

　　2）选择合适的基准面，如果当前没有该基准面，则需要创建所需的基准面。

　　3）绘制草图，通过几何约束与尺寸约束进行草图定义。

　　4）单击【特征】/【筋】功能，选择轮廓相应的草图。

　　5）单击【确定】✔完成筋特征操作。

　　6）如需对草图进行修改，则在设计树中选择生成的特征，在出现的关联工具栏中单击【编辑草图】进入草图环境进行修改。

　　7）如需对特征参数进行修改，则在设计树中选择生成的特征，在出现的关联工具栏中单击【编辑特征】进行参数修改。

### 6.3.3　【筋】参数

　　【筋】功能只有【参数】和【所选轮廓】两组参数，如图6-47所示。

　　【参数】用于定义筋的厚度、方向等。【厚度】用于定义筋的加厚方向，以草图为中心位置定义方向。【筋厚度】用于输入所需筋的厚度值。

　　注意：此处的以草图为中心并非草图基准面，而是以草图轮廓为中心，与【拉伸方向】配合，可以平行于草图基准面，也可以垂直于草图基准面。

图6-47　【筋】参数

　　【拉伸方向】用于定义筋的方向，如图6-48a所示，草图是基于"前视基准面"绘制，当选择【平行于草图】◇时，其结果如图6-48b所示；当选择【垂直于草图】◇时，其结果如图6-48c所示。【反转材料方向】用于改变向实体填充材料的方向。

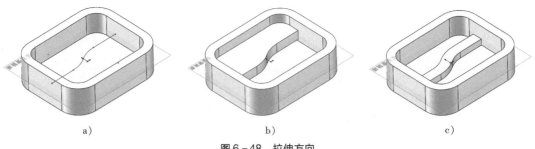

a)                              b)                              c)

图 6-48　拉伸方向

【拔模开/关】可以增大拔模角度，其定义与【拉伸凸台/基体】相同。

【类型】用于定义在草图与轮廓不相交的情况下，延长草图至与实体相交的方式。例如，图 6-49a 所示为两个圆弧与样条线组成的草图，均不与已有实体相交。当选择【线性】时，以圆弧及样条线切线方式延伸，结果如图 6-49b 所示；当选择【自然】时，圆弧以补全方式、样条线以曲率连续的延伸方式封闭草图，结果如图 6-49c 所示。

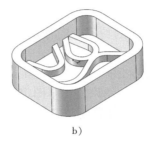

a)                              b)                              c)

图 6-49　【类型】选项

### 6.3.4　筋例题

创建图 6-50 所示模型，尽量用【筋】功能完成相关特征。

扫码看视频

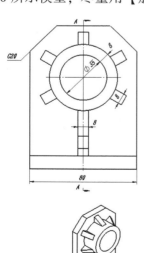
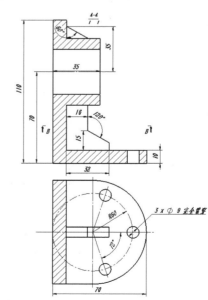

图 6-50　筋例题

### 1. 建模分析

该模型主体特征厚度均相等，为简化草图，从第一个目标特征开始，就用最简草图方法绘制草图生成相关特征，然后通过【筋】生成所有等厚度的特征，并根据需要阵列筋特征，再生成圆角与倒角，最后生成安装孔。

### 2. 操作步骤

1）新建一零件，并选择"gb_part"作为模板。

2）以"前视基准面"为基准绘制图6-51所示草图。

3）单击【特征】/【拉伸凸台/基体】，通过【薄壁特征】向内侧加厚"10"，两侧对称拉伸，深度为"80"，生成图6-52所示基本体。

4）以侧面为基准面绘制图6-53所示草图。

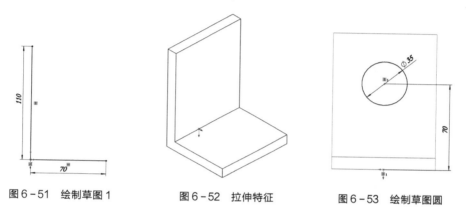

图6-51 绘制草图1　　　　图6-52 拉伸特征　　　　图6-53 绘制草图圆

5）单击【特征】/【拉伸切除】，按图6-54所示【完全贯穿】切除实体。

6）以内侧面为参考，偏距"35"生成基准面，如图6-55所示。

7）以新建基准面为基准创建草图，将孔的边线【转换实体引用】，如图6-56所示。

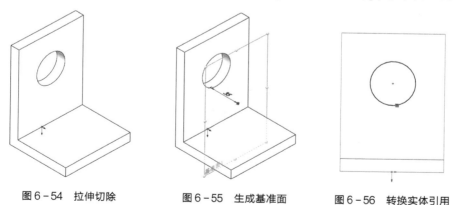

图6-54 拉伸切除　　　　图6-55 生成基准面　　　　图6-56 转换实体引用

8）单击【特征】/【筋】，向外侧方向，厚度为"8"，生成图6-57所示环状筋。

9）以"前视基准面"为基准绘制图6-58所示草图。

10）单击【特征】/【筋】，向两侧方向，厚度为"8"，生成图6-59所示筋。

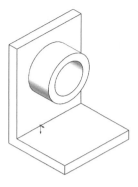

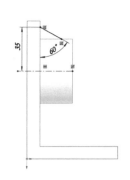

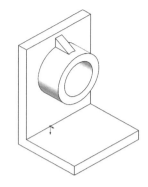

图6-57　生成环状筋　　　　　图6-58　绘制草图2　　　　　图6-59　生成筋1

11）单击【特征】/【圆周阵列】，以圆柱面为"阵列轴"，两个方向阵列，参数均为"实例间距"，夹角为"60"，【方向1】数量为"3"，【方向2】数量为2，结果如图6-60所示。

☀️ **注意：**【方向1】的数量包含源特征，而【方向2】的数量不包含源特征，所以一个数量为"3"，另一个数量为"2"，结果均为新增加2个阵列特征。

12）以"前视基准面"为基准绘制图6-61所示草图。

🔊 **提示：**此处草图故意长短不一，只是为了验证【筋】功能的自动延伸剪裁特性，实际工作中应尽量规范草图。

13）单击【特征】/【筋】，向两侧方向，厚度为"8"，生成图6-62所示筋。

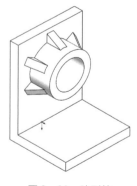

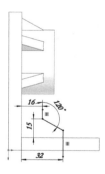

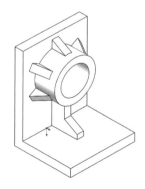

图6-60　阵列筋　　　　　　图6-61　绘制草图3　　　　　图6-62　生成筋2

14）单击【特征】/【倒角】，对上侧两边倒角，尺寸为"20×45°"，结果如图6-63所示。

15）单击【特征】/【圆角】，圆角类型选择【完整圆角】，生成图6-64所示圆角。

16）单击【特征】/【异形孔向导】，【孔类型】选择"孔"，【标准】选择"GB"，【类型】选择"钻孔大小"，【孔规格】为"9"，终止条件为【完全贯穿】，【位置】为距圆角中心"30"，结果如图6-65所示。

17）以圆角面为"阵列轴"阵列上一步生成的孔，由于两孔的夹角为"72"，均布五个孔时对应的是该夹角值，在这里使用【等间距】，实例数为"5"，用【可跳过的实例】将其中两个不需要的孔排除掉，结果如图 6 - 66 所示。

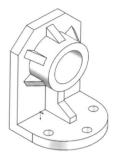

图 6 - 63　生成倒角　　　图 6 - 64　生成圆角　　　图 6 - 65　生成孔　　　图 6 - 66　阵列孔

## 6.4　拔模

### 6.4.1　基本定义

通过拔模能使零件在某个方向上具有一定的斜度，对于注塑件、铸件、锻件而言，拔模是一个必不可少的要素，方便这些零件脱模。在 SOLIDWORKS 中，拔模主要有两种方式：一种是在基本特征中直接输入拔模角度进行拔模，如【拉伸凸台/基体】、【筋】等；另一种是通过【拔模】功能处理所需拔模的面。

图 6 - 67　基本定义

拔模是对已有的面进行处理，所以无需单独的草图作为前置条件，如图 6 - 67 所示为两方向同时拔模的零件。

### 6.4.2　创建步骤

1）分析模型，确定需通过拔模生成的面，注意区分是整个特征的所有面均需拔模，还是仅部分面需要拔模。

2）根据分析选择在生成特征时直接拔模还是用【拔模】功能完成。

3）通过特征拔模时，在【特征】属性栏中勾选【拔模开/关】并输入所需的角度。

4）通过【拔模】功能完成时，单击【特征】/【拔模】 ⬛，选择拔模类型→输入拔模角度→选择参考面→选择拔模面，然后单击【确定】 ✔ 完成拔模操作。

5）如需对特征参数进行修改，则在设计树中选择生成的特征，在出现的关联工具栏中单击【编辑特征】进行参数修改。

### 6.4.3　【拔模】参数

【拔模】功能主要有【拔模类型】、【拔模角度】、【中性面】、（【拔模方向】）和【拔模面】四组参数，如图 6 - 68 所示。

（1）【中性面】单选项　【拔模类型】用于选择拔模方式，选中【中性面】单选项将使用参考平面作为拔模起始面及拔模方向参考，【拔模角度】用于输入拔模的角度值，【中性面】用于选择参考平面，【拔模面】用于选择需拔模的面。例如，对图 6 - 69a 所示长方体拔模，底面为【中性面】，对右侧面拔模，结果如图 6-69b 所示。拔模时需要注意方向性，方向与预期的不一致时可单击【反向】⤤。【拔模沿面延伸】用于自动选择关联面，其功能类似于选择工具。

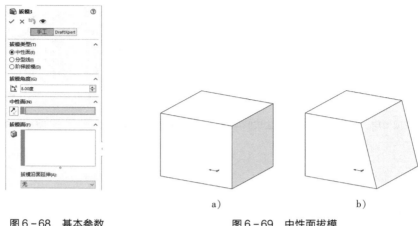

图 6-68　基本参数　　　　　　　　　　图 6-69　中性面拔模

（2）【分型线】单选项　对与所选用作参考的"分型线"相连的面进行拔模，【拔模方向】选择直线、平面作为拔模方向的参考，【分型线】选择一系列首尾相连的线。如图 6-70a 所示，选择右侧面的一组线作为分型线，对分型线上侧的面进行拔模，结果如图 6-70b 所示。

📢 **提示**：由于有两个面与分型线相连，所以系统自动选择的面有时并非需要拔模的面，此时可以选择需要更改的分型线，再单击下方的【其他面】进行更改。如果一系列面都要更改，则需逐一更改。

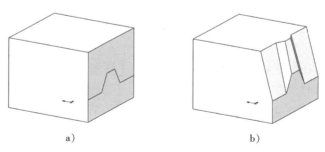

图 6-70　分型线拔模

✺ **注意**：该示例中的分型线是通过在草图中绘制轮廓草图，然后通过【特征】/【曲线】/【分割线】🔲 中的"投影"分割侧面生成的。

（3）【阶梯拔模】单选项　同样需要分型线，但其【拔模方向】只能选择平面作为参考，拔模生成的斜面以参考平面而非分型线为基准旋转，这一点要与【分型线】拔模区分开来。同样以图 6-70 a 所示分型线拔模，当选择底面作为【拔模方向】参考面时，结果如图 6-71a 所示，可以看到其斜度从底面开始计算；而选择中间的基准面作为【拔模方向】参考面时，结果如图 6-71b 所示，此时的斜度是从中间基准面开始计算的。

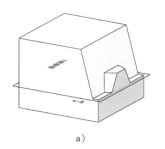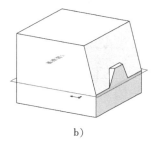

a)                                    b)

图6-71 阶梯拔模

【阶梯拔模】中有【锥形阶梯】与【垂直阶梯】两个子选项。从上面的示例可以看出，【阶梯拔模】生成的结果有一个台阶，这也是其名称的由来，而这两个子选项用于控制这个台阶的最终形式。当选择【锥形阶梯】时，其台阶侧面会同时生成拔模斜度，如图6-72a所示；而选择【垂直阶梯】时，其台阶不会产生拔模斜度，如图6-72b所示。

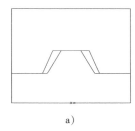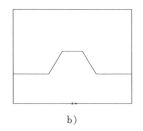

a)                                    b)

图6-72 阶梯形式

✦ 注意：当拔模面涉及圆角时需要特别注意，先圆角再拔模与先拔模再圆角的结果是完全不一样的，图6-73a所示为先圆角再拔模的结果，图6-73b所示为先拔模再圆角的结果。

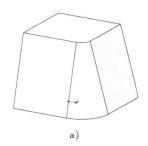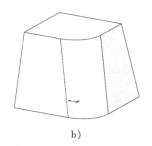

a)                                    b)

图6-73 圆角顺序影响

## 6.4.4 拔模例题

创建图6-74所示模型，要求草图完全定义。

**扫码看视频**

### 1. 建模分析

该模型有多个拔模特征，在此用两种方法完成：两处圆柱体的拔模在拉伸时通过拔模参数生成，中间连接部分通过【拔模】功能完成。由于中间连接部分上下拔模的中间面不是平面，因此需要用【分型线】方式生成，用该功能生成时需要选择多条边，花费的时间较多，所以通过一种较特殊的建模技巧完成，即生成一侧后将模型切除去尚未生成拔模的一侧，再镜向生成。这是参数化建模过程中，简化操作的一种较常见方式。

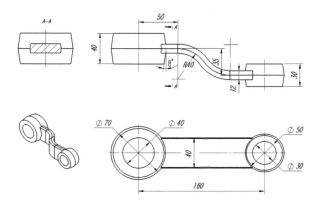

图6-74　拔模例题

### 2. 操作步骤

1）新建一零件，并选择 "gb_part" 作为模板。

2）以 "前视基准面" 为基准绘制图6-75所示草图。

3）单击【特征】/【拉伸凸台/基体】，深度为 "40"，两侧对称拉伸，选择【拔模开/关】，拔模角度为 "8"，结果如图6-76所示。

4）以 "前视基准面" 为参考，偏距 "35" 生成基准面，如图6-77所示。

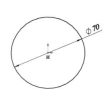

图6-75　绘制草图圆1

图6-76　拉伸特征1

图6-77　新建基准面

5）以新建的基准面为基准，绘制图6-78所示草图。

6）单击【特征】/【拉伸凸台/基体】，深度为 "30"，两侧对称拉伸，选择【拔模开/关】，拔模角度为 "8"，结果如图6-79所示。

提示：由于两个圆柱体没有任何交集，所以两个实体相互独立，自动形成多实体零件。

7）以 "上视基准面" 为基准，绘制图6-80所示草图。

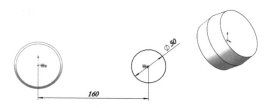

图6-78　绘制草图圆2

图6-79　拉伸特征2

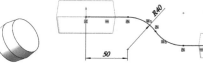

图6-80　绘制草图

8）单击【特征】/【拉伸凸台/基体】，深度为"40"，两侧对称拉伸，由于该草图未封闭，所以系统自动使用【薄壁特征】选项，选择【两侧对称】，厚度为"12"，结果如图 6-81 所示。

提示：该步生成的特征连接了已有的两个圆柱体，所以系统将自动合并，将原有的多实体零件重新变成单实体零件。

9）单击【特征】/【曲线】/【分割线】，分割类型选择【投影】，草图选择第 7 步生成的草图，【要分割的面】选择连接部分的侧面，结果如图 6-82 所示。

提示：第 7 步生成的草图已被两个步骤的特征所利用，此时该草图下面会多出一个手形图标，代表该草图为共享草图，在编辑修改时需要加以注意，因其修改会影响到多个特征。

10）单击【特征】/【拔模】，拔模类型选择【分型线】，拔模角度为"8"，拔模方向选择"前视基准面"，分型线选择上一步生成的分割线，结果如图 6-83 所示。

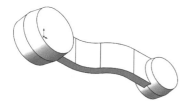
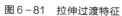
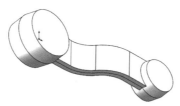
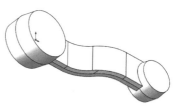

图 6-81　拉伸过渡特征　　　　　　图 6-82　生成分割线　　　　　　图 6-83　分型线拔模

11）按同样的方法拔模另一侧，在选择分型线时，需要注意观察指示拔模方向的箭头，其方向必须一致，如不合理，选择后单击【其他面】，结果如图 6-84 所示。

12）单击【曲面】/【使用曲面切除】，切除面选择"上视基准面"，切除未拔模的一侧实体，结果如图 6-85 所示。

注意：在对称零件中，为了减少对称特征的重复操作工作量，经常会采用这种切除一半再镜向的方式来提高效率。

13）单击【特征】/【镜向】，镜向面为"上视基准面"，在【要镜向的实体】中选择已有实体，结果如图 6-86 所示。

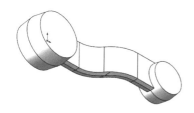

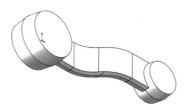

图 6-84　拔模另一侧　　　　　　图 6-85　切除实体　　　　　　图 6-86　镜向实体

14）以"前视基准面"为基准绘制图 6-87 所示草图。

15）单击【特征】/【拉伸切除】，选择【完全贯穿-两者】，结果如图 6-88 所示。

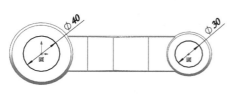

图6-87 绘制草图

图6-88 拉伸切除

## 6.5 抽壳

### 6.5.1 基本定义

抽壳可以对已有实体模型进行抽空处理,对于等壁厚的模型而言是一种很好的工具。该功能还允许生成不等壁厚的抽壳特征,同时还可以将所选面完全抽去做敞开处理。例如,图6-89所示为一种基本的壳体零件。

图6-89 基本定义

### 6.5.2 创建步骤

1)分析模型是否具有等壁厚的壁面,以及是否有需要抽空敞开的面。

2)完成基础特征的创建。

3)单击【特征】/【抽壳】 ⬜,选择需抽去的面并输入壳体的厚度尺寸。

4)单击【确定】 ✔ 完成抽壳操作。

5)如需对特征参数进行修改,则在设计树中选择生成的抽壳特征,在出现的关联工具栏中单击【编辑特征】进行参数修改。

### 6.5.3 【抽壳】参数

【抽壳】功能主要有【参数】和【多厚度设定】两组参数,如图6-90所示。

(1)【参数】 【厚度】用于确定抽壳留下的壁厚值,通常要求该值小于模型上的最小曲率,否则有可能造成操作失败。【移除的面】选择需要敞开的面,该面将被抽空,它可以是一个整面,也可以是通过【分割线】切割后的面。如图6-91a所示,侧面的直槽口形面与圆柱顶面的圆形面均是通过【分割线】分割生成的,在抽壳时将这两个面选中为【移除的面】,分割部分将被抽空敞开,结果如图6-91b所示。

图6-90 基本参数

※ **注意**:【拉伸切除】的结果垂直于草图基准面,而【移除的面】选项生成的结果则垂直于切割面,当切割面与草图基准面平行时两者结果可以等同,但不平行时结果是不一样的。

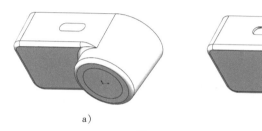

a)　　　　　　　　　　b)

图6-91　移除的面

✦ **注意**：该示例中还需注意圆角部分，圆角的先后顺序不同，在圆弧与直线交叉部位产生的
结果是不一样的，图6-92a所示为先倒圆弧再倒直线部分的结果，图6-92b所示为先倒
直线部分再倒圆弧的结果。

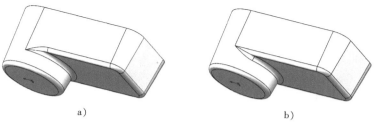

a)　　　　　　　　　　b)

图6-92　圆角顺序引起的差异

【壳厚朝外】选项使得实体并非保留下壁厚部分，而是在现有实体外侧增加壁厚部分，
实体会被全部移除。

（2）【多厚度设定】　用于设定与【参数】中厚度值不一样的部
分，可以设定多个厚度。选择所需厚度不一样的面，在【多厚度】中
输入所需的值，如图6-93所示为底面厚度不同时的结果。

✦ **注意**：对于相切的连续面中的某一面更改不同厚度时要慎重，有可
能会产生不可预料的结果。

抽壳可以完成大部分壳体类零件的操作，但复杂程度较高的模型　　图6-93　多厚度设定
不一定能完成抽壳，如电动工具的外壳等。这些零件通常过渡复杂、细小面较多，会造成抽
壳时偏距失败，需要使用曲面偏距与修补等完成相关操作。

## 6.5.4　抽壳例题

创建图6-94所示模型，要求草图完全定义。

### 1. 建模分析

该模型是一个综合类模型，本章节讲述的筋、拔模、抽壳均有涉及。其

扫码看视频

外壳主要有两个厚度：一是主体部分的壁厚"2"，二是两端凸台的壁厚"3"。可以通过多
厚度一步抽壳，中间等宽度的特征均通过【筋】功能完成，螺孔柱通过拉伸的拔模开关增
加拔模角度。

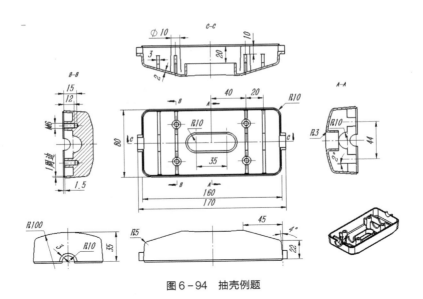

图 6-94　抽壳例题

2. 操作步骤

1）新建一零件，并选择"gb_part"作为模板。

2）以"前视基准面"为基准绘制图 6-95 所示草图。

3）单击【特征】/【拉伸凸台/基体】，两侧对称拉伸，深度为"160"，结果如图 6-96 所示。

4）单击【特征】/【拔模】，中性面拔模，选择底平面作为"中性面"对四周侧面拔模，拔模角度为"4"，结果如图 6-97 所示。

图 6-95　绘制草图 1　　　　　图 6-96　拉伸基体　　　　　图 6-97　拔模

5）以"右视基准面"为基准绘制图 6-98 所示草图，由于一侧需要完全切除，所以该草图可以简化成一条直线而无须封闭。

6）单击【特征】/【拉伸切除】，方向为【完全贯穿-两者】，注意切除方向为外侧，结果如图 6-99 所示。

7）单击【特征】/【镜向】，以"前视基准面"为镜向面，镜向上一步的切除特征，结果如图 6-100 所示。

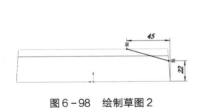

图 6-98　绘制草图 2　　　　　图 6-99　拉伸切除 1　　　　　图 6-100　镜向切除特征

8）单击【特征】/【圆角】，对模型的四条侧边生成圆角，半径为"10"，如图 6 - 101 所示。

9）单击【特征】/【圆角】，对模型顶面的两条长边线生成圆角，半径为"5"，如图 6 - 102 所示。

10）单击【特征】/【圆角】，对模型切除特征的面生成圆角，由于面的所有边线均需圆角，选择面即可，半径为"5"，如图 6 - 103 所示。

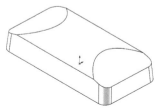

图 6 - 101　侧边圆角

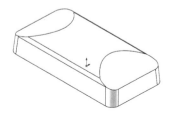

图 6 - 102　顶面圆角

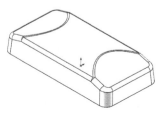

图 6 - 103　切除面圆角

11）以"前视基准面"为基准绘制图 6 - 104 所示草图。

12）单击【特征】/【拉伸凸台/基体】，两侧对称拉伸，深度为"170"，结果如图 6 - 105 所示。

13）以底面为基准面绘制图 6 - 106 所示草图。

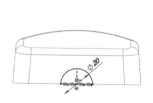

图 6 - 104　绘制草图 3

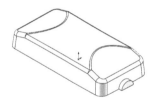

图 6 - 105　拉伸凸台

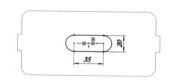

图 6 - 106　绘制草图 4

14）单击【特征】/【拉伸切除】，完全贯穿切除已有实体，结果如图 6 - 107 所示。

15）单击【特征】/【圆角】，对上一步切除特征的顶部边线生成圆角，半径为"3"，如图 6 - 108 所示。

16）单击【特征】/【抽壳】，壁厚尺寸为"2"，移除的面共有三个，即底面与圆柱凸台的两个顶面，【多厚度设定】中选择圆柱凸台的两个圆柱面，壁厚为"3"，结果如图 6 - 109 所示。

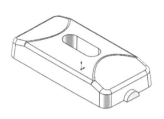

图 6 - 107　切除通孔

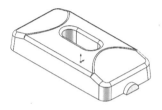

图 6 - 108　生成圆角

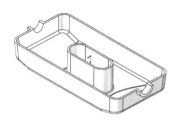

图 6 - 109　抽壳

17）以底面为基准面绘制图 6 - 110 所示草图，该草图的作用是切除中间多余的凸起部分，所以其草图范围只要大于被切除部分即可，但从参数化角度来讲，还是需要完全定义草图，可使草图矩形与已有槽的外边相切以实现完全定义。

18）单击【特征】/【拉伸切除】，深度为"20"，结果如图 6 - 111 所示。

19）以"前视基准面"为参考，偏距"40"生成新基准面，如图 6 - 112 所示。

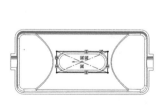
图 6 - 110 绘制草图 4

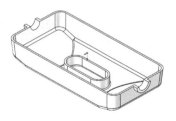
图 6 - 111 拉伸切除 2

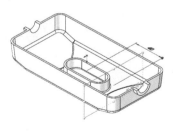
图 6 - 112 生成基准面

20）以新建基准面为基准绘制图 6 - 113 所示草图。

21）单击【特征】/【筋】，筋厚度为"3"，拉伸方向是向已有实体的顶面，结果如图 6 - 114 所示。

22）单击【特征】/【线性阵列】，以实体长边为参考方向，间距为"20"，阵列完成筋特征，结果如图 6 - 115 所示。

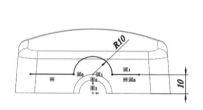
图 6 - 113 绘制草图 5

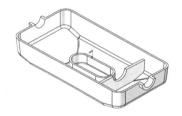
图 6 - 114 生成筋

图 6 - 115 阵列筋

23）单击【特征】/【镜向】，以"前视基准面"为镜向面，镜向两个已有筋特征，结果如图 6 - 116 所示。

24）以底面为基准面绘制图 6 - 117 所示草图，圆的左右方向位置在筋的中间。

提示：为了标注两凸台的中心距，先绘制一条中心线，再标注圆与中心线的距离，这种操作方法与回转体草图的对称标注方式相同。

25）单击【特征】/【拉伸凸台/基体】，方向选择【成形到下一面】，打开【拔模开/关】，角度为"2"，结果如图 6 - 118 所示。

图 6 - 116 镜向筋

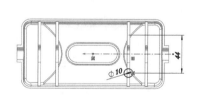
图 6 - 117 绘制草图 6

图 6 - 118 拉伸凸台

26）单击【特征】/【异形孔向导】，孔类型为"直螺纹孔"，规格为"M6"，螺纹线深度为"12"，孔深度为"15"，位置为上一步生成的圆柱凸台中心，结果如图 6 - 119 所示。

27）单击【特征】/【镜向】，以"右视基准面"为镜向面生成圆柱凸台与螺纹孔的镜向特征，如图 6 - 120 所示。

28）单击【特征】/【镜向】，以"前视基准面"为镜向面，再次镜向凸台与螺纹孔，结果如图 6 - 121 所示。

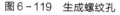

图 6 - 119　生成螺纹孔

图 6 - 120　镜向凸台与螺纹孔

图 6 - 121　再次镜向

29）以底面为基准面绘制图 6 - 122 所示草图，通过【等距实体】利用已有实体边线快速生成草图。

**思考**：为了最大化地降低草图的复杂性，该草图的最佳轮廓是什么？

30）单击【特征】/【拉伸凸台/基体】，深度值为"1.5"，结果如图 6 - 123 所示。

31）单击【特征】/【镜向】，以"右视基准面"为镜向面，镜向上一步生成的凸台，结果如图 6 - 124 所示。

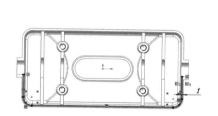

图 6 - 122　绘制草图 7

图 6 - 123　拉伸凸台

图 6 - 124　镜向凸台

32）单击【特征】/【圆角】，对筋、圆柱凸台的连接部位进行圆角处理，半径值为"1"，由于圆角对象较多，要充分利用快捷工具进行选择，结果如图 6 - 125 所示。

## 6.6　配置

配置可以在单一的文件中对零件或装配体生成多个设计变化，以生成系列零部件，它可以包含不同属性、尺寸变化、特征增减、配合参数、颜色更换等。例如，同一型号的标准件有多种规格，将这些规格在同一文件中体现，就是配置的一种具体表现形式。前面提及的爆炸视图属于一种

图 6 - 125　生成圆角

特殊的配置。

本节只讲述配置最基本的应用，进一步的应用可参考相关书籍。

### 6.6.1　手动添加配置

通过【添加配置】功能，一次添加一个配置，配置内容的变化通过建模方式更改。图 6 -
126 所示为一个零件的两种不同形式，现需要通过配置将两种形式的零件添加到同一文件中。

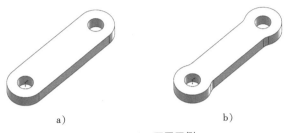

a)　　　　　　　　　　　　b)

图 6 - 126　配置示例

1）打开已有模型 "6 - 6 - 1 手动配置 . sldprt"，将属性卡切换至【配置】栏 ▣。在现有
零件名称上单击鼠标右键，如图 6 - 127a 所示，选择【添加配置】，弹出图 6 - 127b 所示的
【添加配置】对话框，在【配置名称】栏输入新的名称 "规格二"。

a)　　　　　　　　　　　　　　b)

图 6 - 127　手动添加

2）单击【确定】 ✔ 后新的配置已完成添加，并激活为当前配置，如图 6 - 128 所示，此
时对模型的操作修改均是对当前配置的修改，并不影响原有的默认配置。

3）对模型进行修改，以顶面为基准面绘制图 6 - 129 所示草图。

图 6 - 128　生成配置

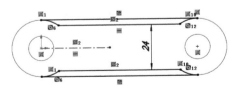

图 6 - 129　绘制草图

4）单击【特征】/【拉伸切除】，完全贯穿切除已有实体，结果如图 6 - 130 所示。

5）单击【特征】/【圆角】，对切除形成的四条棱边进行圆角，半径为 "10"，结果如
图 6 - 131 所示。

图6-130　切除实体

图6-131　生成圆角

6）在设计树中单击特征"基体"，出现该特征的所有相关参数。如图6-132a所示，在尺寸"30"上单击鼠标右键，选择【配置尺寸】，弹出图6-132b所示【修改配置】对话框，将"规格二"对应的值更改为"35"。按同样的方法处理尺寸"80"，将"规格二"对应的值更改为"100"。

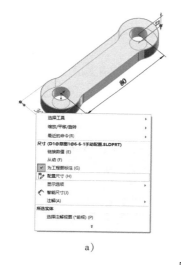

a)

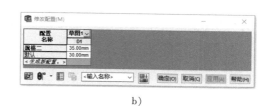

b)

图6-132　配置尺寸

7）选择设计树中的特征"孔"，按与上一步同样的方法处理孔的直径，将"规格二"的该值变更为"15"。

8）切换至【配置】属性栏，双击"默认"配置，零件会回到修改前的状态，双击"规格二"会切换至新修改的状态。

需要更多的配置时，可以继续添加新的配置。

提示：做配置的零件一定要完全定义，因为配置过程中主要是更改尺寸，草图未完全定义时输入新的尺寸会造成不可预料的结果，而且尺寸必须在合理的范围内变化。这也是验证模型健壮性的一种方式，如果在合理范围内更改尺寸造成模型报错，说明该模型不是一个"理想"的模型。

## 6.6.2　自动添加配置

在有大量配置信息时，通过手动添加配置显然效率低下，此时就需要通过自动添加配置来提高操作效率。通过添加配置表格可以很容易地处理大量数据，在有一定函数基础的前提下，还可以加入相关公式、判断，来进一步提升操作效率。

在模型处理上，自动添加配置与手动添加配置有一个很大的区别：手动添加配置通常按最基本的特征建模，新的规格需要新特征时再行添加；而自动添加配置则需要按最复杂的状态建模，也就是所有规格中涉及的特征均需要创建好，即使有时会存在特征间的冲突也需如此。在此以手动添加配置为例，虽然默认配置中没有【拉伸切除】和【圆角】，但也要创建相应特征。

❉ **注意**：自动添加配置时对设计的规范性要求较高，合理的特征名称和尺寸名称将会使添加工作事半功倍。

1）打开已有模型 "6-6-2 自动配置.sldprt"，单击菜单【插入】/【表格】/【设计表】，在出现的【源】选项中选择【自动生成】，如图6-133a所示；单击【确定】 ✔ 后弹出图6-133b所示的尺寸选择对话框，选择 "W@基体草图" "L@基体草图" "D@孔草图" 三个尺寸。

▣ **提示**：此时可以充分体现规范化建模的重要性，否则，在选择尺寸时将无从入手。

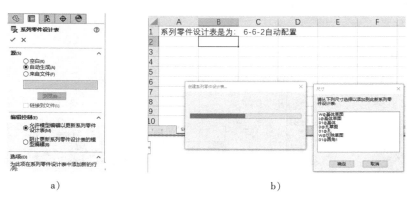

图6-133 添加表格

❉ **注意**：该操作需要 Excel 软件的支持，没有安装该软件将报错。

2）单击【确定】 ✔ 后，在图形区域的表格中出现了相关数据，由于默认的单元格格式不合理，有时表格中并未出现数字，而是出现的 "普通" 字样，如图6-134a所示，此时需选中所有单元格，将单元格格式变更为 "常规"，结果如图6-134b所示，可以看到所选择的三个尺寸变量的默认值。

图6-134 处理表格

3）按图 6 – 135 所示，输入新添加的三组数据。

4）由于在默认配置中不需要切除特征及圆角特征，所以需要在默认配置中将这两个特征"压缩"。将光标移至表格第二行中最后一个尺寸变量的后一单元格，切换至设计树，双击【侧边切除】与【圆角】两个特征，两个特征名会出现在表格中，如图 6 – 136 所示。

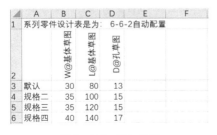

图 6 – 135　添加数据

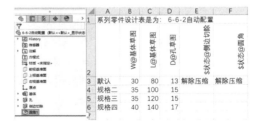

图 6 – 136　添加特征

5）将默认对应的单元格的数值更改为"S"，新添加的几个规格中输入"U"，如图 6 – 137所示。

📢 提示：在表格中输入"S"或"1"表示压缩该特征，输入"U"或"0"表示解除压缩。

6）在图形区域空白处单击鼠标左键，退出表格编辑状态，并弹出图 6 – 138 所示的生成配置提示。

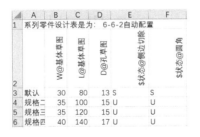

图 6 – 137　输入状态值

图 6 – 138　添加特征

7）【配置】属性栏加入了新建的表格并列出了新添加的配置，如图 6 – 139 所示，在各配置上双击鼠标右键以检验是否符合预期要求。

8）如果需要对配置内容进行修改，可以在表格上单击鼠标右键，如图 6 – 140 所示，在快捷菜单中选择【编辑表格】，重新进入表格编辑状态并根据需要修改表格内容。

图 6 – 139　添加完成

图 6 – 140　编辑表格

自动添加配置是快速生成系列零件的有效方法，可以大量减少创建类似零件的重复性工作，是企业应用中一项很重要的内容，应熟练掌握。

### 6.6.3　装配体配置

装配体配置可以用于系列产品的配置、多种方案的表达等场合，根据需要可以装入不同零部件、同一零部件的不同配置、配合关系是否压缩、配合尺寸的变化等。

1）新建一装配体，并装入"6-6-3 底座.sldprt"作为装配参考，如图6-141所示。

2）装入"6-6-3 连杆.sldprt"，其中一端孔与底座的孔"同轴心"，侧面与底座内侧面"重合"，"前视基准面"与底座右侧面"角度配合"，结果如图6-142所示。

图6-141　新建装配体　　　　　　　　图6-142　配合

3）切换至【配置】属性栏，添加一新配置"方案二"，如图6-143所示。

4）切换回设计树，在配合尺寸"120"上单击鼠标右键并在快捷菜单中选择【配置尺寸】，在"方案二"中输入"90"，如图6-144所示，单击【确定】✓退出该对话框。

图6-143　添加配置　　　　　　　　图6-144　配置尺寸

5）单击连杆，在弹出的关联工具栏的配置列表中选择"规格二"，如图6-145所示。

提示：在设计树中选择该零件可以执行同样的操作，当零件为多配置零件时，还会出现配置选择栏，其中列出了该零件的所有配置供选用。

6）此时模型变更为图6-146所示的状态，即"方案二"的配置结果，更改了零件的配置同时变更配合角度值。

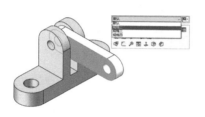
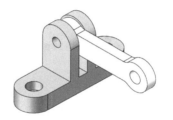

图6-145　选择零件配置　　　　　　　图6-146　新的配置结果

7）切换至【配置】属性栏，双击不同的配置查看结果。

　　配置在企业应用中具有比较重要的地位，其不仅依赖于建模能力，还涉及零部件如何规划的管理问题，练习时可以用常见标准件为例进行训练。

## 练习题

### 一、简答题

1. 日常生活中哪些物品建模时需要用到扫描和放样功能？
2. 抽壳失败的常见原因是什么？如何减少或避免这些情况出现？
3. 从规范化建模角度分析，示例"6-6-3 底座.sldprt"有哪些需要改进的地方？

### 二、操作题

1. 按图 6-147 所示二维图完成模型的创建。

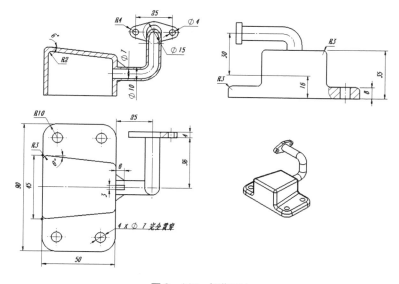

图 6-147　操作题 1

2. 按图 6-148 所示二维图完成模型的创建并生成多配置零件，配置尺寸见表 6-1。

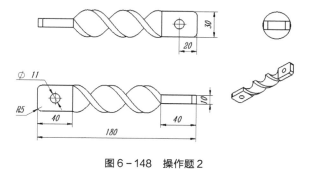

图 6-148　操作题 2

表6-1　配置尺寸　　　　　　　　　　　　　　　　（单位：mm）

| 配置 | 孔直径 | 头部宽度 | 总长 | 是否有圆角 |
|---|---|---|---|---|
| 默认 | φ11 | 30 | 180 | 有 |
| 规格一 | φ9 | 28 | 160 | 无 |
| 规格二 | φ13 | 34 | 200 | 有 |
| 规格三 | φ13 | 34 | 220 | 有 |

### 三、思考题

1. 如图6-149所示，斜线处需添加一加强筋，请列出尽可能多的方法。

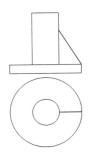

图6-149　思考题1

2. 6.6.3节装配体配置示例中，连杆与底座的角度配合为什么用基准面与面配合（图6-150a），而不是用更易选择的面与面配合（图6-150b）？

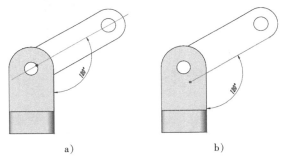

　　　　　a)　　　　　　　　　　　　　　b)

图6-150　思考题2

3. 尝试将"5-6装配体例题"中未装入的密封圈用配置方法进行设计并装入。

# 第7章

## 曲线与曲面

 |学习目标|

1）掌握基本曲线的生成方法。

2）理解常用曲面的基本概念和生成方法，学会分析模型中曲面的应用场合。

3）掌握曲面转化为实体的方法。

## 7.1 曲面与实体的关系

在 SOLIDWORKS 中，实体与曲面在大部分情况下是非常接近的，如【拉伸凸台/基体】对应的【拉伸曲面】，其操作过程与参数定义几乎相同，只是生成的结果一个是实体一个是曲面，所以在 SOLIDWORKS 中曲面也是实体的一种，称为曲面实体。

实际上，基本曲面功能生成的曲面大多可以通过实体特征功能完成，只有少数复杂曲面需要通过专用的曲面功能完成。所以不是必须使用曲面功能，某些过程可以同时尝试实体特征方法，以建模结果是否有利于参数化和后续编辑修改为主要考量依据，实际建模中进行灵活运用。

复杂曲面的建模功能是衡量一种三维软件功能强大与否的指标之一，也是衡量工程师使用软件水平的指标之一，但实际工作中由于时间上的限制，对于某个设计来讲，重要的是制定多种建模方案，在平衡参数、规范、健壮性、工艺等要素后，迅速地在这些方案中找到一个最合适的方案用于建模。

在 SOLIDWORKS 中，主要从以下方面区分曲面与实体：

1）对于曲面，其中任意一条边线仅属于一个面，如图 7-1a 所示；对于实体，其中任意一条边线同时属于两个面且只属于这两个面。当一条边线同时属于更多的面时，相关实体一定不是单一实体，如图 7-1b 所示，中间的竖直边线同时属于长方体与六棱体，这时长方体与六棱体无法合并，为两个实体，实际上这并非严格意义上的一个边线属于多个面，只是两条边线重合在一起而已。

2）曲面是没有厚度的，而实体具有一定的厚度。

3）单独的曲面没有质量，无法通过【质量属性】查看相关质量信息；而实体即使没有赋予材料，也具有默认密度下的质量信息。

4）曲面在设计树中放在"曲面实体"节点下，而实体在设计树中放在"实体"节点下，如图 7-2 所示。

a)

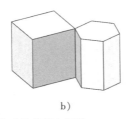

b)

图 7-1　曲面与实体的基本区别

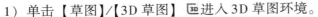

图 7-2　曲面与实体在设计树中的位置

在大多数设计中，曲面不会独立成为一个设计，最终还是需要转化为实体。

## 7.2　曲线的创建

曲面的创建是基于曲线的，这些曲线可以是草图线、已有实体的边线、已有曲面的边线，如果不存在这些条件，就需要单独创建符合要求的曲线。本节将介绍几种常见的曲线创建方法。

### 7.2.1　3D 草图

3D 草图是基本的空间曲线创建方法，其基本功能延用 2D 草图的部分绘制工具，直接在 3D 空间中绘制，没有特定的对话框与属性栏。6.1.5 节扫描例题中的路径曲线是通过实体边线间接获取的，现在通过 3D 草图直接完成其绘制，如图 7-3 所示。

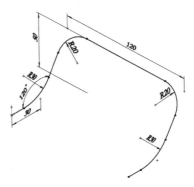

图 7-3　3D 草图

1）单击【草图】/【3D 草图】🔟进入 3D 草图环境。

2）单击【草图】/【直线】，以原点开始绘制直线，如图 7-4 所示，其与 2D 草图的区别是起点上会出现红色的"空间控标"，以方便在空间中判断方向。当所绘制直线与坐标轴方向重合时，会出现无限长的蓝色导航线，且光标侧会提示当前绘制的对象临时约束在某个平面上。例如，图 7-4 所示表示当前绘制直线在"ZX 平面"上，且通过黄色的约束提示可以看到当前线与 Z 轴重合。

3）光标向斜上方移动，从左下角的坐标系可以看到，此时该线应该在"YZ 平面"上。如果光标提示不在该平面上，可按键盘上的 <Tab> 键进行切换，每按一次切换一个平面，如图 7-5 所示，切换至所需平面后确定第二条线的终点。

4）如图 7-6 所示，移动光标并切换至"ZX 平面"，沿 X 轴方向绘制第三条线。

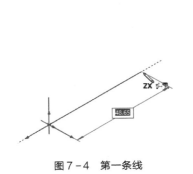

图 7-4　第一条线

图 7-5　第二条线

图 7-6　第三条线

5）按同样的操作方法绘制其余直线，结果如图 7 - 7 所示。

6）单击左下角坐标指示器的"X 轴"，将草图沿 X 方向正视，结果如图 7 - 8 所示（不同人操作有所差异），可以看到两侧的水平线与斜线并不对称。

7）对两条斜线添加"平行"几何关系，对水平线的左侧端点与原点添加"沿 X" 的几何关系，结果如图 7 - 9 所示。

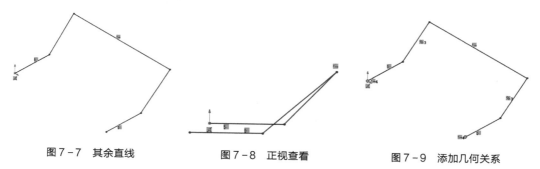

图 7 - 7　其余直线　　　　　　图 7 - 8　正视查看　　　　　　图 7 - 9　添加几何关系

8）单击【草图】/【绘制圆角】，对四个直线交点分别添加"R30"和"R20"圆角，如图 7 - 10 所示。

9）单击【草图】/【智能尺寸】，标注尺寸与角度，如图 7 - 11 所示。此时草图应完全定义；如果未完全定义，应检查是否缺少几何约束关系。

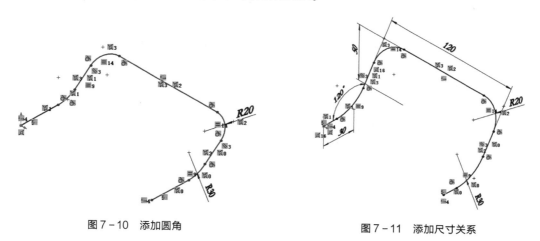

图 7 - 10　添加圆角　　　　　　　　　图 7 - 11　添加尺寸关系

👉 **技巧**：从示例中可以看到，绘制 3D 草图需要较强的空间感，这在绘制较复杂的 3D 草图时较为困难。此时可以单击菜单【窗口】/【视口】/【四视图】，将图形区域更改为四视图状态，如图 7 - 12 所示，四个视图的显示同步，可以切换到任意一个视图在对应的 2D 平面内绘制，这样可以大大降低空间判断的难度，绘制完成后再单击菜单【窗口】/【视口】/【单一视图】切换回单一视图状态。

## 7.2.2　分割线

分割线用于将参考对象投射到实体表面或曲面上，将该面分割成多个独立的面，该命令在拔模、抽壳、分析等功能中均有着重要的应用，前面章节的示例中也有所涉及。单击【特

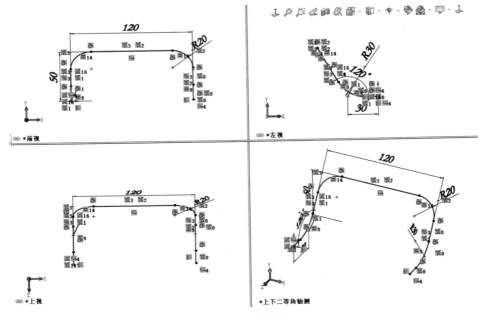

图 7 - 12　四视图

征】/【曲线】/【分割线】 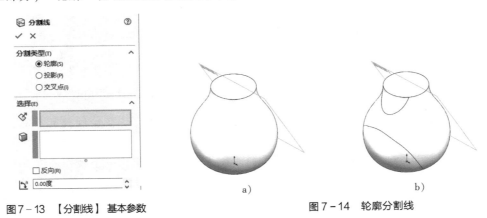，其基本参数如图 7 - 13 所示，主要有三种形式的分割类型，每种类型的要求有所差异。

（1）【轮廓】　可通过一参考基准面确定拔模方向，以便在面上生成最佳的分割位置，此位置类似于分模线，在模具设计中有着重要的应用。如图 7 - 14a 所示，拔模方向为新建的基准面，对回转体表面进行分割，结果如图 7 - 14b 所示。学过模具课程的人很容易理解这个结果，在分割线处分模，但左上角部分会影响上模的脱模，所以左上角又分割了一部分，即分割为三部分，"轮廓"分割线在面上分割时有可能产生多条分割线。

图 7 - 13　【分割线】基本参数　　　　　　图 7 - 14　轮廓分割线

（2）【投影】　将草图投射到所选面上并分割，是较为常用的一种分割线。如图 7 - 15a 所示，草图为椭圆，需投射至回转面上并分割，结果如图 7 - 15b 所示。当草图位于分割面中间位置时，需要注意投射方向，默认为双向投射，即在两侧产生分割线，如果此时只需其中一侧，可选择下方的【单向】选项，并控制好方向。【投影】可以同时投射到多个所选面上。

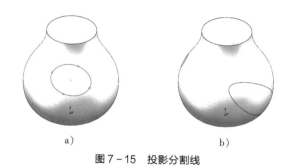

a)　　　　　　　　b)

图 7 - 15　投影分割线

（3）【交叉点】　用于分割相交面，如图 7 - 16a 所示，"前视基准面"与回转面相交。通过【交叉点】分割后的结果如图 7 - 16b 所示。

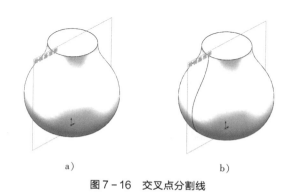

a)　　　　　　　　b)

图 7 - 16　交叉点分割线

### 7.2.3　投影曲线

可以将草图投射到草图或面上创建新的曲线，其原理是将草图沿所在基准面的垂直方向投射到面上，产生相交线。如果有两个草图，则同时投射求相交线。单击【特征】/【曲线】/【投影曲线】 ，其基本参数如图 7 - 17 所示。

（1）【面上草图】　用于将草图投射至所选面上。例如，图 7 - 18a 所示为将上方草图投射至下方实体表面上，结果如图 7 - 18b 所示。

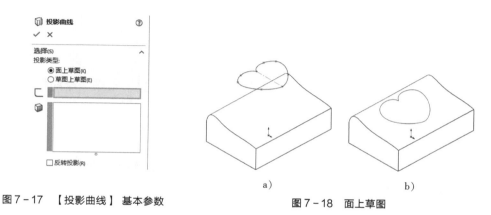

图 7 - 17　【投影曲线】基本参数　　　　图 7 - 18　面上草图

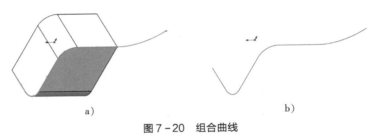

**注意**：与【分割线】中【投影】选项的区别是，该功能仅生成曲线，对所选面不进行任何处理。

（2）【草图上草图】 用于两个草图投影。例如，图 7－19a 所示为两个不同平面上的草图，选择两个草图作为条件后结果如图 7－19b 所示。该功能对于可以通过两个正交视图表达的空间复杂曲线十分有效。

a） b）

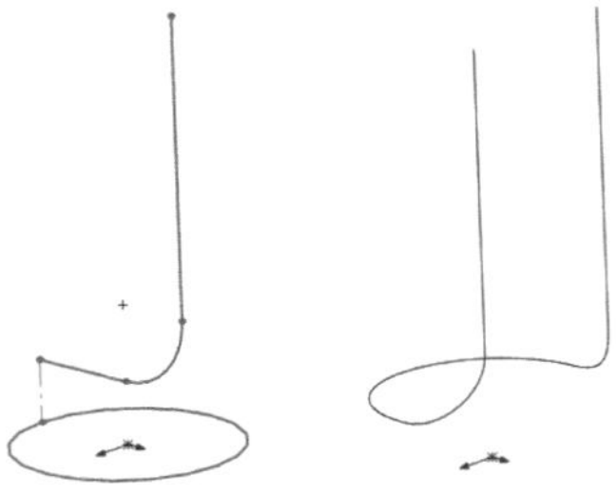

图 7－19 草图上草图

### 7.2.4 组合曲线

可以将首尾相连的实体边线、草图线等组成一条曲线，只需选择所需组合的对象即可完成操作。单击【特征】/【曲线】/【组合曲线】，如图 7－20a 所示，选择实体的连续边线及草图圆弧，单击【确定】并隐藏实体，结果如图 7－20b 所示。

a） b）

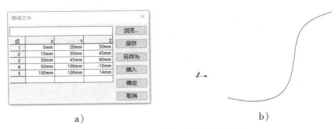

图 7－20 组合曲线

### 7.2.5 通过 XYZ 点的曲线

通过输入的 XYZ 坐标值，创建通过这些坐标值的点形成曲线。单击【特征】/【曲线】/【通过 XYZ 点的曲线】，弹出图 7－21a 所示对话框，在表格中输入相应的坐标值，输入的同时会在图形区域出现曲线的预览，单击【确定】后生成图 7－21b 所示曲线。

| 点 | X | Y | Z |
|---|---|---|---|
| 1 | 0mm | 20mm | 30mm |
| 2 | 10mm | 30mm | 45mm |
| 3 | 30mm | 45mm | 60mm |
| 4 | 50mm | 100mm | -10mm |
| 5 | 100mm | 100mm | 14mm |

a）

b）

图 7－21 通过 XYZ 点的曲线

该功能允许通过【浏览】打开已有的符合要求的坐标数据，根据测绘的相关数据快速生成空间曲线，如叶片的截面数据。

### 7.2.6 通过参考点的曲线

通过选择已有的点形成空间曲线，可以是已有实体的顶点或草图点。单击【特征】/【曲线】/【通过参考点的曲线】，选择图 7－22a 所示长方体的顶点生成曲线，当选中【闭环曲线】选项时，最终生成的曲线会首尾相连，如图 7－22b 所示。

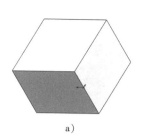 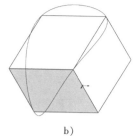

a)　　　　　　　　　　　　b)

图 7-22　通过参考点的曲线

扫码看视频

### 7.2.7　螺旋线/涡状线

用于创建三维螺旋线与二维涡状线，该功能基于一个草图圆开始，即使用该功能前必须有一个只有一个圆的草图作为基础。单击【特征】/【曲线】/【螺旋线/涡状线】 ⑧ ，弹出图 7-23 所示属性框，主要有【定义方式】、【参数】和【锥形螺纹线】三组参数。

（1）【定义方式】　共有四种定义方式，前三种为螺旋线定义，第四种为涡状线定义。【螺距和圈数】用于输入螺距与所需圈数定义螺旋线；【高度和圈数】用于输入所需总高度及圈数定义螺旋线；【高度和螺距】用于输入所需总高度及螺距定义螺旋线；【涡状线】用于输入螺距与圈数定义涡状线。

（2）【参数】　根据所选的定义方式不同而出现不同的参数输入栏，其中【恒定螺距】用于定义固定螺距的螺旋线，【可变螺距】用于定义变化螺距的螺旋线。

图 7-23　【螺旋线/涡状线】基本参数

（3）【锥形螺纹线】　用于输入角度来定义带锥度的螺纹线。

下面以图 7-24 所示模型为例介绍螺纹线的使用方法。

1）以"前视基准面"为基准绘制图 7-25 所示草图圆。

2）单击【特征】/【拉伸凸台/基体】，深度为"75"，结果如图 7-26 所示。

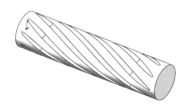  

图 7-24　螺纹线示例　　　　　图 7-25　绘制草图 1　　　　　图 7-26　拉伸凸台

3）以圆柱体顶面为基准面绘制草图，通过【转换实体引用】投射边线圆至当前草图，如图 7-27 所示。

4）单击【特征】/【曲线】/【螺旋线/涡状线】，【定义方式】选择【螺距和圈数】，【参数】选择【可变螺距】，在【区域参数】中输入图 7-28 所示参数值。

5）单击【确定】 ✓ ，生成图 7-29 所示螺旋线。

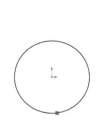

图7-27 绘制草图2          图7-28 输入参数          图7-29 生成螺旋线

6）以圆柱体顶面为基准面绘制图7-30所示草图，对草图圆心与螺旋线添加几何关系"穿透"。

7）单击【特征】/【扫描切除】，以上一步的草图圆为轮廓，以螺旋线为路径，结果如图7-31所示。

8）单击【特征】/【圆周阵列】，以圆柱体表面为旋转轴，阵列数量为"8"，结果如图7-32所示。

图7-30 绘制草图3          图7-31 扫描切除          图7-32 阵列扫描切除

9）以圆柱体顶面为基准面，绘制图7-33所示草图直线，直线过原点。

10）单击【特征】/【圆周阵列】，以草图直线为旋转轴，阵列数量为"2"，选择阵列【实体】，结果如图7-34所示。

11）单击【特征】/【组合】，如图7-35 a所示，【操作类型】选择【添加】，选择两段实体，单击【确定】后结果如图7-35 b所示。

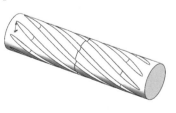

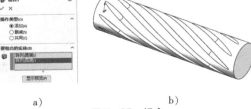

a)

图7-33 绘制草图4          图7-34 阵列实体          图7-35 组合

🔊 提示：【组合】功能用于对多实体零件中的不同实体之间进行运算操作。有三种【组合】类型：【添加】是将所选实体相加组合生成单一实体，类似于基本增加材料特征中的【合并结果】选项的效果；【删减】是从所选实体中移除重叠部分，类似于基本特征中的切除；【共同】则是留下所选实体的重叠部分。

## 7.3　常用基本曲面的创建

在 SOLIDWORKS 中，【曲面】是独立的工具栏选项卡，大多曲面功能均归类在该选项卡中。常用的曲面功能有【拉伸曲面】 、【旋转曲面】 、【扫描曲面】 、【放样曲面】 、【边界曲面】 和【填充曲面】 ，前四种曲面生成方法与对应的特征功能操作方法、参数均相似，在此不单独解释，在后面的例题中将会用到这几种功能，这里主要讲解【边界曲面】与【填充曲面】。

### 7.3.1　边界曲面

【边界曲面】用于生成具有两个方向条件曲线的面，最少可以是两条相交曲线，如图 7 - 36a 所示，也可以是两个方向均具有多条曲线的复杂曲面，如图 7 - 36b 所示。不管是多少条曲线，必须有交点，否则将无法生成。

1）单击【曲面】/【边界曲面】，其属性栏如图 7 - 37 所示，选择参与创建曲面的两个方向的曲线。

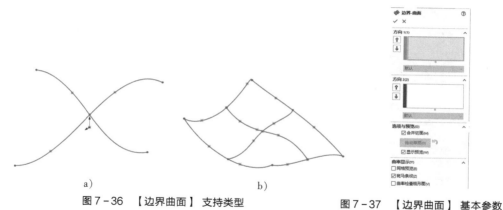

图 7 - 36　【边界曲面】支持类型　　　　图 7 - 37　【边界曲面】基本参数

2）如图 7 - 38a 所示，选择【方向 1】的三条边，再切换至【方向 2】选择另外三条边，如图 7 - 38b 所示，选择完成后单击【确定】 即可生成边界曲面。

注意：【方向 2】的三条边是在一个 3D 草图中绘制而成的，所以无法直接分开选择，需要用选择工具（Selection Manager）逐一选择。

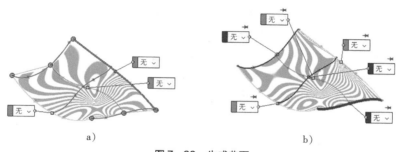

图 7 - 38　生成曲面

提示：在生成边界曲面的过程中，可以通过鼠标拖动边线上出现的点，以调整所生成曲面的大小。

有多条边线时，其生成的结果类似于但优于【放样曲面】的结果，因为【边界曲面】两个方向的计算权重相同，而放样时轮廓优先，会弱化引导线的影响因子；另外，【边界曲面】中每条曲线均可控制其约束方式，在图形区域单击"无"下拉列表进行选择，而【放样曲面】只能控制起始约束和结束约束。

### 7.3.2 填充曲面

【填充曲面】可以在现有模型边线、草图、曲线（包括组合曲线）定义的边界内构成具有任何边数的曲面修补，可使用此特征来填充模型中的缝隙，尤其是作为输入模型中有问题曲面的修补。

单击【曲面】/【填充曲面】，属性栏如图 7 - 39 所示，主要包含【修补边界】、【约束曲线】和【选项】三个参数。

（1）【修补边界】 选择所需填充的边界，边界需要首尾相连，如图 7 - 40a 所示。顶部有一开口，需要对其进行填充，选择开口边线，结果如图 7 - 40b 所示。

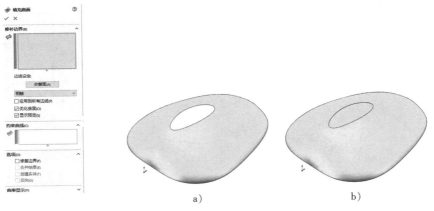

图 7 - 39 【填充曲面】基本参数　　　　图 7 - 40 填充曲面

【交替面】只能用于已有边线填充，不支持草图线填充。当填充曲面的位置不合理时，可通过该功能进行更换，系统将给出其他解决方案供选择。

【曲率控制】是该命令的一个重要选项，用于控制生成的面与条件间的过渡关系。其中有【相触】、【相切】和【曲率】三个选项，默认为【相触】，只是边线连续，如图 7 - 41a 所示，斑马条纹显示为填充部分与周边曲面是不连续的；【相切】选项使得填充曲面与周边曲面保持相切，结果如图 7 - 41b 所示，斑马条纹显示为填充部分与周边曲面是连续的；【曲率】选项使得填充曲面与周边曲面保持曲率连续，结果如图 7 - 41c 所示，斑马条纹显示为填充部分与周边曲面是连续的且光滑过渡，曲面质量是最好的，但条件也是最苛刻的，当曲面较平缓时结果与【相切】差异较小。

提示：由于几种结果的差异不易区分，可以单击菜单【视图】/【显示】/【斑马条纹】，打开斑马条纹显示，这也是评估曲面质量的一项重要手段。

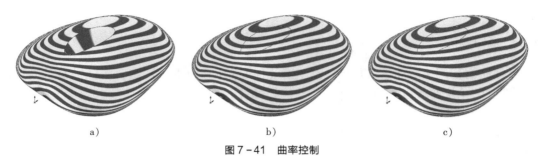

图 7 - 41　曲率控制

（2）【约束曲线】　通过添加约束曲线进一步控制所生成填充曲面的效果，如图 7 - 42a 所示。填充区域中有一曲线作为约束曲线，结果如图 7 - 42b 所示，填充曲面受曲线的约束向下凹陷。

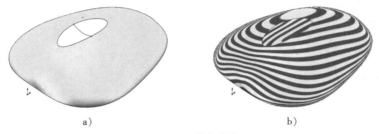

图 7 - 42　约束曲线

（3）【选项】【修复边界】可以对细小的填充缺口进行自动修复。如图 7 - 43a 所示，曲面上有一个小的缺口，如果没有选择该选项，系统会提示"边界为开环，不能修补"而无法填充；选择该选项后，系统则会自动处理该缺口，如图 7 - 43b 所示。该选项对于修复外来破损面模型尤其有用。

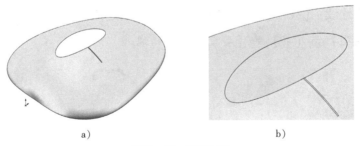

图 7 - 43　修复边界

【合并结果】用于决定填充的曲面是否与周边曲面连成一个面，不选则各自独立，可以从设计树中的"曲面实体"文件夹中进行观察。

选中【创建实体】后，生成的曲面若符合创建实体的条件，则自动转为实体；未选中【创建实体】时，不管曲面是否符合实体条件，均保持曲面状态。

## 7.4　曲面的编辑修改

当创建的曲面不符合要求时，需要对其进行编辑修改，SOLIDWORKS 主要提供了【延伸曲面】、【剪裁曲面】和【解除剪裁曲面】三种曲面编辑工具。

### 7.4.1 延伸曲面

【延伸曲面】用于对曲面进行延伸。单击【曲面】/【延伸曲面】 ☜，属性栏如图 7 - 44 所示，主要包含【拉伸的边线/面】、【终止条件】和【延伸类型】三个参数。

（1）【拉伸的边线/面】 选择需要延伸的对象，选择边线时可以是不连续的边线，如果选择的是面，则面的所有边线均被延伸。

（2）【终止条件】 其中包含三个选项：【距离】用于输入尺寸值，决定了面的延伸长度；【成形到某一点】用于选择一点作为参考，但并非延伸到该点，而是将延伸边到该点的距离转化为延伸的长度，如果延伸的是直纹面的直纹方向，则正好延伸至参考点，但通常延伸的都是曲面，所以实际延伸长度难以判断，故而使用较少；【成形到某一面】用于选择参考面，延伸到该面为止，如图 7 - 45a 所示，右侧曲面为参考面，结果如图 7 - 45b 所示，参考面要大于或等于延伸面的尺寸范围。

图 7 - 44　【延伸曲面】基本参数

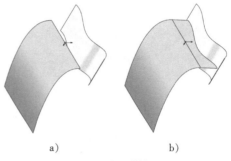

a)　　　　　　　　　b)

图 7 - 45　成形到某一面

（3）【延伸类型】【同一曲面】用于沿曲面的几何体延伸，如图 7 - 46a 所示，延伸部分与原曲面保持曲率连续；【线性】用于按相切的线性方向延伸，如图 7 - 46b 所示。

💬 提示：【延伸类型】与【筋】的【类型】选项相似。

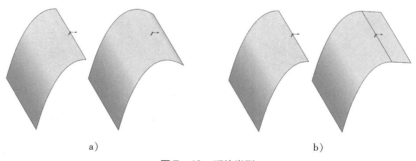

a)　　　　　　　　　　　　　　　b)

图 7 - 46　延伸类型

### 7.4.2 剪裁曲面

【剪裁曲面】用于对曲面进行剪裁。单击【曲面】/【剪裁曲面】 ☜，属性栏如图 7 - 47 所示，主要包含【剪裁类型】、【选择】和【曲面分割选项】三个参数。

（1）【剪裁类型】 选中【标准】时，作为剪裁工具的曲面不做任何修改；选中【相互】时，所选曲面相互剪裁。

（2）【选择】 当【剪裁类型】为【标准】时选择【剪裁工具】，剪裁工具可以是草图、平面或曲面。选择好【剪裁工具】后再选择【被剪裁曲面】有两种方法：可以选择保留选择，也可以选择移除选择。如图 7 - 48a 所示，通过草图轮廓剪裁曲面，保留中间部分，结果如图 7 - 48b 所示。

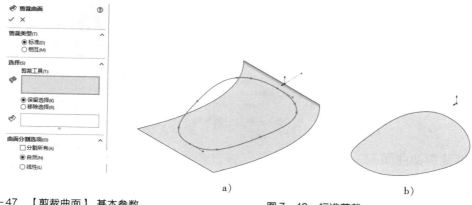

图 7 - 47 【剪裁曲面】 基本参数　　　图 7 - 48 标准剪裁

当【剪裁类型】为【相互】时，需要选择两个曲面，再选择保留还是移除部分。例如，图 7 - 49a 所示两个曲面相互剪裁，留下左上方的曲面，结果如图 7 - 49b 所示。

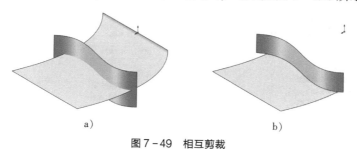

图 7 - 49 相互剪裁

（3）【曲面分割选项】 当作为剪裁工具的曲面小于被剪裁曲面时，该选项可以控制剪裁工具的曲面如何延伸以便与被剪裁曲面相交，达到剪裁的目的。如图 7 - 50a 所示，圆弧曲面为剪裁工具，下面为被剪裁曲面，当选择【自然】时，切割区域沿圆弧端点的切边延伸至被剪裁曲面，如图 7 - 50b 所示；当选择【线性】时，切割区域由圆弧端点连接到最近的被剪裁曲面的边线，距离最短，如图 7 - 50c 所示。

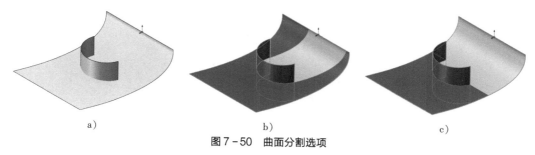

图 7 - 50 曲面分割选项

选择【自然】的同时选中【分割所有】，除了按切线延伸至被剪裁面外，还会切割点与相邻两条边的连线，如图 7-51a 所示，注意其与图 7-50b 的对比；选择【线性】的同时选中【分割所有】，由圆弧端点同时向相邻的两条边线切割，结果如图 7-51b 所示，注意其与图 7-50c 的对比。可以理解成选中【分割所有】后，系统将考虑所有可能的切割方式。

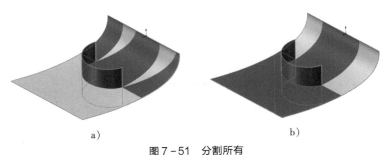

a)            b)

图 7-51 分割所有

### 7.4.3 解除剪裁曲面

【解除剪裁曲面】功能用于对曲面进行修补。单击【曲面】/【解除剪裁曲面】 ◈ ，当选择对象为曲面时，属性栏如图 7-52a 所示；当选择对象为边线时，属性栏如图 7-52b 所示。

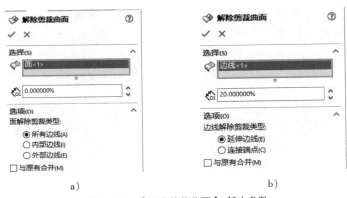

a)            b)

图 7-52 【解除剪裁曲面】基本参数

【选择】用于选择要解除剪裁的对象，可以是边线或面，并输入延伸的比例。

如图 7-53a 所示曲面，其上有孔洞及缺口，选择该面后在下方的【面解除剪裁类型】中选择【内部边线】时，修补的是孔洞部分，如图 7-53b 所示；选择【外部边线】时，修补的是缺口部分，如图 7-53c 所示；选择【所有边线】时，则同时修补孔洞和缺口。

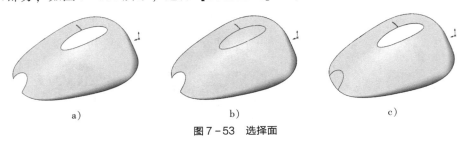

a)            b)            c)

图 7-53 选择面

如图 7-54a 所示曲面，选择边上缺口处边线，当选择缺口长边线并延伸 20% 时，结果如图 7-54b 所示，延伸所选边线；当同时选择缺口处两条边线，且剪裁类型选择【连接端点】时，连接两条线的端点，延伸比例不再起作用，结果如图 7-54c 所示。

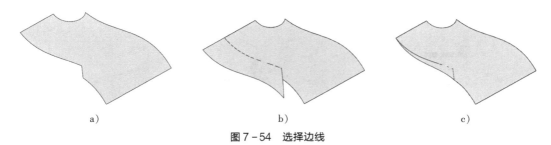

图 7-54　选择边线

【与原有合并】用于决定补充的曲面是否与周边曲面连成一个面，不选则各自独立，可以从设计树的"曲面实体"文件夹中观察。

## 7.5　曲面与实体的转换

曲面通常作为建模的中间过程，最终还是需要转换为实体，在基本建模操作中可以将曲面作为终止条件。例如，【拉伸凸台/基体】时可以选择【成形到一面】，使得拉伸到该面为止，让曲面参与建模。除了在基本建模命令中利用曲面外，SOLIDWORKS 还提供了专用的将曲面转换为实体的功能。

### 7.5.1　加厚

【加厚】用于对曲面进行加厚，形成实体。单击【曲面】/【加厚】

图 7-55　【加厚】
基本参数

，属性栏如图 7-55 所示，参数较为简单。

【加厚参数】用于选择需要加厚的曲面，同时选择加厚的方向，并输入厚度尺寸。如图 7-56a 所示曲面，对其向内加厚"5"，结果如图 7-56b 所示。

📢 提示：要判断加厚有没有成功，可以通过剖面视图查看曲面有没有厚度，或通过【质量属性】查看曲面有没有质量值。

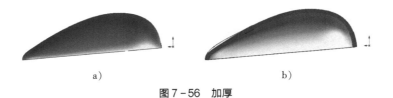

图 7-56　加厚

### 7.5.2　切除-加厚

【切除-加厚】与【加厚】相反，加厚部分为切除区域，需要与待切除的实体对象有相交区域。单击【曲面】/【切除-加厚】🔧，属性栏如图 7-57 所示，参数与【加厚】相同。

【加厚参数】用于选择需要加厚的曲面，同时选择加厚的方向，并输入厚度尺寸。如

图 7-58a 所示，用曲面的加厚部分切除椭圆柱，向内侧加厚 "5"，结果如图 7-58b 所示。

☀️ **注意：** 由于【切除－加厚】已将实体分成两个不相连的部分，此时系统会提示是否全部保留，如果保留 "所有实体"，将会形成由两个实体组成的模型，也可以有选择地保留其中一个实体。

图 7-57  【切除－加厚】基本参数

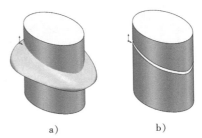

a)　　　　　b)

图 7-58　切除－加厚

### 7.5.3　使用曲面切除

【使用曲面切除】用于切除已有实体对象，其只有一个选项，即【选择切除曲面】。

单击【曲面】/【使用曲面切除】🗐，如图 7-59a 所示，通过曲面切除实体的上半部分，结果如图 7-59b 所示；如果切除方向相反，可单击【反向】。

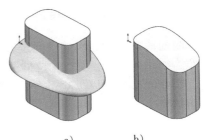

a)　　　b)

图 7-59　使用曲面切除

### 7.5.4　缝合曲面

【缝合曲面】用于将多个曲面缝合成一个曲面，如果缝合后的曲面能形成一个完整的型腔，则可以选择【创建实体】选项，型腔将转化为实体。

单击【曲面】/【缝合曲面】📖，属性栏如图 7-60 所示，主要有【选择】和【缝隙控制】两个参数。

（1）【选择】　选择需要缝合的面，所选面必须相连，即这些面要有共同的边线。如图 7-61a 所示，选择曲面与底平面两个面，这两个面可以形成封闭的型腔，选择【创建实体】，如图 7-61b 所示，形成一实体模型。【合并实体】的功能是当形成的实体与已有实体相交时，使其与已有实体合并。

图 7-60　【缝合曲面】基本参数

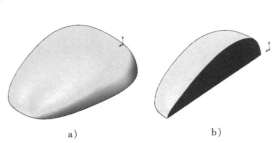

a)　　　　　　　b)

图 7-61　合并实体

（2）【缝隙控制】　当待缝合的曲面之间有间隙时，默认情况下是无法缝合的。当间隙的最大尺寸小于"0.1"时，可以通过【缝隙控制】由系统自动处理缝隙，这对于修补复杂的输入曲面相当重要。图 7‑62a 所示的两个曲面之间存在间隙，缝合时将【缝隙控制】选中，会在下方列出缝隙数据，如图 7‑62b 所示，勾选该缝隙后，系统将自动处理该缝隙而完成曲面缝合操作。

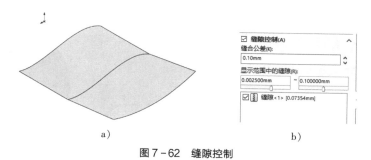

a)　　　　　　　　　　　　　　　　b)

图 7‑62　缝隙控制

## 7.6　曲面建模例题

创建图 7‑63 所示模型，主要轮廓用曲面完成，要求草图完全定义。

扫码看视频

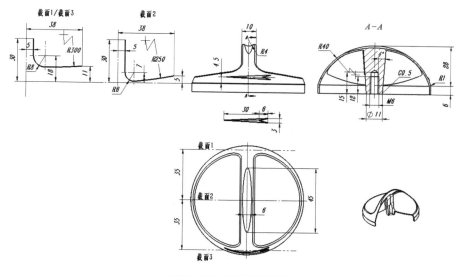

图 7‑63　曲面建模例题

### 1. 建模分析

实体模型大多可以通过曲面功能完成，在早期的 CAD 软件中，这是一种主要建模方式。本例模型将通过基本曲面完成主要特征，首先生成主体回转体，再生成两侧放样曲面，通过剪裁留下需要的面，然后通过缝合生成实体，最后添加附加特征。

### 2. 操作步骤

1）新建一零件，并选择"gb_part"作为模板。

2）以"前视基准面"为基准绘制图7-64所示草图，注意曲面草图与实体草图的区别，曲面草图无须封闭，只需参与建模的轮廓性草图即可。

3）单击【曲面】/【旋转曲面】，以草图中心线为旋转轴，旋转360°，结果如图7-65所示。

4）以"上视基准面"为基准绘制草图，将旋转曲面的圆形边线【转换实体引用】为草图圆，结果如图7-66所示。

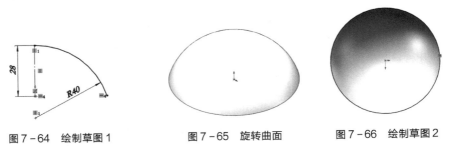

图7-64　绘制草图1　　　　图7-65　旋转曲面　　　　图7-66　绘制草图2

5）单击【曲面】/【拉伸曲面】，拉伸草图圆，深度为"6"，结果如图7-67所示。

6）以"前视基准面"为基准绘制图7-68所示草图。

7）以"前视基准面"为参考创建等距基准面，距离为"35"，如图7-69所示。

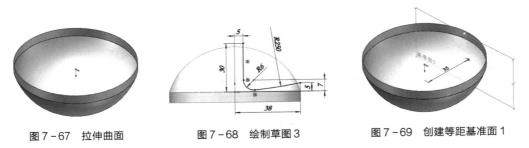

图7-67　拉伸曲面　　　　图7-68　绘制草图3　　　　图7-69　创建等距基准面1

8）以新建基准面为基准绘制图7-70所示草图。

9）以"前视基准面"为参考创建反向等距基准面，距离为"35"，如图7-71所示。

10）以新建基准面为基准绘制草图，将第8步创建草图的所有元素均【转换实体引用】至当前草图，结果如图7-72所示。

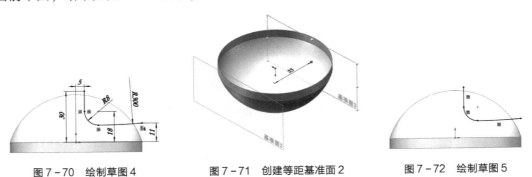

图7-70　绘制草图4　　　　图7-71　创建等距基准面2　　　　图7-72　绘制草图5

11）单击【曲面】/【放样曲面】，以三个草图为轮廓放样，注意选择先后顺序及对应点，结果如图7-73所示。

12）单击【特征】/【镜向】，以"右视基准面"为镜向面，镜向放样曲面，结果如图 7-74 所示。

13）单击【曲面】/【剪裁曲面】，剪裁类型选择【相互】，选择旋转曲面与放样曲面，保留交叉区域，结果如图 7-75 所示。

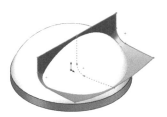

图 7-73　放样曲面

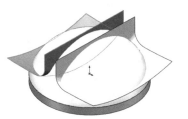
图 7-74　镜向放样面

图 7-75　剪裁曲面 1

14）按同样方法剪裁镜向的放样面，结果如图 7-76 所示。

15）以"上视基准面"为基准绘制图 7-77 所示椭圆草图。

16）单击【曲面】/【剪裁曲面】，剪裁类型选择【标准】，以椭圆草图为剪裁工具剪裁上侧曲面，保留外部曲面区域，结果如图 7-78 所示。

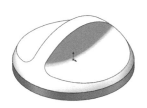
图 7-76　剪裁曲面 2

图 7-77　绘制草图 6

图 7-78　剪裁曲面 3

17）以"前视基准面"为基准绘制草图绘制图 7-79 所示圆弧，注意圆弧端点分别与两侧边线"穿透"。

18）单击【曲面】/【填充曲面】，选择椭圆剪裁的边线作为修补边界、上一步的圆弧草图作为"约束曲线"，结果如图 7-80 所示。

19）单击【曲面】/【平面区域】，选择拉伸曲面的圆周边线绘制草图，结果如图 7-81 所示。

提示：该处用【填充曲面】也可完成，但对于平面而言，通常优先采用【平面区域】，其计算效率更高。

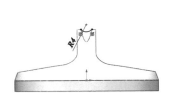
图 7-79　绘制草图 7

图 7-80　填充曲面 1

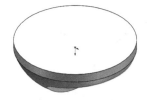
图 7-81　绘制草图 8

20）单击【曲面】/【缝合曲面】，选择所有面，并选择【创建实体】选项，用【剖面视图】检查，结果如图 7-82 所示。

21）单击【特征】/【圆角】，对放样区域的边线及中间圆周边线进行圆角处理，圆角半径为"1"，结果如图 7 - 83 所示。

22）单击【特征】/【抽壳】，保留厚度为"1"，移除底面，结果如图 7 - 84 所示。

图 7 - 82　缝合曲面

图 7 - 83　圆角 1

图 7 - 84　抽壳

23）以底面为基准面绘制图 7 - 85 所示草图。

24）单击【特征】/【拉伸凸台/基体】，选择【成形到下一面】；打开【拔模开/关】，拔模角度为"4"，注意拔模方向，此处需要向外拔模，结果如图 7 - 86 所示。

25）单击【特征】/【圆角】，对内部所有棱边圆角，圆角半径为"1"，结果如图 7 - 87 所示。

图 7 - 85　绘制草图 9

图 7 - 86　拉伸凸台

图 7 - 87　圆角 2

26）单击【特征】/【异型孔向导】，孔类型为"螺纹孔"，孔规格为"M6"，螺纹线深度为"12"，孔深度为"15"，位置在拉伸凸台的中心，结果如图 7 - 88 所示。

27）单击【特征】/【倒角】，对圆柱凸台边线倒角，尺寸为"0.5×45°"，如图 7 - 89 所示。

28）以"前视基准面"为基准绘制图 7 - 90 所示草图。

图 7 - 88　螺纹孔

图 7 - 89　倒角

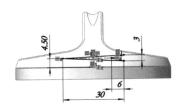
图 7 - 90　绘制草图 10

29）单击【特征】/【曲线】/【分割线】，用上一步的草图分割外圆柱面，注意只需分割单侧，结果如图 7 - 91 所示。

30）单击【曲面】/【填充曲面】，选择上一步的分割边线，注意不要选择【优化曲面】选项，结果如图 7 - 92 所示。

31）单击【曲面】/【加厚】，对填充曲面加厚 "0.5"，结果如图 7 - 93 所示。

图 7 - 91　分割面

图 7 - 92　填充曲面 2

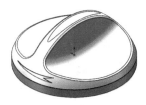
图 7 - 93　加厚

　　曲面的很多基本创建方式与实体创建方式是互通的，但由于算法的不同，实际产生的结果还是有所差异的。例如，对于同一条件用实体的放样无法生成时，可以尝试曲面的放样，在生成曲面时，其约束的选择与参数对结果影响相当大，使用时应注意调节，以获得最佳的曲面效果。

 **练习题**

**一、简答题**

1. 曲面例题的最后两个步骤如果用实体拉伸的相应功能完成，结果会有什么差异？
2. 简述曲面转换为实体的常用方法。
3. 简述【放样凸台/基体】与【放样曲面】的异同。

**二、操作题**

1. 完成图 7 - 94 所示模型的创建，要求主体特征用曲面功能完成。

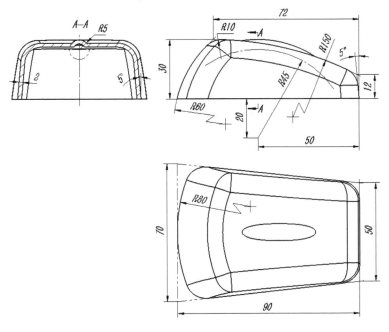
图 7 - 94　操作题 1

2．创建鼠标的外形，要求主体特征用曲面功能完成。

### 三、思考题

1．当无法通过简单草图完成曲面时，应该优先选择构建复杂空间曲线创建条件，还是用更多的曲面编辑功能完成曲面？为什么？

2．图7-95所示的曲线条件可以用哪些方法构建相应的示例曲面，各自的优势是什么？

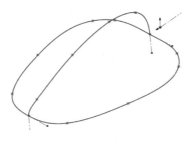

图7-95　思考题2

# 第8章

## 设计篇

### 学习目标

1) 了解最基本的设计相关要素。
2) 了解设计要素在三维软件中的表达方法。
3) 了解设计的各种形式。

## 8.1 设计理念

不同资料对设计的定义有所差异,在机械工业中,设计主要指工业设计(偏重外观、交互)和工程设计(偏重功能、满足需求)。比如机床设备,其主体由结构部分与控制部分组成,结构部分既要满足预定的加工场景需要,又要考虑人机交互的友好性,甚至外观配色也在设计范围内。当然,一台复杂的设备不是由一个人完成的,而是通过不同专业的协调、团队的合作完成的。但不管是什么样的设计,其基本的设计理念是相同的,具体表现在以下几点:

(1)设计的功能满足 功能满足是最基本的要求,满足不了功能的产品只能是摆设,是单纯的艺术设计,而不是机械产品设计。功能需求可以来自新的想法,如创新型产品,其功能是由设计者定义的,定义过程中的信息来源可以是设计者自己的奇思妙想,也可以是市场调研的结果;功能需求也可以来自老产品的改型,如客户对产品的反馈、生产制造过程中问题的暴露、新技术的出现、提升市场竞争力的努力等。

功能的最终需求可通过动力、负载、寿命、可靠性等具体参数指标量化,其中大多数核心参数均会体现在产品的铭牌上,如新能源汽车设计的核心指标可量化成充电时间、行驶里程、电池寿命、输出扭矩、加速度、维护周期等,图8-1所示为某型新能源汽车的参数。

| 版本 | 标准续航版 | 长续航版 | 双电动机全轮驱动版 | 高性能全轮驱动版 |
|---|---|---|---|---|
| 续航EPA标准/km | 370 | 482 | 450 | 450 |
| 最高时速/(km/h) | 193 | 210 | 217 | 241 |
| 0~100km/h加速时间/s | 5.9 | 5.5 | 4.8 | 3.5 |

图8-1 某型新能源汽车的参数

(2)统筹性思维 产品设计并非只是创建了模型,其中还涉及电气控制、液压控制等,同时需要兼顾材料选择、经济性、适应性、运输方便性、环境适应性等。比如研发坦克过程中采用什么样的动力系统,是柴油机还是燃气轮机,此时就要考虑其使用环境,如果目标使用场合为平原地区，则燃气轮机性能优越，其起动速度快、功率密度高、结构简单；但如果目标使用场合是高原地区，那么燃气轮机可能无法起动，而柴油机对环境的要求则低很多。比如一套化工装备需整机运输，考虑公路运输时，其装载后的总高度将受限于到使用场所中间路段的限高问题。图 8-2 所示为一风电叶片的运输图片，此时不仅要设计产品，还要配套设计出专用运输装备。

图 8-2　运输方案

　　所以设计产品过程中要统筹各方面的要求，这也是产品项目负责人需要长期经验积累的原因。

　　（3）制造工艺性要求　制造工艺包括加工、检验、装配等，再好的设计都需要通过加工制造形成最终的实物产品，否则只是纸上谈兵。产品怎么制造、如何加工，虽然主要由工艺人员编排，但设计的结构完全无法加工，工艺人员也无能为力；或是虽然能加工，但成本高昂，无形中也削弱了产品的竞争力。所以设计人员了解所在企业的加工能力、合作单位的加工水平等也是一项基本素质。比如在设计中增加一个小孔径深孔是很容易的事情，但加工时则需要专用设备，且报废率高，显然这是一个需要尽量避免的特征。

　　在 SOLIDWORKS 中，可以通过专用工具对设计的零件进行检查，以减少加工工艺性不佳的设计，单击菜单栏【工具】/【Xpress 产品】/【DFMXpress】可打开该工具，对当前设计进行检查。图 8-3 所示为该工具检查一零件的结果，可以清楚地看到当前设计中存在的问题。

　　（4）继承性与延续性　完全的创新产品毕竟是少数，大多数设计是在继承前人的成果、改进原有设计、仿制成熟产品等，此时对于原有的参考，应沿用优秀的地方，大胆改进不合理之处，加入新的设计元素，切不可什么都追求最高、最好、最强，要综合考虑成本要素、生命周期等，适当地为后续设计留有一定的增长余地，如"小米"的设计，虽然在其"11"之前有很多呼声很高的功能，但最终并未出现，而是留给了下一个版本，这样既保证了使用最成熟的生产工艺来控制生产成本，又使消费者有所期待，保证了后续产品的延续性。

图 8-3　DFMXpress

图 8-4所示为其"10"与"11"两代产品，其继承性非常明显，而非为了创新而创新。

　　（5）安全性　安全性是产品必不可少的一个设计考虑环节，国家对许多与安全紧密相关的产品要进行强制认证，如煤矿的瓦斯浓度监测仪，可见设计中安全性要素的重要性。图 8-5所示为我国的3C认证标志，在很多家电类产品上均可以看到。

a)　　　　　　b)

图 8-4　继承性

图 8-5　3C 认证标志

常见的安全类设计包括安全警报、防护措施、触电保护、过载保护、动作互锁等，如数控车床在防护门未关闭前不允许起动。

（6）人机工程要求　大多机械设备均由人操纵和控制，即使是智能机器人，也需要安装调试，运行过程也需由人进行监督与维护，而其良好的交互性将使使用者更愿意与其打"交道"。

还有一个容易被机械设计人员忽视的方面是外观色彩，一个配色优秀的设计更容易被客户接受，更容易推入市场。不同的受众群体、不同的应用场合有着不同的色彩需求，如果在设计阶段就应用了较好的渲染表达产品，则对后续的市场推广、客户接受均有着良好的推动作用。

SOLIDWORKS 提供了 PhotoView360、Visualize 等多种渲染模块供选择使用，图 8-6 所示为其 Visualize 渲染的样图，可以达到专业级渲染效果。具体学习可参考机械工业出版社出版的《SOLIDWORKS Visualize 实例详解（微视频版）》（ISBN：978-7-111-60945-2）。

图 8-6　渲染样图

## 8.2　设计表达

再好的设计如果表达不清，也会对最终的呈现产生较大的影响。为了将好的设计表达出来，人们一直在探索更好的方式，从文字、简图、图片、二维图、三维模型到虚拟现实（VR）等，其目的都是将设计思想毫无障碍地表达给接受人群。当前最主流的表现形式为三维参数化模型，这也是本书的重点。

### 8.2.1　三维参数化模型的不足

虽然三维参数化模型具有直观、易修改、关联性强等优点，但其也有一定的不足，并不能完美地解决所有问题，具体表现在以下几点：

1）模型均为理想化的，无法等同于实物状态，实物会因为加工中的各种原因具有一定的误差、特定的纹理等，而这些信息只能通过标注加以补充。

2）并不是所有对象均适合参数化，虽然包含曲面在内的建模手段也通过参数来描述模型，但建模工作量较大，造成这部分内容的条件大多依赖于经验，并没有做参数化表达。

3）特定特征无法表达，这是参数化软件的一大通病。比如出现在铸件、锻件上的复杂圆角，实物可以为了做得光顺而手工修磨，软件则必须定义半径值，这种差异是必然存在的。再如导轨上的储油槽，三维表达中也通常会将其忽略，一是因为特征细微，二是因为特征有一定的随意性，造成表达困难，需要在二维工程图中进行描述。

4）无法表达材料的某些特征，如铸件表面纹理，虽然渲染可以在一定程度上弥补这一不足，但也只是形似，无法表达其固有特性。

5）三维模型的一大用途是用于有限元分析，以确定设计是否满足预期要求，但由于难以表达材料特性的非均质性，因此会造成分析结果过于理想。

虽然三维参数化模型并不是完美的，但仍是当下最优的表达手段。相信随着技术的发展，这些问题终将得到解决。

### 8.2.2　二维工程图与标准的糅合

对于现有设计，三维模型仍是一个中间过程，最终呈现大多还需要通过二维工程图来表达，这就需要将三维模型转化为二维工程图。但在转化过程中有时会发现并不能完全满足需求，此时大多以二维制图标准为参考，这些标准通常在学习三维软件之前就已涉及，接触三维后需要进行对比。

几乎所有早期的机械制图、技术制图类标准均以方便手工绘图表达与阅读为主要考量依据，而三维建模软件中生成二维工程图是按模型的实际形态投射的，这种差异是必然存在的。例如，生成齿轮工程图时，三维中生成的是所有齿形的投影，而制图标准中是简化表达方式。

所以有人提出，生成工程图后应转至二维软件中进行二次编辑以符合标准，在此并不建议这样做，因为这样会破坏关联性，后续三维设计修改后，将造成二维工程图修改困难，无形中增加了工作量，也大大削弱了三维软件的优势。

针对这种情况，GB/T 26099.4—2010 中规定：“所有视图应由三维投影生成，不推荐在工程图下绘制产生。”“对于某些不能满足的要求，用户应制定企业标准以补充说明图样中与国家标准不符之处。”可见该标准规定优先使用投影生成工程图，对于不符合标准之处可以适当折中处理。学习过程中要学会灵活处理这类问题，应以表达方便、不产生误解为主要目标，如通过多配置将模型表现与工程图所需的模型区分开。

### 8.2.3　简化表达的必要性

虽然直观是三维软件的一大优势，但这并不意味着任何特征均要按尺寸表达，建模过程中可以在不影响理解的前提下，根据具体情况做适当的简化表达，以提高建模效率。常用的简化表达有以下几种情况：

（1）螺纹的简化　虽然依据实物形状需要通过【扫描】或【螺纹线】表达，但由于机械零件中螺纹数量众多，表达实体形状会造成工作量巨大，严重占用计算机资源，影响操作效率，此时可通过装饰螺纹线简化表达。例如，图 8-7a 所示为实体螺纹，而

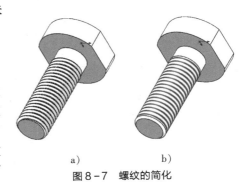

a)　　　　　b)

图 8-7　螺纹的简化

图 8-7b 所示为装饰螺纹，通常情况下均优先采用装饰螺纹表达。

（2）齿轮的简化　齿轮大多是用专用机床按参数加工的，而不是根据齿形形状进行加工，因此可以用简单的圆弧而非渐开线表达齿形。例如，图 8-8a 与图 8-8b 所示为通过多配置表达的两种状态，简化表达只表达其中几个齿，这样既可以为生成二维工程图做准备，也可以大大减少齿轮的数据量，在需要时再激活全齿配置。

（3）孔密集型零件的简化　如图 8-9 所示的钢丝网，如果通过建模方式表达，则会相当耗时，将严重占用计算机资源。此时可以通过简单的模型外观、贴图等方式简化表达，在需要效果图时再渲染输出。

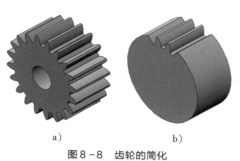

图 8-8　齿轮的简化　　　　　　　　图 8-9　渲染替代

（4）外购件的简化表达　对于阀门、链条等外购件，并没有生产的需要，只要安装配合尺寸、外形尺寸正确即可，无须表达细节，此时除了必要的部位，其余部位可以简化，以提高建模效率。例如，图 8-10a 所示为全表达模型，去除不必要的特征简化后如图 8-10b 所示，在确定安装所需特征后可以进一步简化。

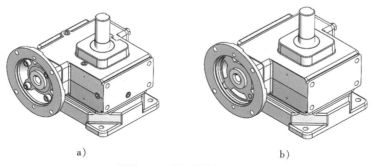

图 8-10　外购件的简化表达

在 SOLIDWORKS 中，可以将供应商提供的模型通过专用工具进行快速简化，单击菜单【工具】/【Defeature】，选择移除目标，快速简化模型。该功能也适用于有保密性要求的模型外发时简化细节。

（5）大型装配体的简化　大型装配体的子部件在没有机构运动时可以另存为零件后再装入，在打开该子装配体另存为时，在【保存类型】中选择"part（*.prt；*.sldprt），保存成零件即可。

## 8.2.4　模型的沟通

企业研发很少是孤立存在的，有着上下游关联企业，而不同企业使用的三维软件类型、版本并不统一，在交流过程中需要保证数据的畅通性，SOLIDWORKS 提供了多种方式用于不同软件、版本间的沟通交流。

（1）中间格式　在 SOLIDWORKS 中，可以通过【打开】直接打开所支持格式的文件，常见的有 *.sat、*.igs、*.iges、*.x_t、*.x_b、*.xmt_txt、*.xmt_bin、*.step、*.stp 等，优先使用 *.x_t 格式，以最大限度地减少信息损失。当需要输出至其他软件打开时，可以通过【另存为】输出所支持格式的文件，输出中间格式时也需要注意相应格式的版本、参数等选项。在【另存为】对话框中选择所需格式后，单击图 8 - 11a 中左下角的【选项】，弹出图 8 - 11b 所示对话框，选择所需的版本及参数，不同的格式其选项也不同，需要根据接收方的要求进行调整。

a)　　　　　　　　　　　　　　　b)

图 8 - 11　另存为

SOLIDWORKS 高版本可以无缝打开低版本的模型，低版本只有当前版本的 SP5 能打开下一个版本的模型，不支持跨版本打开。

（2）eDrawings　该工具是独立的程序，可在 SOLIDWORKS 程序组中打开，可在没有 SOLIDWORKS 时打开模型文件，其界面如图 8 - 12 所示，打开模型后可以进行查看、测量、戳记等操作。2019 以后的版本还添加了 VR 功能，可通过 VR 设备直接查看、操控模型，使得交流的体验性、交互性又上了一个台阶。

图 8 - 12　eDrawings

该工具还可以另存为 ".exe" 程序，以供在没有任何三维软件的计算机上打开模型，根据需要可以禁止测量并增加密码保护。

可以在 SOLIDWORKS 官网上下载 eDrawings 的免费版本。

（3）SOLIDWORKS Composer　该工具为独立程序，可对 SOLIDWORKS 的模型进行复杂动画、高品质图片创建，同样可以打包成 ".exe" 程序，对设计方案的沟通、交流，产品的展示、宣传，设备维护、保养等信息的传递相当有效。图 8 - 13 所示为利用该工具生成的产品结构爆炸图。

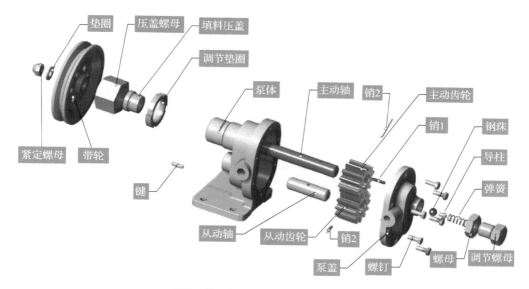

图 8 - 13　SOLIDWORKS Composer

## 8.3　设计流程

为了提高机械产品的设计质量、提升设计效率、规范设计过程，需要一个过程程序作为参考，以便使设计过程更为合理。常用的机械产品设计流程如下：

1) 产品规划。根据需求分析、客户调研、市场预测和可行性分析，确定基本设计要求，包括功能需求、基本参数、表现形式、设计分工等，有些面向大众市场的产品还需制定市场策略，形成详细的设计任务书，作为设计、评价、决策的依据。

例如设计外骨骼系统时，需要确定适用人群（军用、工程、助残）、功能需求（全向承载、下肢支撑、简单助力、附加功能）、基本参数（质量、承载、速度、强度）、表现形式（穿戴式、分移式、替代式）和设计分工（结构、材料、控制、样机、测试）。图 8 - 14 所示为常见的几种外骨骼使用场景。

图 8 - 14　常见外骨骼使用场景

2) 概念设计。在功能需求分析的基础上确定实现方法、构思设计要素、筛选原理方案，进行初步的概念性设计，以验证产品规划中要求的实现方法，并确定参数分解。

例如，设计外骨骼系统在这个阶段需要确定各要求的实现方式、动力来源（电力、自力、结构、材料）、结构方案（电动机驱动、机构实现、环境适应）和引用技术（已成熟、待验证、创新性）等。

3）详细设计。根据设计方案具体设计出各模块的详细模型、图样，确定材料、外购件具体参数，并对设计进行虚拟验证，包括动力学、静力学分析等。

例如，设计外骨骼系统在这个阶段将生成各部件的模型、图样，并列出测试方案（测试对象、测试范围、测试环境、测试参数）。

4）加工制造。根据详细设计进行加工制造，根据技术参数进行装配调试。

5）测试验证。根据测试方案对样机进行测试，以验证其是否能达到预期的参数要求与使用要求。

6）优化改进。根据测试验证结果对设计进行优化改进，同时考虑批量生产对设计的影响。

这里列出的只是常用的设计流程，不同产品的设计流程差异较大，最主要的原则是使整个设计形成闭环，以规范过程，形成提出问题、解决问题、验证问题的设计循环。

一个完整的设计流程包含众多内容，且涉及大量人员，产生海量数据，实际工作中还会由于大量的设计变更、人员变化等原因增加数据追溯难度，尤其是对设计周期较长的产品，这种现象更为严重。此时就需要专业的管理系统协助管理设计流程，SOLIDWORKS PDM 可以通过权限、流程、版本等方式管理设计数据。目前在设计类企业中，此类管理系统的应用已较为普遍，学习过程中需要补充此类知识，以便在进入企业研发时能快速融入设计流程中。

## 8.4　设计验证

产品设计完成后，需要对设计方案进行验证，以确定其是否满足要求和存在不足或冗余。验证方法通常有计算法、经验法、样机法和仿真法等。

$$
\left.\begin{array}{l} H_A \\ H_B \end{array}\right\} = -\frac{W}{2}\left\{ 1 \pm 1 - a - \frac{1}{\mu_1}\left[ K\omega D_\alpha - (1+K)_{\omega D_\beta} \right] \right\};
$$

$$
\left.\begin{array}{l} M_A \\ M_B \end{array}\right\} = -\frac{Wh}{2}\left\{ \frac{1}{\mu_1}\left[ (1+K)_{\omega D_\beta} - K_{\omega D_\alpha} \right] \pm a\left( 1 - \frac{3Ka}{\mu_2} \right) \right\};
$$

$$
\left.\begin{array}{l} M_1 \\ M_2 \end{array}\right\} = -\frac{Wh}{2}Ka^2\left[ \frac{1}{\mu_1}(1-a) \pm \frac{3}{\mu_2} \right]
$$

$$
\text{当 } h_1 = h_2;\ H_A = -H_B = -\frac{W}{2};
$$

$$
M_A = -M_B = -\frac{3Wh}{2}\left( \frac{1}{3} = \frac{K}{\mu_2} \right);
$$

$$
M_1 = -M_2 = \frac{3WhK}{2\mu_2}
$$

图 8-15　计算法

### 8.4.1　计算法

计算法是通过结构力学、理论力学、热力学等知识对设计进行验证，如图 8-15 所示为一连杆机构的计算过程。这种方法计算工作量大、易出错，适用于概念设计阶段对结构的初步设计验算、理论值计算，很难考虑材料缺陷、工艺差异、环境变化等影响结果的因素。

### 8.4.2 经验法

经验法通常用在产品改型、仿制过程中，依据原有产品的信息反馈作为新设计的依据。如图 8 - 16a 所示，该零件在使用过程中连接部分易产生变形，再次改型时在连接部分增加图 8 - 16b所示的加强筋，但加强筋的尺寸并没有确切的依据，完全依赖于设计人员的经验，这种经验需要长期积累，通常会因为担心满足不了要求而产生过度设计的现象。

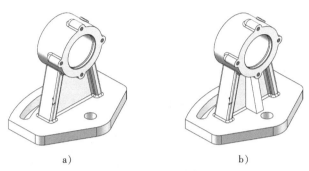

a)                                    b)

**图 8 - 16 经验法**

### 8.4.3 样机法

样机法是通过制造实物根据工况需要进行各项参数测试，以获得最真实的数据。但由于样机成本高昂，其生产成本远高于批量生产的成本，所以只适用于批量生产的产品在投产前的验证，以减少批量产品出现问题的可能性。对安全性要求较高的产品也需要进行样机测试，如图 8 - 17 所示为汽车路测，为了避免提前曝光产品的详细信息，需要对样车进行伪装。

**图 8 - 17 样机法**

### 8.4.4 仿真法

仿真法是随着三维软件的兴起而流行的，基于设计模型通过 CAE 软件进行分析，能够在设计过程中对模型进行验证，具有效率高、成本低、互动性强、范围广的特性，而随着 CAE 技术的成熟，其分析结果的可信度也大大提高，一次分析可以获取位移、应力、安全系数等多项数据，再根据所得数据修正设计，也可以通过专用的拓扑优化功能让系统给出优化方案。

仿真法已成为当下设计师必不可少的工具，建议进行针对性学习。

随着仿真技术的发展，仿真能计算的范围也越来越广。SOLIDWORKS 中可以实现的仿真有：

1）SOLIDWORKS Simulation。它是一种全面的结构分析工具，除了可以进行常规的强度计算外，还可以进行频率、疲劳、屈曲、跌落、热力学、压力容器、非线性、优化等方面的仿真。例如，图 8-18 所示为对零件的强度进行分析。

2）SOLIDWORKS Motion。用于动力学仿真，可以进行结构运动仿真、电动机选型、空间路径规划、与 Simulation 联合仿真等。例如，图 8-19 所示为计算举升定义的重物所需的转矩值。

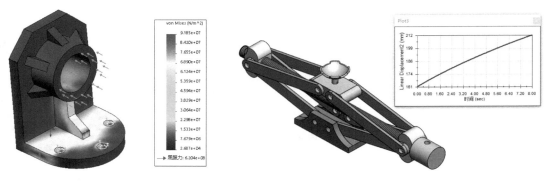

图 8-18　强度分析　　　　　　　　　　　　图 8-19　动力学仿真

3）SOLIDWORKS Flow Simulation。用于对流体与传导问题进行模拟，可以对气体、流体、非牛顿流体对象进行分析，解算层流、湍流、过渡流问题，研究内流与外流现象。还具有专用的电子冷却模块，用于解决 PCB 与外壳的高精度热学分析问题。HVAC 模块用于研究环境影响、辐射现象、人体舒适度等，小到空调布置大到城市污染扩散均在计算范围内。例如，图8-20所示为对阀门中流体的状态进行分析。

4）SOLIDWORKS Plastics。用于对塑料零件的注射成形过程进行仿真，可以分析塑料注射过程中的流动、接痕、气穴、时长等问题，并能预测零件的翘曲现象。例如，图 8-21 所示为对注射过程进行仿真。

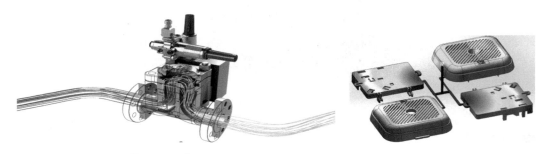

图 8-20　流体仿真　　　　　　　　　　　图 8-21　注射分析

设计验证方法较多，各有优缺点，实际设计过程中应结合各自的优缺点选择使用，在不同的设计阶段可以选择不同的验证方法，只有了解各种验证方法，才能灵活地进行选择，设计出更好、更理想的产品。

　　建模只是设计中最为基础的技能，虽然设计需要靠模型来表达，但只会建模无法实现一个好的设计。设计是一门专业性很强的系统性工作，不同的产品种类将涉及不同的知识点。本书是一本以建模为主体的学习资料，不可能在书中详细列出设计的方方面面，只能就常见的基本要素做一概略的讲述，以便在学习过程中形成一些基本的概念，在建模过程中结合这些基本概念，逐步形成设计思维，而非建模思维，对今后的相关课程也会有所帮助。

## 练习题

### 一、简答题

1. 简述三维模型与二维工程图如何结合。
2. 简述产品验证的常用方法。

### 二、思考题

1. 什么才是好的设计？
2. 畅想今后设计手段的发展。

# 第9章

## 全局篇

| 学习目标 |

1）了解影响设计效率的常见要素。

2）了解设计产品的环境友好性。

3）了解产品的成本控制方法。

## 9.1 效率要素

产品设计通常需要设定一个期限，这个期限可以由客户提出、市场决定或计划确定，而设计环节众多，存在一定的不确定性，需要统筹考虑、合理分配。因此，如何提高设计效率就显得非常重要。为了保持与本书主体内容一致，在此只探讨具体设计中产品表达部分的问题，不涉及调研、规划、工艺、制造、测试、管理等相关问题。

### 9.1.1 影响设计效率的常见问题

只有了解影响设计效率的问题，才能有的放矢地进行针对性调整。常见的问题归纳如下：

1）设计主管的主体设计思维传达效率不高，方案变更后已完成的部分如何继承？

2）如何规范设计过程与成果，减少辅助时间？

3）如何利用旧的设计，最大限度地减少新设计的产生？

4）如何在早期确认设计的可行性，减少设计返工？

5）设计变更后如何保证关联对象的同步更新，减少对照校对的时间？

6）如何将模型变为"万能"模型，为后续的工装、夹具、模具、编程、采购、市场、营销提供统一可用的模型，而不是每个环节都需要单独处理？

7）如何将串行设计转化为并行设计，最大限度地减少过渡时间？

### 9.1.2 基于三维设计的效率提升

随着三维软件的普及，用三维设计已是常态，所以这里从三维设计的角度来讨论如何提升设计效率。

1）通过布局草图，将设计的核心信息利用三维软件的优势进行传递，在方案变更时，主管只需对布局草图进行修改，相关信息将自动传递到分系统设计人员处。

现需设计一个图9-1所示的连杆摆轮机构。通过新建装配体，在装配体环境中单击【布局】/【布局】 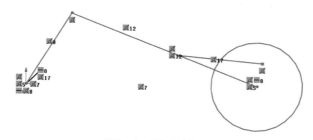 ，绘制图 9-2a 所示草图；添加相关约束关系，单击【布局】/【制作块】 ，
将每个构件均制作成块，如图 9-2b 所示。

图 9-1　连杆摆轮机构

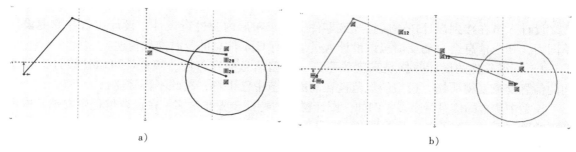

a)　　　　　　　　　　　　　　　　　　　　b)

图 9-2　连杆摆轮机构创建

此时可以通过拖动驱动件来验证结构的合理性，图 9-3a、b、c 所示为拖动左侧曲柄在
不同角度时的状态。通过这种二维模拟，可以确定机构的基本形态是否符合预期要求。

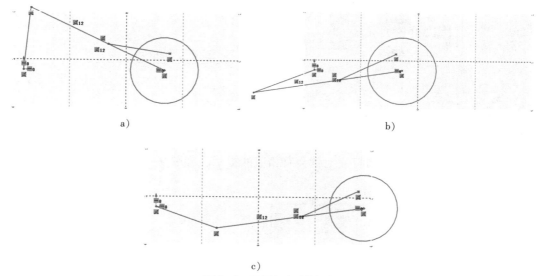

a)　　　　　　　　　　　　　　　　　　　　b)

c)

图 9-3　不同角度时的状态

确定好机构后，在设计树中找到对应的块，单击鼠标右键，在快捷菜单中选择【从块制
作零件】，如图 9-4a 所示；此时在装配体的设计树上就可看到新生成的零件，如图 9-4b 所
示，将该零件分配给相应设计人员做进一步细化设计。

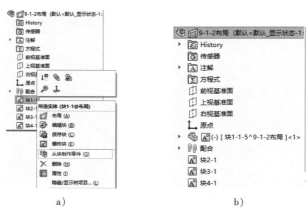

图9-4 生成零件

设计人员在接到设计任务后打开该零件，基于布局内容进行设计，设计主管在变更设计草图后，相应信息会自动反馈至该设计人员处，保证了信息的及时准确传递。

2）三维软件的设计数据是高度关联的，模型信息的完善性、规范性可以让设计人员之间的信息交流变得顺畅。模型的规范性在前面章节中已讲解，在此不再赘述。

模型中包含的信息量众多，例如，设计树中的特征步骤非常多，在设计过程中发现其中不合理的地方不能一改了之，而是要将该信息传递给设计人员。此时可以在设计树的对应特征上单击鼠标右键，在快捷菜单中选择【评论】/【添加备注】，如图9-5a所示；在弹出的对话框中输入相关说明，如图9-5b所示，甚至可以对当前状态进行拍照说明，完成后单击【保存并关闭】。

图9-5 添加备注

此时在设计树中会出现备注栏，其中记录着刚刚保存的信息，如图9-6a所示。还可以在设计树的根节点上单击鼠标右键，在快捷菜单中选择【树显示】/【显示备注指示符】，如图9-6b所示，此时在有备注的特征上就会有相应的提示，如图9-6c所示，相关设计人员可以快速定位到有疑问的特征上。

图9-6 显示备注

3）企业经过长期设计研发，积累了相当多的原始设计，而新的设计过程中可以利用这些原始设计，不仅可以大大减少设计工作量，对于后续的采购、制造、装配、调试、备件等一系列工作均有很大的贡献。如何让工程师在设计时知道哪些可以利用？这是一个系统性工程，包含如何界定其通用性、如何规范利用等。最基本的可以通过 SOLIDWORKS 中的"设计库"，如图 9-7 所示，将作为通用件的零部件分类归纳至设计库中，形成共享机制，有新设计时首先在该库中查询是否有可用的通用件。该库还可以延伸至草图块库、注释库、型材库、钣金库、冲头库等一系列库内容，可参考机械工业出版社出版的《SOLIDWORK 操作进阶技巧 150 例》（ISBN:978 - 7 -111 -

图 9-7　设计库

65508 -4）一书。通过不断完善、积累，后续设计可参考的内容将会越来越多，形成一个良性循环。

4）设计越到最后，其修改所需的时间成本就越高，所以在设计过程中要保持设计即验证的心态。当一个重要机构、核心零件设计完成后，应及时地利用软件的各种分析功能进行分析验证，将分析当成设计过程工具，而不是最终验证工具。

图 9-8a、b 所示为一简单结构的两种设计方案，哪种方案的支承强度是最佳的呢？用分析工具可以在较短时间内知道答案，这样在后续设计中只要关联设计不做更改，就无须在该结构件上花费时间。

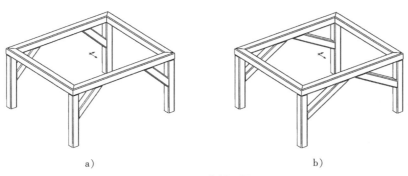

a)　　　　　　　　　　　　　　　　　b)

图 9-8　分析工具

5）如前文所述，将三维设计转化为二维工程图一直是一个大的瓶颈，在企业内部可以统一标准，在不引起误解的前提下优先使用三维设计的数据，以保证各种数据的关联性和统一性。也可以根据企业情况推广 MBD 技术，在三维模型中表达尺寸信息、加工信息、工艺要求等信息，减少对二维工程图的依赖。图 9-9 所示为 MBD 标注模型，在模型上可以看到所有信息，同时也减少了加工制造过程中识读二维工程图的时间。

6）根据企业不同零件的特征，制定规范化的建模思路及信息表达方式，如铸造件，为了减少后续出铸件图的时间，可以在建模时规定，该零件要根据工艺要素进行建模，这样当设计完成后，就很容易利用模型信息进行后续工作，而无须重新创建。如图 9 - 10a 所示，按工艺要素建模时，通过特征压缩可以很容易地获得图 9 - 10b 所示的毛坯模型。

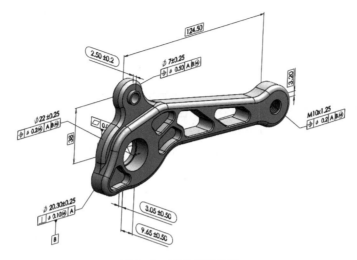

图 9-9　MBD 标注模型

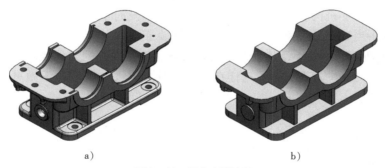

a)　　　　　　　　　　　　　　　　　b)

图 9-10　规范建模过程

7）通过合理地规范各功能部件的接口数据，如通过三维软件的全局变量定义各功能部件都需遵从的数据，这样所有参与人员通过布局草图加上关联的全局变量就可以同步进行各自的设计，而不是等其他工程师提供接口数据后才能确定设计内容。图 9-11 所示为一通过全局变量定义接口数据的示例。

图 9-11　全局变量

实际设计过程中还可利用软件的专业模块（如钣金、焊件、管道等）、第三方开发的专业插件、工具等有针对性地减少设计的辅助时间，提高效率。

例如，图 9 – 12 所示为 SOLIDWORKS 中 "SOLIDWORKS Toolbox Utilities" 插件中的专业凸轮生成工具。

提高设计效率的方法有很多种，这里提及的只是常用的方法，企业为了保证沟通及时、顺畅，通常会配合使用 PDM 之类的设计数据管理系统，这不是本书讨论的内容，可以参考相关书籍自行学习。

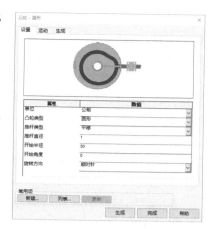

## 9.2　环境要素

每个人、每个产品均在影响着环境，随着环境问题越来越严峻，作为设计人员，有义务在设计过程中衡量产品的环境友好性。

图 9 – 12　专业插件

### 9.2.1　考虑环境的重要性

环境包括水体、空气、森林等，这些是人类赖以生存的根本，人类对自然资源需求的增长已超过自然的供给能力，环境恶化影响着地球上的每一个生物，几乎所有国家都越来越重视环境问题，探索保护环境的方法，作为其中的个体，需要从一点一滴做起。对于产品而言，在设计初期就可将其环境友好性、可持续性作为设计的指标之一，只有这样才可以减少后期的加工制造、运输销售、终端使用、报废回收等全生命周期对环境的影响。可以说，设计端对产品的环境友好性有着决定性作用。

### 9.2.2　影响环境的要素

环境影响的要素众多，在此只讨论常见的设计端可以控制的内容。

1）减少材料消耗。绝大部分材料均是对环境资源的消耗，在满足强度要求的前提下，应通过优化设计尽可能地降低材料使用量。例如，通过精锻减少材料使用量，同时也可减少加工过程，降低工艺消耗。

2）提高产品的重复利用性。产品中各个零部件的寿命不尽相同，在某个零部件寿命终止或损坏后，能否以最少的更换量进行替换，而不是一个零件损坏就需更换一系列套件。例如，将体积较大的构件分段设计，减小易损部分的体积。

3）选用更环保的材料。不同材料对环境的影响差异很大，在满足设计要求的前提下，应优先选用工艺性良好、回收方便、二次污染少的材料。例如，用高密度聚乙烯（HDPE）替代苯乙烯（ABS）。

4）利于回收。将不同材质、可回收与不可回收的构件做成易于安装拆卸的结构，而非一体式结构，后者会增加回收难度，对于回收价值不大的材料，常常会带来直接废弃的结果。例如，塑料手轮与螺母，常常注塑成整体，但两种材料的回收性质完全不同，可以设计成嵌入式结构并预留拆卸孔。

5）降低使用能耗。按设计需要选用功率合理的原始驱动，不要因为担心动力不足而选用大冗余的原始驱动，或者采用更合理的结构设计来提高动力使用效率。例如，大马力汽车就是典型的高功耗负面典型，除了可以获取短时的驾驶快感外，并没有其他益处，而对于环境则是一种负担，国家也在从政策层面减少该类产品的市场。

6）考虑制造方法的影响。设计的产品应考虑到制造方法对环境的影响。例如，同样的加工余量，磨削产生的废液要多于车削，在满足设计要求的前提下，应优先选择车削能达到的精度要求。

7）制订合理的维保方案。包括消耗性材料选用、合理的维保周期等。例如，制订机床的定期保养规范时，要考虑采用对环境友好的润滑液、适度的保养周期、合理的废液回收处理方案等。

8）降低运输消耗。设计合理的外形，减小设备的体积，尽量使用通用的运输设备。例如，外形尺寸可以轻松放入标准集装箱，不会出现放一个有多余空间、放两个空间不够的情况，如有需要可以拆开分装，此时需要同时考虑设计要便于现场安装调试。

9）选用对环境友好的能源。大部分的产品均需要动力来源，现代技术的发展也带来了能源的革命，设计中要减少非可再生能源的使用。例如，优先选用可反复充电的电池组而不是耗完电就需要更换的电池。

产品对环境的影响是全方位的，设计需要从各个方面加以考虑，只有从小处着手才能设计出对环境更为友好的产品。

### 9.2.3　评估产品对环境的影响

在了解了产品对环境的影响后，在设计过程中如何量化这一影响？如何确定新选材料比原有材料提高了多少贡献呢？在 SOLIDWORKS 中，可以通过专业的持续性工具进行评估与对比，该工具可以综合材料、制造、使用、运输、寿命结束等方面，对设计中与环境相关的碳排放、能量消耗、空气污染和水体污染四个维度进行评估，操作方法如下：

1）单击菜单【工具】/【SOLIDWORKS 应用程序】/【持续性】 ◎，弹出图 9-13 所示对话框。

2）单击【继续】后在任务栏出现该工具的参数栏，分为输入部分与输出部分，输入部分用于输入材料、制造等各项参数，输出部分显示根据输入数据评估出的结果。为了对比不同材料对环境的影响，在此材料先选择"PE 高密度"，得到图 9-14a 所示评估结果；其他参数不变，材料选择"ABS"，此时在评估输出栏会出现两种材料的结果对比，如图9-14b所示。

图 9-13　持续性工具

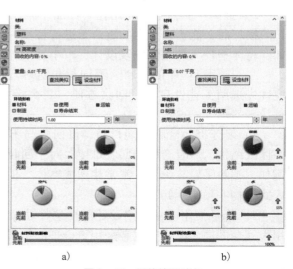

a)　　　　　　　　　　b)

图 9-14　评估结果对比

可以看到 "ABS" 的各项评估结果均远不如 "PE 高密度" 对环境友好，此时就可以根据对比结果选择合适的材料。

3）由于材料种类众多，每一种材料都这样操作对比耗时太多，此时可以单击参数栏的【查找类似】，弹出图 9-15a 所示对话框，根据需要选择查找参数，此时的参数均以当前材料为参照对比。选择好参数后单击右侧的【查找类似】，系统根据参数列出符合条件的材料，每选择一种材料均会在下方出现所选材料与当前材料的评估值对比，如图 9-15b 所示，如果选择的材料符合需要，单击右下方的【接受】即可。

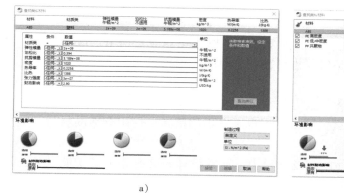
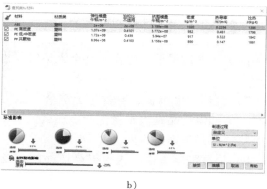

a)　　　　　　　　　　　　　　b)

图 9-15　查找类似

该工具的数据库是大范围内的，如生产区域为 "亚洲"，所以使用时还需注意实际的区域差异。

## 9.3　成本要素

制造业一直是竞争激烈的行业，如何降本增效一直是各企业的重要研究对象，而产品的成本中约 70% 在设计时就已经确定了，所以如何降本，设计人员的责任是相当大的。产品的成本包含范围比较广，在此只讨论设计阶段常见的成本相关问题。

### 9.3.1　考虑成本的重要性

从商业角度来看，利润是维持企业正常运转的主要动力，企业最真实的、可支配的结果为利润，在市场充分竞争的前提下，成本直接影响着企业的利润率，只有从各个方面不断地降低成本，企业才能获得持续、良好的经济效益，只有成本降低了才能提升产品的性价比，提升企业产品的市场竞争力，否则，企业将很快在竞争中被淘汰。

### 9.3.2　降低成本的常见方向

设计对控制产品的成本至关重要，降低成本主要从以下几个方面考虑：

1）降低设计成本。设计本身就是成本重要的组成部分，提高设计效率、减少设计返工、缩短研发周期是降低成本的第一步，而所谓的 "不惜血本" 地投入研发，是为了追求产品的领先程度、提高产品的商品溢价，在资金雄厚的前提下才可以考虑，对于绝大部分机械制造企业而言是承受不了的。

2）选择合理的材料。材料是最可见的直接成本，材料的选择不仅要考虑其性能，还要考虑其采购成本、采购的难易程度、采购的数量、加工工艺性等。一个好的产品设计，其所使用的材料品种要尽可能地少，这样才能降低采购成本与难度。

3）考虑工艺特性。设计的零部件是否易于加工、装调，影响后续的制造成本与周期，好的设计只需通过最基本的加工方式即可达到设计要求。

4）提高通用比例。减少产品中零部件的种类，将需求相似的零件规划为通用件，优先选用企业已有的通用件、企标件，能有效地降低制造和管理成本。

5）减少设计冗余。通过现代设计手段，充分利用 CAE 分析工具，减少设计冗余，既能降低材料成本，也能降低制造成本。

6）易于维护保养。产品在交付客户时，通常前期的维护保养成本均由供应商承担，将产品维护保养做得易于操作，甚至无须保养也可在一定时间内正常工作，将会大量节省这部分成本。

7）合理规范包装。虽然对于整个产品的成本而言，大多数情况下包装所占成本比例并不高，但如果产品是大批量生产，那么包装也是不得不考虑的因素，使用合适的材料、减少包装规格都是考虑的方向。

8）适度前瞻考虑。为了提高产品的市场竞争力，通常设计时会有超前的功能设计，这种超前意识不要过度，否则为了短期内不会被广泛接受的功能而浪费的大量设计、制造成本，反馈到产品价格上后反而降低了产品的竞争力。

影响产品成本的因素远远超过上述所列内容，从开始建模时就要有成本观念，这样有利于在进入企业后将成本考虑作为一个设计习惯，否则进入企业后再改变观念将比较困难。

### 9.3.3　快速测算设计成本的方法

在 SOLIDWORKS 中，可以通过 Costing 工具进行初步的设计成本核算。

1）单击菜单【工具】/【SOLIDWORKS 应用程序】/【Costing】，在任务栏显示图 9-16 所示属性栏，在其中选择、输入加工方法、材料、成本、批量等信息，然后单击【开始成本估算】，即可快速估算出该设计的成本。

2）系统带有几个预置的估算模板，实际使用时需根据企业情况进行定义。单击【启动模板编辑器】，弹出图 9-17 所示对话框，创建一个新的模板，对材料价格、加工方法、加工成本、判断规则等进行定义。

要使得成本核算更为准确，需要根据企业情况对模板进行长期的扩充调整，以大量实际数据为基础。

了解产品设计的基本要素并贯彻到产品设计中，设计出符合预期的产品，是一个好的设计工程师应具备的核心素质。想要成为一个优秀的设计工程师，不仅需要满足设计需求，还需要具备一定的全局观，以对企业负责、对客户负责、对社会负责的态度投入设计研发工作中。从开始学习三维软件操作起，

图 9-16　【Costing】属性栏

就要将全局观贯穿到整个学习中,即使是按图建模,也要考虑为什么要这样设计,有没有更好的设计方案,逐渐提高自身修养,为进入企业从事设计工作做好技能与思想上的准备。

图 9-17  模板定义

## 练习题

### 一、 简答题

1. 简述设计全局观所包含的内容。
2. 简述设计中环境要素的重要性。

### 二、 思考题

1. 在设计中还可以从哪些方向降低成本?
2. 畅想自己成为设计主管后应如何管理一个设计团队。

# 附录 A 零部件属性

零部件属性内容可以包含难以在模型中表达但又是设计必需的信息，如名称、图号、重量、设计人员等，而这些信息也是零部件的基本识别信息，大多数 PDM、ERP、MES 等管理类软件均依赖于这些信息进行识别。在 SOLIDWORKS 中输入这些属性通常有两种方法。

## 1. 文件属性中输入

单击菜单【文件】/【属性】，弹出图 A-1 所示属性输入框，模板中已有部分属性信息，可以根据需要增减。"数值/文字表达"主要有两种形式：一是固定文字，直接输入所需内容；二是链接值，如"质量"来源于模型的自动计算，单击下拉列表选择对应的链接属性即可。而属性又分为两大类："自定义"与"配置特定"，对于多配置零部件而言，如果属性信息在"自定义"中输入，则无论是哪个配置，均使用该属性信息；如果属性信息在"配置特定"中输入，则只对当前激活的配置有效。

扫码看视频

摘要信息

摘要　自定义　配置特定

材料明细表数量：

-无-　　编辑清单(E)

删除(D)

| | 属性名称 | 类型 | 数值 / 文字表达 | 评估的值 | ∞ |
|---|---|---|---|---|---|
| 1 | Description | 文字 | | | |
| 2 | Weight | 文字 | "SW-质量@零件3.SLDPRT" | 0.000 | |
| 3 | Material | 文字 | "SW-材质@零件3.SLDPRT" | 材质 <未指定> | |
| 4 | 质量 | 文字 | "SW-质量@零件3.SLDPRT" | 0.000 | |
| 5 | 材料 | 文字 | "SW-材质@零件3.SLDPRT" | 材质 <未指定> | |
| 6 | 单重 | 文字 | "SW-质量@零件3.SLDPRT" | 0.000 | |
| 7 | 零件号 | 文字 | | | |
| 8 | 设计 | 文字 | | | |
| 9 | 审核 | 文字 | | | |
| 10 | 标准审查 | 文字 | | | |
| 11 | 工艺审查 | 文字 | | | |
| 12 | 批准 | 文字 | | | |
| 13 | 日期 | 文字 | 2007,12,3 | 2007,12,3 | |
| 14 | 校核 | 文字 | | | |
| 15 | 主管设计 | 文字 | | | |
| 16 | 校对 | 文字 | | | |
| 17 | 审定 | 文字 | | | |
| 18 | 阶段标记S | 文字 | | | |
| 19 | 阶段标记A | 文字 | | | |
| 20 | 阶段标记B | 文字 | | | |

确定　取消　帮助(H)

图 A-1 属性输入

## 2. 通过任务栏的【自定义属性】输入

通过此方法可快速输入相关信息，前提是需要预先定义好属性项。

1）在 Windows 的程序组中找到【SOLIDWORKS】/【SOLIDWORKS 工具】/

扫码看视频

【属性标签编制程序】，其界面如图 A－2a 所示。首先在右侧选择定义的类型，如"零件"，然后在左侧的可视化定义栏中，将需定义的属性拖入中间的"自定义属性"的"组框"中，属性值可以输入默认值，以减少后续属性输入的工作量。每个属性的"标题"与"名称"栏应尽量一致，注意选择该信息是自定义属性还是配置属性。创建图 A－2b 所示的属性内容并保存为"教材示例"。

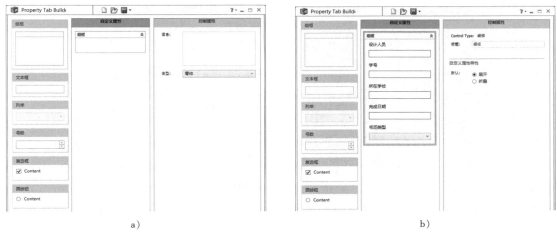

图 A－2　属性编制

2）进入 SOLIDWORKS 环境，在右侧任务栏中选择自定义属性，其下拉列表中会出现刚刚保存的属性模板，如图 A－3a 所示；选择后出现属性内容，如图 A－3b 所示，填入需要的内容后单击【应用】，相应信息即可写入当前文档的自定义属性中。

图 A－3　任务栏输入

## 附录 B　Toolbox 中标准件属性添加

对于零部件，可以通过自定义属性添加属性值，Toolbox 中的标准件也需要相应的属性值才能保持信息的一致性。操作方法如下：

1）在装配体环境下启用 Toolbox 插件。

2）单击菜单栏【工具】/【Toolbox】/【配置】，弹出图 B－1 所示对话框。

扫码看视频

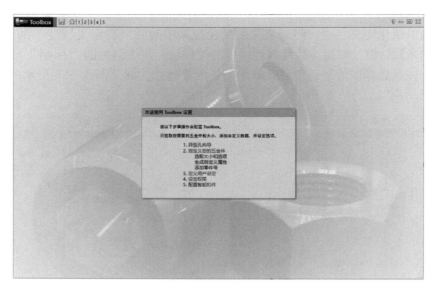

图 B-1 配置对话框

3）选择第二个选项【自定义您的五金件】，再选择需定义的标准件库【GB】，在中间下方的【自定义属性】栏中单击【添加自定义属性】 ，添加"名称""代号""备注"三个属性，如图 B-2 所示，注意其与零部件属性名称的一致性。

图 B-2 添加自定义属性

4）由于标准件的这些属性值都是确定不变的，所以其值需要预先定义，以节省后续输入时间。选择需添加属性的具体标准件类别，在此选择"bolts and studs/六角头螺栓/六角头螺栓 GB/T 5782—2000"，如图 B-3 所示。

5）在中间的【自定义属性】中勾选中需添加的属性，并添加数值，如图 B-4 所示。

6）单击【保存】。

7）此时在装配体中调用该标准件时，其属性栏中已有了新添加的属性值，如图 B-5 所示，在工程图中生成明细表时，该信息也将带入明细表中。

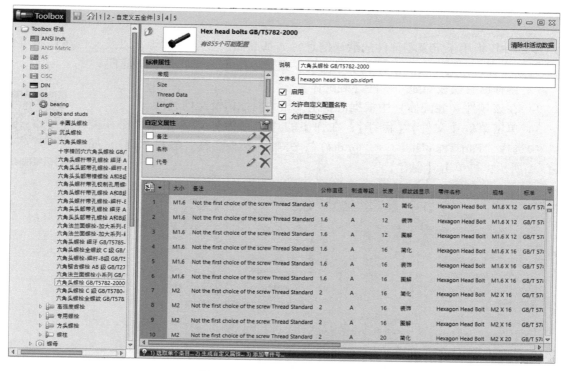

图 B-3　选择需添加属性的标准件

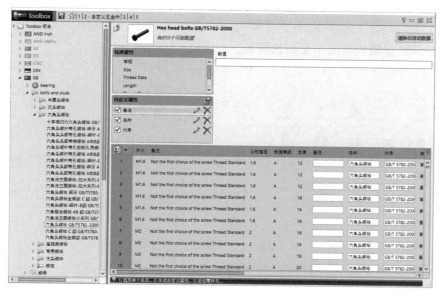

图 B-4　添加数值

图 B-5　验证添加

# 附录 C　零部件模板创建

零部件模板用于定义零部件的默认信息，如基准面、显示方式等，以及文档属性中可定义的所有内容，如标注时的字体、字号箭头、默认单位等。其定义过程如下：

1）选择已有模板新建—零件（装配体）。

2）在该零件（装配体）中根据需要定义相关属性值及文档属性。

3）单击菜单【文件】/【保存】，在弹出的【另存为】对话框的"保存类型"中选择"Part Templates（＊. prtdot）"，并输入模板名称"教材示例"，如图 C -1 所示，再单击【保存】。

扫码看视频

图 C-1　保存模板

4）再次新建零件时即可在模板清单中看到该模板，如图 C-2 所示。

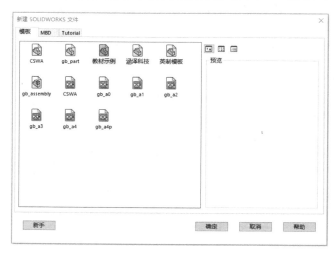

图 C-2　模板选用

# 附录D　工程图模板创建

工程图模板是二维工程图的基础，模板中所需的基本信息较多，包括图纸大小、投影类型、标题栏、标注规范、明细表等，所以其创建过程比较复杂。操作方法如下：

扫码看视频

1）新建工程图，选择与创建模板的幅面一致的系统模板，如"gb_a3"。

2）在空白处单出鼠标右键，选择快捷菜单中的【编辑图纸格式】，如图D-1所示。

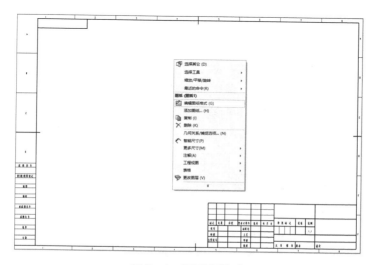

图D-1　编辑图纸格式

3）系统进入图纸格式编辑状态，此时的图框、标题栏等信息均可自由编辑，特别需要注意的是标题栏的信息，由于其信息来源于模型，而此时并没有与任何模型产生关联，所以其显示的是链接代码，这里先不做修改，只将不需要的删除即可。根据需要更改模板，更改时草图功能均可使用，更改结果如图D-2所示（以标题栏为主要修改对象）。

| | | | | | | | SPRPSHEET:{材料} | | 教材示例 | |
|---|---|---|---|---|---|---|---|---|---|---|
| 标记 | 处数 | 分区 | 更改文件号 | 签名 | 年 月 日 | 阶段标记 | 重量 | 比例 | | |
| 设计 | | | | 学号 | | | | | SPRPSHEET:{名称} | |
| 指导老师 | | | | 日期 | | SPRPSHEET:{质量}.2 | | | | |
| 课程 | | | | | | SPRPSHEET:{零件号} | | | SPRPSHEET:{代号} | |
| | | | | | | 共 张 第 张 版本 | | | XX大学 | |

图D-2　编辑格式内容

4）单击右上角的【确定】，退出编辑状态。

5）以自建的零件模板新建一零件，随意创建一特征，并根据附录A所述方法定义好"自定义属性"，然后保存该零件。

6）切换至工程图，生成上一步创建的零件的任一视图，如图 D-3 所示。

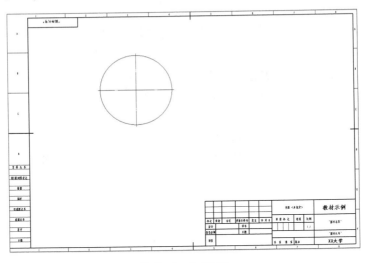

图 D-3　生成视图

7）再次进入【编辑图纸格式】，此时会发现标题栏信息已不是链接代码，而是对应到了模型的自定义属性内容，如图 D-4 所示。

图 D-4　再次编辑图纸格式

8）现在需要将设计人员信息与学号信息添加至标题栏对应位置。单击【注解】/【注释】，选择放置位置，不要输入任何内容，在左侧的文字格式中选择图 D-5a 所示的【链接到属性】，在弹出的对话框中选择【此处发现的模型】，如图 D-5b 所示，并在"属性名称"下拉列表中选择对应的属性"设计人员"。

a）

b）

图 D-5　链接属性

9）定义完成后单击【确定】 ✓ ，按同样的方法定义"学号"属性，结果如图 D-6 所示。

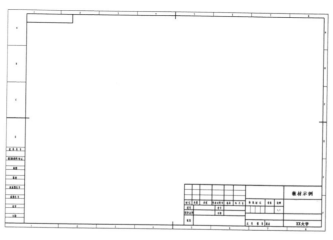

图 D-6  定义结果

10）退出图纸编辑格式。

11）删除所生成的视图，在右侧任务栏的"视图调色板"中选择【清除所有】 ⊠ ，这一步必须做，否则系统将认为有关联而不允许保存为模板；再【重建】 🎱 工程图，此时工程图恢复空白状态，如图 D-7 所示。

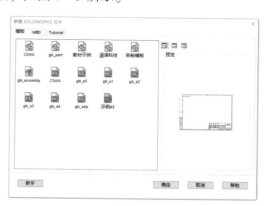

图 D-7  重建模板

12）单击【保存】，在弹出的【另存为】对话框的"保存类型"下拉列表中选择"工程图模板（*. drwdot）"，如图 D-8 所示，输入名称"示例 A3"后单击【保存】。

13）此时再次新建时，就可使用刚保存的模板，如图 D-9 所示。

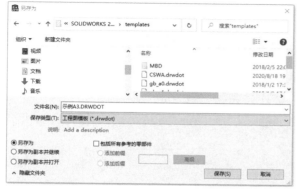

图 D-8  保存模板

图 D-9  选用模板

创建工程图时，有时会在创建视图的过程中发现原来选用的模板不合适，需要更换，而模板是无法更改的，重选模板则会造成前面工作的浪费。为此，SOLIDWORKS 提供了【图纸格式】供更换使用。

14）打开刚保存的模板，单击菜单【文件】/【保存图纸格式】，在弹出的图纸格式中输入相应的名称"示例 A3"，注意保存的文件夹位置。

15）需要更换图纸格式时，在工程图空白区单击鼠标右键，选择【属性】，在弹出的属性框的【图纸格式/大小】中取消选中【只显示标准格式】，即可在下方的列表中找到保存的图纸格式，如图 D-9 所示，然后单击【应用更改】即可更换图纸格式，如图 D-10 所示。

图 D-10　更换图纸格式

※ **注意**：如果已执行保存操作，但在新建时或图纸格式中无法找到已保存的模板或格式，应注意其保存文件夹位置，可以在【选项】/【系统选项】/【文件位置】中对应的项目中添加所需文件夹。

# 参考文献

［1］DS SOLIDWORKS®公司. SOLIDWORKS®零件与装配体教程：2018 版［M］. 杭州新迪数字工程系统有限公司，编译. 北京：机械工业出版社，2018.

［2］DS SOLIDWORKS®公司. SOLIDWORKS®工程图教程：2018 版［M］. 杭州新迪数字工程系统有限公司，编译. 北京：机械工业出版社，2018.

［3］严海军，肖启敏，闵银星. SOLIDWORKS 操作进阶技巧150 例［M］. 北京：机械工业出版社，2020.

［4］王琼，严海军，麻东升. SOLIDWORKS CSWA 认证指导［M］. 北京：机械工业出版社，2020.

［5］孙亮波，黄美发. 机械创新设计与实践［M］. 西安：西安电子科技大学出版社，2015.

［6］商跃进，曹茹，等. SOLIDWORKS 2018 三维设计及应用教程［M］. 北京：机械工业出版社，2018.

［7］蔡兰，冠子明，刘会霞. 机械工程概论［M］. 武汉：武汉理工大学出版社，2004.